"十三五"职业教育国家规划教材

新编五年制高等职业教育教材

数学

(第5版)

(第1册)

SHUXUE

主　编　洪晓峰　张　伟
副主编　葛文军　周文龙　吴邦昆
　　　　江万满　孟红军
编　委（按姓氏笔画排序）
　　　　王　力　朱兴伟　仲继东
　　　　江万满　苏立本　李兰兰
　　　　吴邦昆　张　伟　陈　傑
　　　　周文龙　孟红军　洪晓峰
　　　　葛文军

图书在版编目(CIP)数据

数学.第1册/洪晓峰,张伟主编.—5版.—合肥:安徽大学出版社,2021.12
新编五年制高等职业教育教材
ISBN 978-7-5664-2356-6

Ⅰ.①数… Ⅱ.①洪…②张… Ⅲ.①高等数学－高等职业教育－教材
Ⅳ.①O13

中国版本图书馆 CIP 数据核字(2022)第 001391 号

数　学(第1册)(第5版)

洪晓峰　张　伟 主编

出版发行：北京师范大学出版集团
　　　　　安 徽 大 学 出 版 社
　　　　　(安徽省合肥市肥西路3号 邮编230039)
　　　　　www.bnupg.com.cn
　　　　　www.ahupress.com.cn
印　　刷：合肥远东印务有限责任公司
经　　销：全国新华书店
开　　本：184 mm×260 mm
印　　张：18
字　　数：352 千字
版　　次：2021年12月第5版
印　　次：2021年12月第1次印刷
定　　价：46.00 元
ISBN 978-7-5664-2356-6

策划编辑:刘中飞　陈玉婷　武溪溪　　　装帧设计:李　军
责任编辑:刘中飞　陈玉婷　　　　　　　美术编辑:李　军
责任校对:武溪溪　　　　　　　　　　　责任印制:赵明炎

版权所有　侵权必究
反盗版、侵权举报电话:0551－65106311
外埠邮购电话:0551－65107716
本书如有印装质量问题,请与印制管理部联系调换。
印制管理部电话:0551－65106311

　　五年制高等职业教育《数学》教材自 2001 年(第 1 版)出版发行以来,得到了各级领导和专家以及教材使用学校的师生的肯定和支持.根据教学的实际情况和要求,我们于 2007 年对教材进行了修订.2011 年我们在充分听取各方意见和广泛吸取同类、同层次教材的长处的基础上,再次对这套教材进行修订,修订后的第 3 版教材共分 2 册.第 1 册以初等数学为主,第 2 册以二次曲线、极坐标与参数方程、数列与数学归纳法、排列、组合、二项式定理以及一元函数微积分为主.特别要说明的是第 3 版教材的修订,教材结构变动较大,教材的质量得到进一步提高.在此衷心感谢为第 3 版教材的修订工作付出辛勤劳动的安徽机电职业技术学院夏国斌(第 3 版主编),安徽电气工程学校徐小伍,合肥铁路工程学校洪晓峰、葛文军,安徽化工学校周文龙、汪敏,安徽理工学校董安明,海军安庆市职业技术学校孙科,安徽省汽车工业学校章斌、徐黎,安徽省第一轻工业学校张永胜,安徽经济技术学院赵家成等老师.当然,我们也更不会忘记为本套教材(第 1 版)的出版作出重要贡献的夏国斌、韩业岚、李立众、姜绳、梁继会、刘传宝、吴方庭、辛颖、程伟、高山、吴照春、王芳玉、刘莲娣、杨兴慎、陈红、潘晓安等老师.

　　随着职业教育的不断发展,根据五年制高职数学教学的实际需要,我们于 2018 年对教材进行了修订,修订后的第 4 版教材(仍为 2 册)于 2020 年成功入选"十三五"职业教育国家规划教材.

　　由于国家"十四五"规划对职业教育提出了新的要求,为了让本套教材更贴近新形势下五年制高职教学的实际,我们在保持第 4 版结构和特色的基础上,继续对教材进行修订.本次修订依据中等职业学校数学课程标准,对初等数学部分内容进行增减和调整,增加概率初步的部分内容及统计初步知识,删减反三角函数部分内容;在高等数学部分,删除了微分方程的内容.除此之外,我们对教材中部分阅读材料进行了调整和更新.修订后的第 5 版仍为 2 册.第 1 册内容包括集合、充要条件、不等式,函数,任意角的三角函数,加法定理、正弦型曲线、解斜三角形、概率初步、统计初步、立体几何、直线和圆的方程等. 第 2 册内容包括圆锥曲线、坐标转换与参数方程、平面向量与复数、数列、极限与连续、导数与微分、导数的应用、积分及其应用等. 修订后的第 5 版全套教材主要体现以下特色：

1. 简明易学，使用方便. 教材在内容的组织与编排方面，由浅入深、由易到难、由具体到抽象，适应学生的年龄特点和认知水平，力求紧密结合实际，使教材更具弹性，更趋完善，能够适应更多专业的需要. 在练习的安排上，采取多梯度安排练习题的方式，教材每节内容后均配有 A(基础题)、B(提高题)两套课外习题，每章后还配有复习题和单元自测题，可供学生进行单元复习和自我检测. 另外，本套教材中所有的习题、复习题及自测题都提供了参考答案，使用者可通过扫描二维码查阅.

2. 紧密结合实际. 注重从生活中的实际问题引入数学概念，利用数学知识解决实际问题.

3. 体现时代特征. 一方面，强调对计算器的使用，将相关知识点与计算器的使用相结合；另一方面，将一些教学内容与常用计算机软件有机结合起来，利用软件的强大功能，方便教师的教学，增强学生对数学的理解，提高教学效率.

4. 拓宽视野. 每章后附有阅读材料，内容涉及数学史及相关知识应用案例.

本套教材主要适用于五年制高等职业教育数学课程，同时也可以作为中等职业教育数学课程学习的辅助用书. 本书是这套教材的第 1 册，由合肥铁路工程学校洪晓峰、皖北卫生职业学院张伟担任主编，参加本次教材修订的人员还有合肥铁路工程学校葛文军和苏立本等老师. 洪晓峰、葛文军和苏立本三位老师为本册教材制作了教学辅助课件.

在教材的编写、修订过程中，我们得到了安徽省教育厅有关部门、各有关学校及安徽大学出版社的大力支持和帮助，在此一并表示衷心的感谢！

限于编者的学识和水平，教材中出现的错误、疏漏和不完善之处在所难免，敬请使用本教材的师生和同行予以指正.

编　者

2021 年 10 月

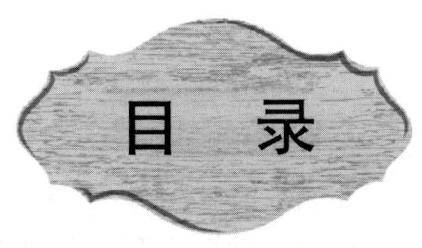

目 录

第1章
集合 充要条件 不等式

1.1　集合的概念 …………………………………………（ 1 ）
1.2　集合的运算 …………………………………………（ 6 ）
1.3　充要条件 ……………………………………………（ 12 ）
1.4　不等式 ………………………………………………（ 15 ）
复习题1 …………………………………………………（ 21 ）
［阅读材料1］　集合的元素个数与子集个数 …………（ 22 ）
第1章单元自测 …………………………………………（ 23 ）

第2章
函　数

2.1　函数的概念 …………………………………………（ 25 ）
2.2　有理指数幂　幂函数 ………………………………（ 34 ）
2.3　指数函数 ……………………………………………（ 40 ）
2.4　对数 …………………………………………………（ 45 ）
2.5　对数函数 ……………………………………………（ 52 ）
复习题2 …………………………………………………（ 57 ）
［阅读材料2］　函数的发展简史 ………………………（ 59 ）
第2章单元自测 …………………………………………（ 61 ）

第 3 章
任意角的三角函数

3.1 角的概念的推广　弧度制 ……………………………（63）
3.2 任意角三角函数的概念 ……………………………（70）
3.3 三角函数的基本恒等式及其周期性、有界性 ………（77）
3.4 简化公式 ……………………………………………（83）
3.5 正弦、余弦及正切函数的图像和性质 ………………（87）
3.6 已知三角函数值求角 ………………………………（93）
复习题 3 …………………………………………………（97）
[阅读材料 3]　三角学简介 ……………………………（100）
第 3 章单元自测 …………………………………………（101）

第 4 章
加法定理　正弦型曲线　解斜三角形

4.1 加法定理 ……………………………………………（104）
4.2 二倍角公式 …………………………………………（107）
4.3 正弦型曲线 …………………………………………（111）
4.4 解斜三角形 …………………………………………（121）
复习题 4 …………………………………………………（128）
[阅读材料 4]　中国现代数学的奠基人之一——华罗庚 ……（131）
第 4 章单元自测 …………………………………………（132）

第 5 章
概率初步

5.1 两个基本原理 ………………………………………（133）
5.2 排列 …………………………………………………（136）
5.3 组合 …………………………………………………（141）
5.4 二项式定理 …………………………………………（146）

5.5 随机事件 …………………………………… (149)

5.6 频率与概率 ………………………………… (153)

5.7 随机变量及其分布 ………………………… (158)

复习题 5 ………………………………………… (169)

[阅读材料 5] 生活中的概率问题 ………………… (171)

第 5 章单元自测 ………………………………… (172)

第 6 章
统计初步

6.1 总体、样本与抽样 ………………………… (174)

6.2 频率分布直方图 …………………………… (178)

6.3 用样本估计总体 …………………………… (182)

6.4 一元线性回归 ……………………………… (187)

复习题 6 ………………………………………… (191)

[阅读材料 6] Excel 软件在统计中的应用 ……… (192)

第 6 章单元自测 ………………………………… (206)

第 7 章
立体几何

7.1 平面的表示法和基本性质 ………………… (208)

7.2 空间两条直线的关系 ……………………… (211)

7.3 直线与平面的位置关系 …………………… (215)

7.4 平面与平面的位置关系 …………………… (219)

7.5 多面体 ……………………………………… (224)

7.6 旋转体 ……………………………………… (230)

复习题 7 ………………………………………… (235)

[阅读材料 7] 球体积计算有妙方 ………………… (236)

第 7 章单元自测 ………………………………… (238)

第8章
直线和圆的方程

8.1　两点间的距离与线段中点的坐标 …………………（240）
8.2　直线的方程 ………………………………………（243）
8.3　平面内点、直线间的位置关系 …………………（252）
8.4　圆的方程 …………………………………………（260）
复习题8 …………………………………………………（266）
[阅读材料8]　独具慧眼的笛卡尔 ……………………（269）
第8章单元自测 …………………………………………（270）

附　录

附录1　常用的数学符号 ………………………………（273）
附录2　标准正态分布表 ………………………………（279）

第 1 章

集合　充要条件　不等式

集合是数学中最基本的概念之一.本章首先介绍有关集合的一些重要概念、常用符号和简单运算,然后学习一些命题的初步知识,最后讨论一元二次不等式及其他常见类型不等式的解法.

1.1　集合的概念

一、集合的意义

我们在初中用过"集合"这个词,例如整数集合,是把所有的整数作为一个整体加以研究.

我们把具有某种特定性质的对象的总体称为**集合**(简称"集"),把构成集合的对象称为集合的**元素**.

下面来看几个例子:

(1) 某校一年级的全体学生构成一个集合,其中每个学生都是这个集合的元素.

(2) 某工厂金工车间的全部机床组成一个集合,车间中的每一台机床都是这个集合的元素.

(3) 所有自然数组成一个集合,自然数 $0,1,2,3,\cdots,n,\cdots$,都是这个集合的元素.

(4) 方程 $x^2-1=0$ 的所有实数根组成一个集合,这个集合有 2 个元素 1 与 -1.

(5) 不等式 $x-4>0$ 的所有解组成一个集合,显然,凡是大于 4 的实数都是这个集合的元素.

(6) 平面上与两定点距离相等的点的全体组成一个集合,这样的集合是连接两点的线段的垂直平分线,该垂直平分线上每一个点都是这个集合的元素.

若一个集合只含有限个元素,这样的集合称为**有限集合**;若一个集合含无限多个元素,这样的集合称为**无限集合**. 例如,在上面的例子中,(1)、(2)、(4)这3个集合是有限集合,而(3)、(5)、(6)这3个集合是无限集合.

一般地,集合通常用大写字母 $A,B,C,\cdots$ 表示,集合中的元素通常用小写字母 $a,b,c,\cdots$ 表示. 如果 a 是集合 A 中的元素,记为 $a\in A$,读作"a 属于 A";如果 a 不是集合 A 中的元素,记为 $a\notin A$,读作"a 不属于 A".

例如,在上例(3)中,用 **N** 表示自然数集,则 $2\in \mathbf{N}, 0\in \mathbf{N}, -2\notin \mathbf{N}$.

由数组成的集合称为**数集**. 常见的数集及其符号如表1-1所示.

表 1-1

数集	自然数集	整数集	有理数集	实数集
符号	**N**	**Z**	**Q**	**R**

在数集中,若元素都是正数,应在集合符号的右上角标"＋";若元素都是负数,应在集合符号的右上角标"－". 例如,正有理数集记作 $\mathbf{Q}^+$,负实数集记作 $\mathbf{R}^-$. 特别地,在自然数集中排除 0 的集合,记为 $\mathbf{N}^*$ 或 $\mathbf{N}_+$.

满足方程(组)或不等式(组)的所有解组成的集合称为方程(组)或不等式(组)的**解集**.

只含有一个元素的集合称为**单元集**. 例如,方程 $x+1=0$ 的解集中只有一个元素 -1,这就是单元集.

不含有任何元素的集合称为**空集**,记作 $\varnothing$. 例如,方程 $x^2+1=0$ 在实数范围内解的集合就是空集. 至少含有一个元素的集合称为**非空集合**.

二、集合的表示法

1. 列举法

把属于某个集合的元素一一列举出来,写在大括号{ }内,每个元素之间用逗号隔开,每个元素仅写一次,不考虑顺序,这种表示集合的方法称为**列举法**.

例如,小于 4 的自然数的集合可表示为 $\{0,1,2,3\}$.

当集合的元素很多,不需要或不可能一一列出时,也可只写出几个元素,其他用省略号表示. 例如,小于 100 的自然数集可表示为 $\{0,1,2,3,\cdots,99\}$,正偶数集可表示为 $\{2,4,6,\cdots,2n,\cdots\}$.

2. 描述法

把属于某个集合的元素所具有的特定性质描述出来,写在大括号{ }内,这种表示集合的方法称为**描述法**.

例如,正偶数集$\{2,4,6,\cdots,2n,\cdots\}$可表示为$\{x|x=2n,n\in \mathbf{N}^*\}$或$\{$正偶数$\}$.

其中,竖线左边的x表示该集合的任意一个元素,竖线右边写出集合元素的特定性质.

又例如,反比例函数$y=\dfrac{1}{x}$的图像上的点(x,y)组成的集合可表示为

$$\{(x,y)|y=\dfrac{1}{x},x\neq 0\}.$$

例 1 用列举法表示下列集合:

(1) $\{x|x$ 是大于 3 且小于 10 的奇数$\}$;

(2) $\{x|x^2-5x+6=0,x\in \mathbf{R}\}$.

解 (1) $\{5,7,9\}$.

(2) 方程 $x^2-5x+6=0$ 的解集为$\{2,3\}$,其中 $x\in \mathbf{R}$ 一般可省略不写.

例 2 用描述法表示下列集合:

(1) 不等式 $x-5>3$ 的解组成的集合;

(2) 在平面直角坐标系内,抛物线 $y=x^2$ 上所有点组成的集合;

(3) 在平面直角坐标系的第一象限内所有点组成的集合.

解 (1) 不等式 $x-5>3$ 的解集可表示为

$$\{x|x-5>3\},$$

即

$$\{x|x>8\}.$$

(2) 如图 1-1(1)所示,在直角坐标系内,抛物线 $y=x^2$ 上所有点的集合是$\{(x,y)|y=x^2\}$.

(3) 如图 1-1(2)所示,在直角坐标系的第一象限内所有点的集合是$\{(x,y)|x>0,y>0\}$.

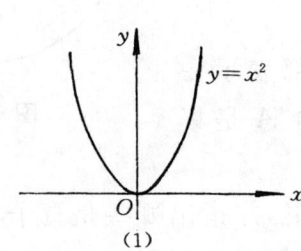
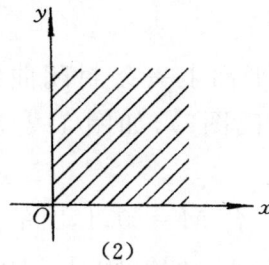

图 1-1

关于集合的概念,再作如下说明:

(1)作为集合的元素必须是确定的,否则就不能构成集合.这就是说,对于任何一个对象,或者属于这个集合,或者不属于这个集合,二者必居其一.

例如,"某班高个子同学全体"就不能构成集合,因为没有规定多高才算是高个子,不能确定"高个子同学".

(2)一个给定的集合,它的元素是互异的.也就是说,集合中的任何两个元素都是不同的对象,相同的对象归入同一个集合时只能算作集合的一个元素.

例如,方程 $x^2-2x+1=0$ 的解集为{1},不能写成{1,1}.

(3)一个给定的集合,它的元素无先后顺序.

例如,集合{-2,2}和集合{2,-2}表示同一个集合.

三、集合之间的关系

1. 集合的包含关系

由下面的两个集合
$$A=\{1,2,3\}, B=\{1,2,3,4\}$$
可以发现,集合 A 的任何一个元素都是集合 B 的元素,因此,我们给出下面定义:

定义 设有两个集合 A 和 B,如果集合 A 的任何一个元素都是集合 B 的元素,则集合 A 称为集合 B 的**子集**,记作 $A \subseteq B$ 或 $B \supseteq A$,读作"A 包含于 B"或"B 包含 A".

由定义可得:$A \subseteq A$.

规定:$\varnothing \subseteq A$.

如果集合 A 是集合 B 的子集,并且 B 中至少有一个元素不属于 A,那么集合 A 称为集合 B 的**真子集**,记为 $A \subsetneq B$ 或 $B \supsetneq A$.

例如,$N \subseteq N, N \subsetneq R$.

根据真子集的定义,显然空集 $\varnothing$ 是任何非空集合的真子集.

我们通常用平面上一条封闭曲线的内部表示一个集合(称为"文氏图"),如图 1-2 表示集合 A 是集合 B 的真子集.

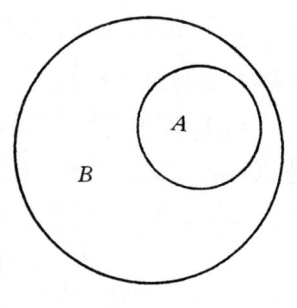

图 1-2

例 3 写出集合 $M=\{0,1,2\}$ 的所有子集,并指出哪些是真子集.

解 $\varnothing,\{0\},\{1\},\{2\},\{0,1\},\{0,2\},\{1,2\},\{0,1,2\}$.

集合 M 的子集共有 8 个,其中除$\{0,1,2\}$外,其余都是 M 的真子集.

2. 集合的相等

定义 对于两个集合 A,B，如果 $A\subseteq B$，同时 $B\subseteq A$，则称集合 A 和集合 B 相等，记作 $A=B$.

由定义可知，两个集合相等就表示这两个集合的元素完全相同.

例如，$\{1,2,3,4\}=\{3,2,4,1\}$.

例 4 讨论集合 $A=\{x\mid x^2-3x+2=0\}$ 与集合 $B=\{1,2\}$ 之间的关系.

解 由方程 $x^2-3x+2=0$ 解得，$x_1=1,x_2=2$. 于是，$A=\{1,2\}$. 因为集合 A 与集合 B 的元素相同，所以 $A=B$.

习题 1-1(A 组)

1. 按以下语句给出的条件能否组成集合？
   (1) 某图书馆的全部藏书；
   (2) 某商场漂亮服装的全体；
   (3) 所有的钝角三角形.

2. 写出下列集合的元素.
   (1) 一年中有 31 天的月份的集合；
   (2) 平方后仍等于原数的数的集合；
   (3) 英文元音字母的集合.

3. 用适当的符号($\in$, $\notin$, $=$, $\supseteq$, $\subseteq$)填空.
   (1) 3 ____ **N**；　　(2) 0 ____ **Z**$^+$；　　(3) π ____ **Q**；
   (4) **Z** ____ **N**；　　(5) a ____ $\{a\}$；　　(6) 0 ____ $\varnothing$；
   (7) $\{a,b,c\}$ ____ $\{c,b,a\}$；　　(8) $\varnothing$ ____ $\{a,b\}$.

4. 用适当的方法表示下列集合.
   (1) 小于 10 的所有正整数的平方数；
   (2) 直线 $y=2x$ 上所有点；
   (3) 方程组 $\begin{cases} x+y=2 \\ xy=-3 \end{cases}$ 的解集；
   (4) 不等式 $3(x-1)<2x-5$ 的解集.

5. 写出 $\{a,b,c,d\}$ 的所有子集，并指出其中哪些是真子集.

习题 1-1(B 组)

1. 用适当的符号($\in, \notin, =, \subseteq, \supseteq$)填空.

(1) -3 ____ $\mathbf{Q}^-$；　　(2) $\sqrt{3}$ ____ $\mathbf{R}$；　　(3) π ____ $\mathbf{Q}$；

(4) $\mathbf{Z}$ ____ $\mathbf{Q}$ ____ $\mathbf{R}$；　　(5) $\{x|x>2\}$ ____ $\{x|x>3\}$.

2. 用适当的方法表示下列集合.

(1) 方程 $x^2+6x+9=0$ 的解集；

(2) 数轴上点 $x=3$ 左方的所有点；

(3) 直角坐标系第二象限内的所有点；

(4) 所有 4 的正整数倍且小于 100 的数.

3. 设 $A=\{1,3,5,7,9\}$，写出集合 A 中符合下列条件的子集.

(1) 元素都是质数；

(2) 元素都能被 3 整除；

(3) 元素都能被 2 整除.

4. 讨论下列各题中两个集合间的关系.

(1) $A=\{x|0\leqslant x<1\}$；　　$B=\{x|x-2<0\}$；

(2) $A=\{x|x=2n, n\in\mathbf{Z}\}$；　　$B=\{x|x=2(n+1), n\in\mathbf{Z}\}$.

扫一扫，获取参考答案

1.2　集合的运算

一、交集

先看一个例子，某商店进了两批货，第一批有服装、文具、自行车、化妆品、皮鞋 5 个品种，第二批有化妆品、自行车、电子表、食品 4 个品种，分别记作

$A=\{$服装，文具，自行车，化妆品，皮鞋$\}$，

$B=\{$化妆品，自行车，电子表，食品$\}$.

试问：两次进货都有的品种有哪些？显然，两批货物的共有元素是化妆品和自行车，它们组成的集合是

$C=\{$化妆品，自行车$\}$.

对于这样的集合，给出以下定义：

定义　设 A 和 B 是两个集合，把既属于 A 又属于 B 的所有元素组成的集合称为 A 与 B 的**交集**，记作 $A\cap B$，读作"A 交 B"，即

$A\cap B=\{x|x\in A \text{ 且 } x\in B\}$.

因此，在上面的例子中有
$$C = A \cap B.$$
按照集合 A 与集合 B 本身的相互关系，它们的交集有如图 1-3 所示的 4 种情形，图中阴影部分表示 $A \cap B$.

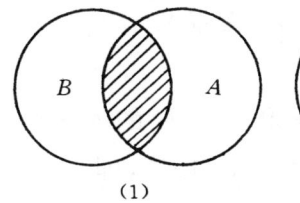(1) 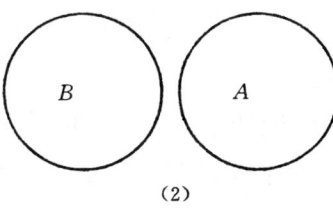(2) 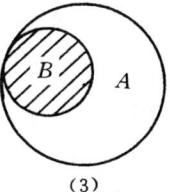(3) 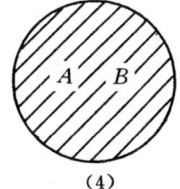(4)

图 1-3

由交集定义可得：
$$A \cap B \subseteq A, \quad A \cap B \subseteq B,$$
$$A \cap A = A, \quad A \cap \varnothing = \varnothing.$$
求集合的交集的运算称为**交运算**.

例 1 设 $A = \{奇数\}$，$B = \{偶数\}$，$Z = \{整数\}$，求 $A \cap Z$，$B \cap Z$，$A \cap B$.

解 $A \cap Z = \{奇数\} \cap \{整数\} = \{奇数\} = A$；
$B \cap Z = \{偶数\} \cap \{整数\} = \{偶数\} = B$；
$A \cap B = \{奇数\} \cap \{偶数\} = \varnothing$.

例 2 设 $A = \{(x, y) \mid 4x + y = 6\}$，$B = \{(x, y) \mid 3x + 2y = 7\}$，求 $A \cap B$.

解 $A \cap B = \{(x, y) \mid 4x + y = 6\} \cap \{(x, y) \mid 3x + 2y = 7\}$
$= \{(x, y) \mid 4x + y = 6, 3x + 2y = 7\}$
$= \{(1, 2)\}$.

例 3 设 $A = \{12 \text{ 的正约数}\}$，$B = \{18 \text{ 的正约数}\}$，$C = \{\text{不大于 } 5 \text{ 的自然数}\}$，求 $(A \cap B) \cap C$，$A \cap (B \cap C)$.

解 由题意可知，$A = \{1, 2, 3, 4, 6, 12\}$，
$B = \{1, 2, 3, 6, 9, 18\}$，
$C = \{0, 1, 2, 3, 4, 5\}$，
所以 $(A \cap B) \cap C = \{1, 2, 3, 6\} \cap \{0, 1, 2, 3, 4, 5\}$
$= \{1, 2, 3\}$；
$A \cap (B \cap C) = \{1, 2, 3, 4, 6, 12\} \cap \{1, 2, 3\}$
$= \{1, 2, 3\}$.

由交集定义可得，交运算满足：
交换律：$A \cap B = B \cap A$.
结合律：$(A \cap B) \cap C = A \cap (B \cap C)$.

二、并集

在本节开始的例子中,如果要问两次进货的品种总共有哪些?显然是两批货物的全部品种组成的集合,即

$$D=\{服装,文具,自行车,化妆品,皮鞋,电子表,食品\}.$$

对于这样的集合,给出以下定义:

定义 设 A 和 B 是两个集合,把所有属于 A 的元素和属于 B 的元素合并在一起组成的集合,称为 A 与 B 的**并集**,记作 $A \cup B$,读作"A 并 B",即

$$A \cup B = \{x \mid x \in A \text{ 或 } x \in B\}.$$

因此,在上面的例子中有 $D = A \cup B$.

上面定义中的"$x \in A$ 或 $x \in B$"包含了3种可能的情况:

(1) $x \in A$ 但 $x \notin B$.

(2) $x \in B$ 但 $x \notin A$.

(3) $x \in A$ 且 $x \in B$.

在一个具体问题中,这3种情况不会同时出现,但是,不管出现哪一种情况,$A \cup B$ 中的元素都至少属于 A 和 B 中的一个. 图1-4中的阴影部分表示 $A \cup B$.

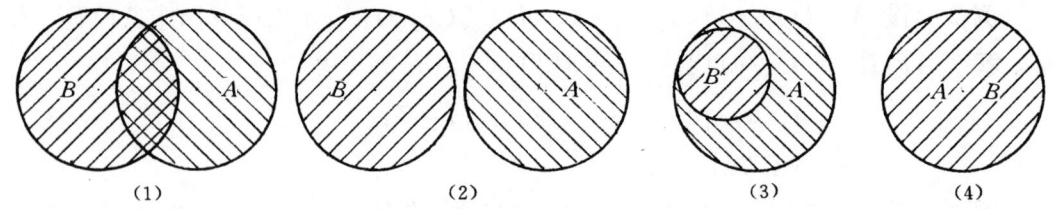

图 1-4

由并集定义得:

$$A \subseteq A \cup B, \qquad B \subseteq A \cup B,$$
$$A \cup A = A, \qquad A \cup \varnothing = A.$$

求集合的并集的运算称为**并运算**.

例 4 设 $A = \{x \mid (x-1)(x+2) = 0\}$,$B = \{x \mid x^2 - 4 = 0\}$,求 $A \cup B$.

解 因为 $A = \{x \mid (x-1)(x+2) = 0\} = \{1, -2\}$,

$$B = \{x \mid x^2 - 4 = 0\} = \{-2, 2\},$$

所以 $A \cup B = \{1, -2\} \cup \{-2, 2\} = \{-2, 1, 2\}$.

例 5 设 $A = \{锐角三角形\}$,$B = \{钝角三角形\}$,求 $A \cup B$.

解 $A \cup B = \{锐角三角形\} \cup \{钝角三角形\} = \{斜三角形\}$.

例 6 设 $A=\{1,2\}$，$B=\{-1,0,1\}$，$C=\{-2,0,2\}$，求：

(1) $(A\cup B)\cup C$； (2) $A\cup(B\cup C)$．

解 由题意知，$A\cup B=\{-1,0,1,2\}$，$B\cup C=\{-2,-1,0,1,2\}$．

(1) $(A\cup B)\cup C=\{-1,0,1,2\}\cup\{-2,0,2\}=\{-2,-1,0,1,2\}$；

(2) $A\cup(B\cup C)=\{1,2\}\cup\{-2,-1,0,1,2\}=\{-2,-1,0,1,2\}$．

由并集定义可得，并运算满足：

交换律： $A\cup B=B\cup A$．

结合律： $(A\cup B)\cup C=A\cup(B\cup C)$．

并集与交集除各自满足交换律和结合律外，交、并运算还有如下两个分配律：

(1) $A\cap(B\cup C)=(A\cap B)\cup(A\cap C)$．

(2) $A\cup(B\cap C)=(A\cup B)\cap(A\cup C)$．

例 7 设 $A=\{0,1,2,3,4\}$，$B=\{1,2,3\}$，$C=\{1,4\}$，求 $(A\cap B)\cup(A\cap C)$．

解 $(A\cap B)\cup(A\cap C)=A\cap(B\cup C)=\{0,1,2,3,4\}\cap\{1,2,3,4\}=\{1,2,3,4\}$．

三、补集

我们在研究集合与集合之间的关系时，如果一些集合都是某一给定集合的子集，那么称这个给定的集合为这些集合的**全集**，通常用 I 表示．在研究数集时，一般将实数集 **R** 作为全集．

设集合 A 是全集 I 的子集，I 中不属于 A 的元素组成一个新的集合，对于这样的集合我们给出下面的定义：

定义 设 A 为全集 I 的子集，由 I 中不属于 A 的元素组成的集合称为集合 A 在 I 中的**补集**，记作 $\complement_I A$，读作"A 在 I 中的补集"，即

$$\complement_I A=\{x\mid x\in I\text{ 且 }x\notin A\}．$$

集合 A 的补集 $\complement_I A$ 为如图 1-5 所示的阴影部分，由补集的定义和图 1-5 可得：

$A\cup\complement_I A=I$， $A\cap\complement_I A=\varnothing$， $\complement_I I=\varnothing$，

$\complement_I\varnothing=I$， $\complement_I(\complement_I A)=A$．

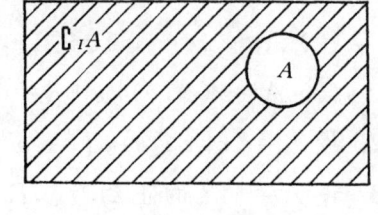

图 1-5

求集合的补集的运算称为**补运算**．

注意：补集是相对全集而言的，即使是同一个集合，如果所讨论的范围不一样，取的全集不同，它的补集也不同．

例8 设 $I=\{1,2,3,4,5,6,7,8\}$，$A=\{3,4,5\}$，$B=\{4,7,8\}$，求 $\complement_I A$，$\complement_I B$.

解 $\complement_I A=\{1,2,6,7,8\}$， $\complement_I B=\{1,2,3,5,6\}$.

例9 设 $I=\{1,2,3,4,5,6,7,8,9,10\}$，$A=\{1,3,5\}$，$B=\{2,3,4,5,6\}$，求证：

(1) $\complement_I(A\cup B)=\complement_I A\cap\complement_I B$；

(2) $\complement_I(A\cap B)=\complement_I A\cup\complement_I B$.

证明 (1) 因为 $A\cup B=\{1,2,3,4,5,6\}$，

所以 $\complement_I(A\cup B)=\{7,8,9,10\}$.

又因为 $\complement_I A=\{2,4,6,7,8,9,10\}$，$\complement_I B=\{1,7,8,9,10\}$，

$\complement_I A\cap\complement_I B=\{7,8,9,10\}$，

所以 $\complement_I(A\cup B)=\complement_I A\cap\complement_I B$.

(2) 因为 $A\cap B=\{3,5\}$，

所以 $\complement_I(A\cap B)=\{1,2,4,6,7,8,9,10\}$，

$\complement_I A\cup\complement_I B=\{1,2,4,6,7,8,9,10\}$.

所以 $\complement_I(A\cap B)=\complement_I A\cup\complement_I B$.

上例所证的两个等式对于任意给定集合 A 和 B 也成立，称为**德·摩根公式**，也称**反演律**，即

(1) $\complement_I(A\cap B)=\complement_I A\cup\complement_I B$.

(2) $\complement_I(A\cup B)=\complement_I A\cap\complement_I B$.

习题 1-2(A 组)

1. 已知两个集合 A 与 B，求 $A\cap B$，$A\cup B$.

   (1) $A=\{1,2,3,4,5\}$，$B=\{4,5,6,7\}$；

   (2) $A=\{x\mid -1\leqslant x\leqslant 1\}$，$B=\{x\mid x>0\}$；

   (3) $A=\{(x,y)\mid x+y=0\}$，$B=\{(x,y)\mid x-y=0\}$.

2. 设 $S=\{x\mid x\leqslant 3\}$，$T=\{x\mid x<1\}$，求 $S\cap T$ 及 $S\cup T$，并在数轴上表示出来.

3. 设 $A=\{12\text{ 的正约数}\}$，$B=\{18\text{ 的正约数}\}$，$C=\{\text{不大于 }6\text{ 的自然数}\}$，求：

   (1) $(A\cap B)\cap C$；

   (2) $(A\cap B)\cup C$.

4. 设 $I=\{\text{小于 }9\text{ 的正整数}\}$，$A=\{1,2,3\}$，$B=\{3,4,5,6\}$，求：

   $\complement_I A$，$\complement_I B$，$\complement_I(A\cap B)$，$\complement_I A\cup\complement_I B$.

5. 用集合 A, B, C 的交、并、补来表示下列文氏图(图 1-6)中的阴影部分.

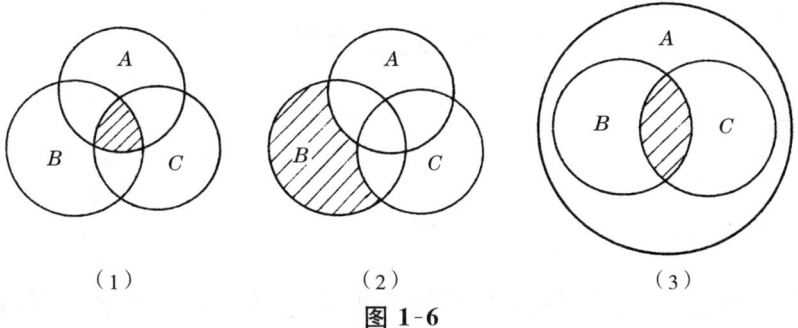

图 1-6

习题 1-2(B 组)

1. 已知两个非空集合 $A \neq B$,用适当的符号填空.
   (1) $A \cap B$ ____ $A \cup B$;
   (2) $A \cap B$ ____ $B \cap A$;
   (3) $A \cup B$ ____ B;
   (4) $A \cap B$ ____ B.

2. 设 $A = \{1, 2, 4, 5, 9\}$,$B = \{3, 5, 7\}$,$C = \{3, 6, 7, 8, 10\}$,求:
   (1) $A \cup B \cup C$;
   (2) $A \cap B \cap C$;
   (3) $(A \cap B) \cup (A \cap C)$.

3. 设 $I = \{$不大于 10 的自然数$\}$,$A = \{1, 2, 4, 5, 9\}$,$B = \{3, 6, 7, 8, 10\}$,求:
   (1) $\complement_I A \cup B$;
   (2) $\complement_I A \cap \complement_I B$;
   (3) $\complement_I (A \cap B)$.

4. 设 A 与 B 表示集合,用 A 与 B 之间的运算关系表示图 1-7 中阴影部分.

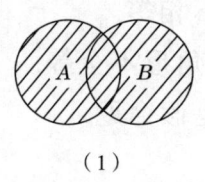 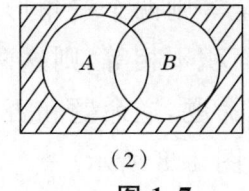 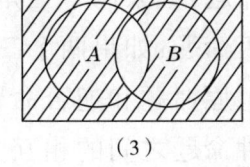

(1)　　　　　(2)　　　　　(3)

图 1-7

扫一扫,获取参考答案

1.3 充要条件

一、命题

1. 命题的意义

判断是一种思维形式,是借助于句子来表达的,人们通常把可以判断真假的陈述句称为**命题**. 一个命题由题设和结论两部分组成. 命题有真有假. 正确的命题是**真命题**,错误的命题是**假命题**. 命题的"真"和"假",称为命题的**真值**. 分别用大写英文字母 T 和 F 表示.

例如:对顶角相等. 这是一真命题,用 T 表示. 相等的角是对顶角. 这是一假命题,用 F 表示.

2. 四种命题形式

如果用 P 和 Q 分别表示两个命题,那么四种命题的形式分别为

原命题:$P \Rightarrow Q$; 逆命题:$Q \Rightarrow P$;

否命题:$\neg P \Rightarrow \neg Q$; 逆否命题:$\neg Q \Rightarrow \neg P$.

其中"$\neg P$"(或"$\neg Q$")是 P(或 Q)的否定,读作"非 P"(或"非 Q"),"$\Rightarrow$"表示推出.

例 1 写出"两个三角形全等则面积相等"的逆命题、否命题、逆否命题,并判断真假.

解 逆命题:如果两个三角形面积相等,则两个三角形全等.

否命题:如果两个三角形不全等则两个三角形面积不相等.

逆否命题:如果两个三角形面积不相等,则这两个三角形不全等.

以上原命题和逆否命题是真命题,逆命题和否命题是假命题.

四种命题之间的相互关系如图 1-8 所示.

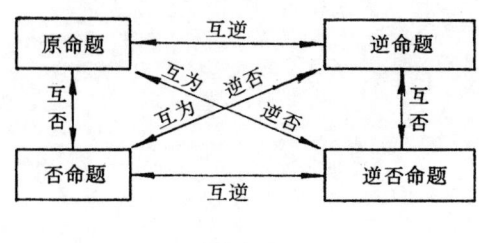

图 1-8

一般地,原命题的真假与其他三个命题的真假有如下三种关系:

(1) 原命题为真,它的逆命题不一定为真.

例如,原命题"若 $a=0$,则 $ab=0$"是真命题,它的逆命题"若 $ab=0$,则 $a=0$"是假命题.

(2) 原命题为真,它的否命题不一定为真.

例如,原命题"若 $a=0$,则 $ab=0$"是真命题,它的否命题"若 $a\neq 0$,则 $ab\neq 0$"是假命题.

(3) 原命题为真,它的逆否命题一定为真.

例如,原命题"若 $a=0$,则 $ab=0$"是真命题,它的逆否命题"若 $ab\neq 0$,则 $a\neq 0$"是真命题.

二、充要条件

1. 充分条件与必要条件

前面我们讨论了"若 P 则 Q"形式的命题,其中有的命题为真,有的命题为假."若 P 则 Q"为真是指由 P 经过推理可以得出 Q. 也就是说,如果 P 成立,那么 Q 一定成立,记作 $P\Rightarrow Q$,或者 $Q\Leftarrow P$. 如果由 P 推不出 Q,那么命题为假,记作 $P\not\Rightarrow Q$.

一般地,如果已知 $P\Rightarrow Q$,那么 P 是 Q 的**充分条件**,Q 是 P 的**必要条件**.

例如,"$a=b$"是"$a^2=b^2$"的充分条件;"$a^2=b^2$"是"$a=b$"的必要条件.

例 2 设 P:两个三角形全等,Q:两个三角形面积相等. 问:P 是 Q 的什么条件,Q 是 P 的什么条件?

解 由 $P\Rightarrow Q$ 可知,P 是 Q 的充分条件,Q 是 P 的必要条件.

2. 充分必要条件

如果一个圆的两弦等长,那么这两弦的弦心距相等;反之,如果一个圆的两弦的弦心距相等,那么这两弦等长. 可以看出,"一个圆的两弦等长"既是"两弦的弦心距相等"的充分条件,也是"两弦的弦心距相等"的必要条件. 这时,我们称"一个圆的两弦等长"是"两弦的弦心距相等"的充分必要条件.

一般地,如果既有 $P\Rightarrow Q$,又有 $Q\Rightarrow P$,那么我们称 P 是 Q 的**充分必要条件**(简称**充要条件**),记作 $P\Leftrightarrow Q$,有时也称 P,Q **等价**. 此时,Q 也是 P 的充要条件.

例 3 说出下面各组条件之间的逻辑关系.

(1) "$\Delta=0$"与"一元二次方程 $ax^2+bx+c=0(a\neq 0)$ 有两个相等的实根";

(2) "$a=-b$"与"$a^2=b^2$".

解 (1) "$\Delta=0$"是"一元二次方程 $ax^2+bx+c=0(a\neq 0)$ 有两个相等的实根"的充要条件.

(2) "$a=-b$"是"$a^2=b^2$"的充分条件,但不是必要条件,"$a^2=b^2$"是"$a=-b$"的必要条件,但不是充分条件.

习题 1-3(A 组)

1. 写出下列命题的否定,并判断它们的真假.

(1) $P: \sqrt{3}$ 是有理数;

(2) $P:$ 四边形不都是平行四边形.

2. 以下列各命题作为原命题,写出它的逆命题、否命题、逆否命题,并判断它们的真假.

(1) 末位是 5 的整数可以被 5 整除;

(2) 当 $x=2$ 时,$x^2-3x+2=0$;

(3) 线段的垂直平分线上的点到这条线段两个端点的距离相等.

3. 用"充分条件""必要条件""充要条件"填空.

(1) "四边相等的四边形"是"正方形"的_____;

(2) "$b^2-4ac>0$"是"一元二次方程 $ax^2+bx+c=0(a\neq 0)$ 具有实根"的_____.

习题 1-3(B 组)

1. 试写出下列命题的等价命题.

(1) 若 $ABCD$ 是四边形,则 $ABCD$ 是梯形;

(2) 若一元二次方程 $ax^2+bx+c=0$ 没有实数根,则 $\Delta<0$.

2. 用"充分条件""必要条件""充要条件"填空.

(1) "$x=4$"是"$x^2-x-12=0$"的_____;

(2) "$a>0$ 且 $b>0$"是"$ab>0$"的_____;

(3) "$a\in A$ 且 $a\in B$"是"$a\in A\cap B$"的_____;

(4) "$|a|=1$"是"$a=-1$"的_____.

扫一扫,获取参考答案

1.4 不 等 式

一、区间

介于两个实数之间的所有实数的集合称为**区间**,这两个实数称为**区间端点**.

设 a,b 为任意两个实数,且 $a<b$,规定如表 1-2 所示.

表 1-2

不等式	集合	区间	图示
$a\leqslant x\leqslant b$	$\{x\mid a\leqslant x\leqslant b\}$	$[a,b]$ 闭区间	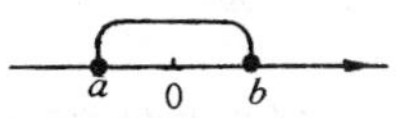
$a<x<b$	$\{x\mid a<x<b\}$	(a,b) 开区间	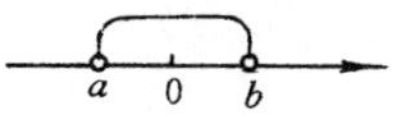
$a<x\leqslant b$	$\{x\mid a<x\leqslant b\}$	$(a,b]$ 左开右闭区间	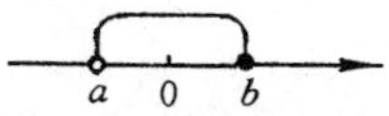
$a\leqslant x<b$	$\{x\mid a\leqslant x<b\}$	$[a,b)$ 左闭右开区间	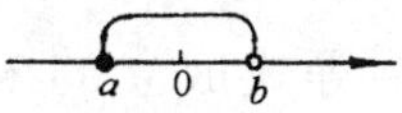
$x\geqslant a$	$\{x\mid x\geqslant a\}$	$[a,+\infty)$	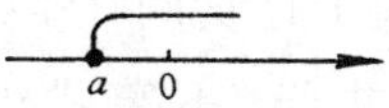
$x>a$	$\{x\mid x>a\}$	$(a,+\infty)$	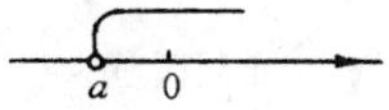
$x\leqslant b$	$\{x\mid x\leqslant b\}$	$(-\infty,b]$	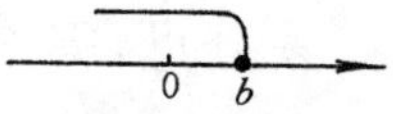
$x<b$	$\{x\mid x<b\}$	$(-\infty,b)$	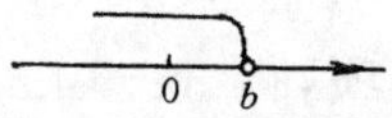
$-\infty<x<+\infty$	$\mathbf{R}$	$(-\infty,+\infty)$	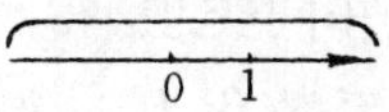

在数轴上,这些区间可以用一条以 a 和(或) b 为端点的线段、射线或不含端点的直线来表示,端点间的距离称为**区间的长**.区间的长为有限时,称为**有限区间**;区间长为无限时,称为**无限区间**.

这里,符号"∞"读作"无穷大",不表示某一个确定的实数,用于描述一个变量的绝对值无限增大的趋势,其中"$+\infty$"读作"正无穷大","$-\infty$"读作"负无穷大".

二、不等式的性质

解不等式要对不等式变换形式,而不等式变换形式必须以不等式的基本性质作为依据,才能保证不等式变换形式的正确性.

不等式有以下基本性质:

性质 1　如果 $a>b, b>c$,那么 $a>c$.

性质 2　如果 $a>b$,那么 $a+c>b+c$.

推论　如果 $a>b, c>d$,那么 $a+c>b+d$.

性质 3　如果 $a>b, c>0$,那么 $ac>bc$,
　　　　　如果 $a>b, c<0$,那么 $ac<bc$.

推论　如果 $a>b>0, c>d>0$,那么 $ac>bd$.

三、不等式的解法

1. 一元一次不等式(组)

含有一个未知数并且未知数的次数是一次的不等式称为**一元一次不等式**,使不等式成立的未知数的取值称为**不等式的解**.

由两个或两个以上的一元一次不等式联立而成的不等式组,称为**一元一次不等式组**.不等式组中所有不等式的公共解称为**不等式组的解**.

例 1　解不等式 $\dfrac{2+x}{2} \geqslant \dfrac{2x-1}{3}$.

解　去分母,得 $3(2+x) \geqslant 2(2x-1)$,

去括号,得 $6+3x \geqslant 4x-2$,

移项,得 $3x-4x \geqslant -2-6$,

合并同类项,得 $-x \geqslant -8$,

将系数化为1,得 $x \leqslant 8$.

所以,原不等式的解集为 $\{x \mid x \leqslant 8\}=(-\infty, 8]$.

例 2　解不等式组:

(1) $\begin{cases} 4x-4 \geqslant 3x+1, \\ 3x+1 > 2x-1; \end{cases}$　(2) $\begin{cases} \dfrac{x}{2} < \dfrac{x+3}{5}, \\ 2x+1 < x+1; \end{cases}$　(3) $\begin{cases} 10+2x \leqslant 11+3x, \\ 7+2x > 6+3x. \end{cases}$

解　(1)原不等式组可化为 $\begin{cases} x \geqslant 5, \\ x > -2, \end{cases}$

所以原不等式组解集为$\{x|x\geq 5\}=[5,+\infty)$.

(2)原不等式组可化为$\begin{cases}x<2,\\x<0,\end{cases}$

所以原不等式组解集为$\{x|x<0\}=(-\infty,0)$.

(3)原不等式组可化为$\begin{cases}x\geq -1,\\x<1,\end{cases}$

所以原不等式组解集为$\{x|-1\leq x<1\}=[-1,1)$.

例3 解下列不等式：

(1) $\dfrac{x+5}{x-8}>0$；　　(2) $\dfrac{2x+4}{x-3}\leq 1$；　　(3) $(2x-1)(2-x)<0$.

解 (1)原不等式可化为$\begin{cases}x+5>0,\\x-8>0,\end{cases}$ 或 $\begin{cases}x+5<0,\\x-8<0,\end{cases}$

解得$x>8$或$x<-5$,所以原不等式解集为$\{x|x>8$或$x<-5\}$.

(2)移项,得$\dfrac{2x+4}{x-3}-1\leq 0,\dfrac{x+7}{x-3}\leq 0$,

可化为$\begin{cases}x+7\leq 0,\\x-3>0,\end{cases}$ 或 $\begin{cases}x+7\geq 0,\\x-3<0,\end{cases}$

解得$-7\leq x<3$,所以原不等式解集为$\{x|-7\leq x<3\}$.

(3)原不等式可化为$\begin{cases}2x-1>0,\\2-x<0,\end{cases}$ 或 $\begin{cases}2x-1<0,\\2-x>0,\end{cases}$

解得$x>2$或$x<\dfrac{1}{2}$,所以原不等式的解集为$\left\{x\middle|x>2\text{或}x<\dfrac{1}{2}\right\}$.

2. 一元二次不等式

含有一个未知数并且未知数的最高次数是2的不等式称为**一元二次不等式**,它的一般形式为

$$ax^2+bx+c>0(\geq 0) \quad 或 \quad ax^2+bx+c<0(\leq 0) \quad (a>0).$$

一元二次不等式的解集与一元二次方程以及二次函数图像密切相关,设$y=ax^2+bx+c(a>0)$,如表1-3所示.

表 1-3

判别式	$\Delta>0$	$\Delta=0$	$\Delta<0$
图像	(图:开口向上抛物线,与x轴交于$(x_1,0),(x_2,0)$)	(图:开口向上抛物线,与x轴切于$(x_0,0)$)	(图:开口向上抛物线,在x轴上方)
解集 $y>0$	$\{x\mid x<x_1 \text{ 或 } x>x_2\}$	$\{x\mid x\neq x_0\}$	$\mathbf{R}$
解集 $y=0$	$\{x\mid x=x_1 \text{ 或 } x=x_2\}$	$\{x\mid x=x_0\}$	$\varnothing$
解集 $y<0$	$\{x\mid x_1<x<x_2\}$	$\varnothing$	$\varnothing$

例 4 解下列一元二次不等式：

(1) $3x^2-5x+2>0$； (2) $-x^2-2x+15\geqslant 0$；

(3) $2x^2-3x>-4$； (4) $x^2-6x\leqslant -9$.

解 (1) 因为 $\Delta=25-24=1>0$，方程 $3x^2-5x+2=0$ 有两个不相等实根：

$$x_1=\frac{2}{3}, x_2=1.$$

所以原不等式解集为

$$\left\{x\,\middle|\,x<\frac{2}{3} \text{ 或 } x>1\right\}=\left(-\infty,\frac{2}{3}\right)\cup(1,+\infty).$$

(2) 将原不等式化为 $x^2+2x-15\leqslant 0$，即 $(x+5)(x-3)\leqslant 0$，可以看出，方程 $x^2+2x-15=0$ 有两个不相等的实根：$x_1=-5, x_2=3$.

所以原不等式的解集为

$$\{x\mid -5\leqslant x\leqslant 3\}=[-5,3].$$

(3) 将原不等式化为

$$2x^2-3x+4>0,$$

因为 $\Delta=-23<0$，方程 $2x^2-3x+4=0$ 无实根，所以原不等式解集为

$$\{x\mid x\in\mathbf{R}\}=(-\infty,+\infty).$$

(4) 将原不等式化为

$$x^2-6x+9\leqslant 0,$$

因为 $\Delta=0$，方程 $x^2-6x+9=0$ 有两个相等的实根：

$$x_1=x_2=3.$$

所以原不等式解集为
$$\{x \mid x = 3\}.$$

例 5 由于存在惯性作用,汽车刹车后还要继续往前滑行一段距离才能停车,这段距离称为刹车距离. 通过试验,得到某种牌子的汽车在一种路面上的刹车距离 $S(\text{m})$ 与汽车车速 $x(\text{km/h})$ 之间有如下关系:
$$S = 0.025x + \frac{x^2}{360}.$$

在一次交通事故中,测得这种车的刹车距离大于 $11.5\ \text{m}$,这辆汽车刹车前的速度是多少?

解 依题意得 $S > 11.5$,即 $0.025x + \frac{x^2}{360} > 11.5$,整理得
$$x^2 + 9x - 4140 > 0.$$
解方程 $x^2 + 9x - 4140 = 0$,得实根
$$x_1 = -69,\ x_2 = 60.$$
所以不等式解为 $\{x \mid x < -69\ \text{或}\ x > 60\}$.

答:这辆汽车刹车前车速应大于 $60\ \text{km/h}$.

3. 绝对值不等式

含有绝对值符号的不等式称为**绝对值不等式**. 当 $a > 0$ 时,有
$$|x| < a \Leftrightarrow -a < x < a\ [\text{图}\ 1-9(1)];$$
$$|x| > a \Leftrightarrow x > a\ \text{或}\ x < -a\ [\text{图}\ 1-9(2)].$$

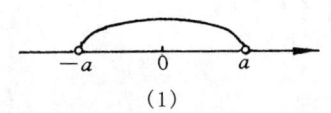
(1)
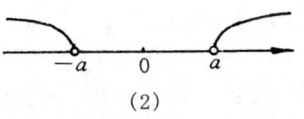
(2)

图 1-9

例 6 解下列不等式:

(1) $|4x - 3| < 5$;   (2) $|x - 3| \geqslant 1$.

解 (1) 原不等式等价于
$$-5 < 4x - 3 < 5,\ \text{即}\ -2 < 4x < 8,$$
解得
$$-\frac{1}{2} < x < 2.$$

所以原不等式解集为 $\left\{x \mid -\frac{1}{2} < x < 2\right\}$.

(2) 原不等式等价于 $x-3 \geq 1$ 或 $x-3 \leq -1$，即
$$x \geq 4 \quad 或 \quad x \leq 2,$$
所以原不等式解集为 $\{x \mid x \geq 4 \text{ 或 } x \leq 2\}$.

例 7 解不等式 $3x+|x|-4>0$.

解 原不等式可化为下面两个不等式组

① $\begin{cases} x \geq 0, \\ 3x+x-4>0, \end{cases}$ 或 ② $\begin{cases} x<0, \\ 3x-x-4>0, \end{cases}$

解①得 $\{x \mid x>1\}$，解②得 $\varnothing$，所以原不等式解集为 $\{x \mid x>1\}$.

习题 1-4（A 组）

1. 解下列不等式：

(1) $\dfrac{2x+5}{3}+\dfrac{1-2x}{6} \leq \dfrac{4x+7}{5}$； (2) $\dfrac{7x-2}{2}+\dfrac{x-2}{3}>2(x+1)$.

2. 解下列不等式组：

(1) $\begin{cases} 5x-3>0, \\ x-2 \geq 5; \end{cases}$ (2) $\begin{cases} x+3<7, \\ 2x-3 \leq x+2; \end{cases}$ (3) $\begin{cases} \dfrac{2}{5}(x-2) \leq x-\dfrac{2}{5}, \\ 15-9x>10-4x. \end{cases}$

3. 解下列不等式：

(1) $(3-2x)(2+x)>0$； (2) $\dfrac{2x-1}{x+4}>0$.

4. 解下列不等式：

(1) $x^2-6x-7 \geq 0$； (2) $x^2<9$； (3) $3x^2-7x+2 \leq 0$.

5. 解下列不等式：

(1) $|3x-5| \leq 2$； (2) $\left|\dfrac{1}{2}x+1\right|>4$.

6. k 为何值时，方程 $x^2-(k+2)x+4=0$ 有两个相异的实根？

习题 1-4（B 组）

1. 解下列不等式：

(1) $\left|\dfrac{x-1}{2}+2\right|>\dfrac{3}{4}$； (2) $\left|\dfrac{3x-5}{4}+\dfrac{1}{6}\right| \leq \dfrac{2}{3}$.

2. 解下列不等式：

(1) $4x-15 \geqslant x^2+2x$；

(2) $x(x-1) < x(2x-3)+2$；

(3) $\dfrac{2x-1}{3(x+1)} \geqslant 1$；

(4) $|2x^2+x| \leqslant 1$.

3. 方程 $(m+1)x^2-3x+2=0$ 有两个不相等的实数根，求实数 m 的取值范围.

扫一扫，获取参考答案

复习题 1

1. 选择题.

(1) 设全集 $I=\{1,2,3,4,5\}$，集合 $A=\{1,3\}$，$B=\{1,2,4\}$，则 $\complement_I(A\cup B)=(\quad)$.

    A. $\{2,3,4\}$ B. $\{1\}$ C. $\{1,2,3,4\}$ D. $\{5\}$

(2) 设全集 $I=\{1,2,3,4,5\}$，集合 $A=\{1,3\}$，$B=\{1,2,4\}$，则 $(\complement_I A)\cap B=(\quad)$.

    A. $\{2,4,5\}$ B. $\{2,4\}$ C. $\{1,3,4,5\}$ D. $\{5\}$

(3) 设集合 $A=\{0,2\}$，集合 $B=\{1,a^2\}$，且 $A\cup B=\{0,1,2,4\}$，则 $a=(\quad)$.

    A. 2   B. -2 C. 4   D. ± 2

(4) 设全集 $I=\{1,3,5,7\}$，集合 $A=\{1,|a-5|\}$，$\complement_I A=\{5,7\}$，则 $a=(\quad)$.

    A. 2   B. 8   C. 2 或 8   D. 2 或 -8

(5) 若集合 M 满足 $M \subseteq \{1,2,3\}$，则 M 有（   ）种可能.

    A. 4   B. 6   C. 7   D. 8

(6) "$xy=0$" 是 "$x^2+y^2=0$" 的（   ）.

    A. 充分不必要条件   B. 必要不充分条件

    C. 充要条件   D. 无关条件

(7) "$x\in A$" 是 "$x\in A\cup B$" 的（   ）.

    A. 充分不必要条件   B. 必要不充分条件

    C. 充要条件   D. 无关条件

(8) 若实数 a,b 满足 $a<b$，则下列各式中一定成立的是（   ）.

    A. $ac<bc$ B. $a+c<b+c$

    C. $ac^2<bc^2$ D. $|a|<|b|$

(9) 设 $M=\{x\mid x\leqslant \sqrt{13}\}$，$b=\sqrt{11}$，则下列关系正确的是（   ）.

    A. $\{b\}\subsetneqq M$ B. $b\subsetneqq M$ C. $b\notin M$ D. $\{b\}\in M$

2. 当 m 是何实数时,方程 $2x^2+2(3-2m)x+2m+1=0$ 满足下列条件?

(1) 有两个不等实根; (2) 有两个相等实根;

(3) 没有实根.

3. 求下列不等式的解集:

(1) $2x^2-5x-3\geqslant 0$; (2) $4x^2-4x+1<0$;

(3) $x^2-2x+3>0$; (4) $-x^2+5x>0$;

(5) $|x^2-1|<3$.

4. 下列各对命题的相互关系怎样,它们是否等价?

(1) $P \Rightarrow Q$ 和 $\neg P \Rightarrow \neg Q$; (2) $Q \Rightarrow P$ 和 $\neg P \Rightarrow \neg Q$;

(3) $\neg Q \Rightarrow \neg P$ 和 $\neg P \Rightarrow \neg Q$.

5. 解下列不等式组:

(1) $\begin{cases} 1-\dfrac{x+1}{2}\leqslant 2-\dfrac{x+2}{3}, \\ x(x-1)\geqslant (x+3)(x-3); \end{cases}$ (2) $\begin{cases} 3+x<4+2x, \\ 5x-3<4x-1, \\ 7+2x>6+3x. \end{cases}$

6. 设全集 $I=\mathbf{R}$,集合 $A=\{x|x^2-36<0\}$,集合 $B=\{x|x^2+2x-3<0\}$,求:

(1) $A\cap B$;

(2) $A\cup B$;

(3) $\complement_I A$;

(4) $\complement_I (A\cup B)$.

扫一扫,获取参考答案

[阅读材料1]

集合的元素个数与子集个数

在研究集合时,会遇到有关集合的元素个数和子集个数的问题,我们把有限集合 A 的元素个数记作 $\operatorname{card}(A)$.例如,$A=\{a,b\}$,则 $\operatorname{card}(A)=2$,子集个数为 4.

下面看一个有关集合元素个数的例子.某商店进了两批货,第一批有服装、文具、自行车、化妆品、皮鞋 5 个品种,第二批有化妆品、自行车、电子表、食品 4 个品种,分别记作

$A=\{$服装,文具,自行车,化妆品,皮鞋$\}$,

$B=\{$化妆品,自行车,电子表,食品$\}$.

这里,$\operatorname{card}(A)=5$,$\operatorname{card}(B)=4$.若求两次一共进了几种货,回答两次一共

进了 9（＝5＋4）种显然是不对的. 这个问题是要求 card($A \cup B$). 在这个例子中, 两次进的货里有相同的品种, 相同的品种数实际就是 card($A \cap B$). 由于

$A \cup B$＝{服装, 文具, 自行车, 化妆品, 皮鞋, 电子表, 食品},

$A \cap B$＝{化妆品, 自行车},

所以 card($A \cup B$)＝7, card($A \cap B$)＝2.

那么 card(A), card(B), card($A \cup B$), card($A \cap B$) 之间有什么关系呢?

一般地, 有 card($A \cup B$)＝card(A)＋card(B)－card($A \cap B$).

例 某班有 7 名学生订了电脑报, 有 10 名学生订了网络报, 其中有 3 名学生同时订了上述 2 种报纸, 这个班共有多少人订了报纸?

解 设 A＝{订电脑报的学生}, B＝{订网络报的学生}, 则

$A \cap B$＝{同时订电脑报和网络报的学生},

$A \cup B$＝{订电脑报或网络报的学生}.

由已知条件可得: card(A)＝7, card(B)＝10, card($A \cap B$)＝3, 所以

card($A \cup B$)＝card(A)＋card(B)－card($A \cap B$)＝7＋10－3＝14.

下面我们来看看有限集合 A 的元素个数 card(A) 与它的子集个数之间的关系:

例如, A＝{1}, 所有子集为 $\varnothing$, {1}, 即 card(A)＝1, 子集个数为 2; A＝{1,2}, 所有子集为 $\varnothing$, {1}, {2}, {1,2}, 即 card(A)＝2, 子集个数为 4; A＝{1,2,3}, 所有子集为 $\varnothing$, {1}, {2}, {3}, {1,2}, {1,3}, {2,3}, {1,2,3}, 即 card(A)＝3, 子集个数为 8.

一般地, 对有限集合 A, 若 card(A)＝n, 则其子集个数为 2^n 个, 其中真子集个数为 2^n-1 个.

第1章单元自测

1. 填空题.

(1) 不等式 $x^2-4|x|+3<0$ 的解集为 _____ .

(2) 命题"若 $x_1>2, x_2>2$, 则 $x_1+x_2>4$"的逆命题是 _____ , 该命题为 _____ .（填"真命题"或"假命题"）

(3) 已知 p 是 q 的充分条件, q 是 r 的必要条件, q 是 s 的充分条件也是 s 的必要条件, 则 r 是 s 的 _____ 条件, s 是 p _____ 条件, s 是 q 的 _____ 条件.

2. 选择题.

(1) 集合 {0,1,2} 的真子集个数是（　　）.

　　A. 2　　　　　　B. 5　　　　　　C. 7　　　　　　D. 8

(2) 已知集合 $M=\{-1,1\}$，$N=\{0,a\}$，$M\cap N=\{1\}$，则 $M\cup N=$（   ）．
   A. $\{-1,1,0,a\}$　　B. $\{-1,1,0\}$　　C. $\{0,-1\}$　　D. $\{-1,1,a\}$

(3) 若集合 $A\cup B=\varnothing$，则（   ）．
   A. $A\neq\varnothing, B\neq\varnothing$　　　　B. $B=\varnothing, A\neq\varnothing$
   C. $A=B=\varnothing$　　　　　　　　D. $A=\varnothing, B\neq\varnothing$

(4) 设集合 $M=\{$平行四边形$\}$，$P=\{$菱形$\}$，$Q=\{$矩形$\}$，$T=\{$正方形$\}$，则下面判断中，正确的是（   ）．
   A. $(P\cup Q)\cup T=M$　　B. $P\cup Q=T$
   C. $P\cap Q=T$　　　　　　D. $P\cup Q=M$

(5) 图 1-10 阴影部分表示（   ）．
   A. $(A\cap \complement_I C)\cup B$　　B. $(B\cap C)\cup A$
   C. $(A\cup C)\cap B$　　　　D. $(A\cup C)\cap \complement_I B$

(6) 设集合 $M=\{x\mid 0\leqslant x<2\}$，集合 $N=\{x\mid x^2-2x-3<0\}$，则 $M\cap N=$（   ）．
   A. $\{x\mid 0\leqslant x\leqslant 1\}$　　　　B. $\{x\mid 0\leqslant x\leqslant 2\}$
   C. $\{x\mid 0\leqslant x<1\}$　　　　D. $\{x\mid 0\leqslant x<2\}$

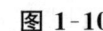

图 1-10

3. 已知集合 $A=\{x\mid x^2-ax+a^2-19=0\}$，$B=\{x\mid x^2-5x+6=0\}$，$C=\{x\mid x^2+2x-8=0\}$．若 $A\cap B\neq\varnothing$，$A\cap C=\varnothing$，求实数 a 的值．

4. 解下列不等式：

(1) $4<|1-3x|<7$；　　(2) $\dfrac{x+1}{2x-3}<1$；　　(3) $(ax-2)(x-2)>0$．

5. 已知不等式 $kx^2-2x+6k<0$ 的解集是 **R**，求实数 k 的取值范围．

扫一扫，获取参考答案

第 2 章

函 数

函数是数学中一个极其重要的基本概念,是学习高等数学和其他科学技术必不可少的基础. 本章主要阐述函数的定义及其相关知识,介绍有理指数幂和对数的概念与运算,并在此基础上讨论幂函数、指数函数、对数函数等的概念、图像和性质.

2.1 函数的概念

一、函数的定义

在初中我们已经学习过函数的概念,并且知道可以用函数描述变量之间的依赖关系,现在,我们将进一步学习函数及其构成要素. 下面先看几个实例:

(1) 一辆汽车在一段平坦的公路上以 100 km/h 的速度匀速行驶 2 h,则汽车行驶的路程 S 与行驶时间 t 的关系是
$$S = 100t. \qquad ①$$
这里,汽车行驶时间 t 的变化范围是数集 $D=\{t|0\leqslant t\leqslant 2\}$,汽车行驶路程 S 的变化范围是数集 $M=\{S|0\leqslant S\leqslant 200\}$. 由问题的实际意义可知,对于数集 D 中的任意一个时间 t,按照对应关系①,在数集 M 中都有唯一确定的路程 S 和它对应.

(2) 在气象观测站的百叶箱内,气温自动记录仪把某一天的气温变化描述在纪录纸上,形成如图 2-1 所示的曲线,根据这个图像,我们就能知道这一天内时间 t 从 0 点到 24 点气温 T 的变化情形.

根据图 2-1 的曲线可知,时间 t 的变化范围是数集 $D=\{t|0\leqslant t\leqslant 24\}$,气温 T 的变化范围是数集 $M=\{T|23<T\leqslant 33\}$,并且,对于数集 D 中的每一个时刻 t,

按照图中曲线,在数集 M 中都有唯一确定的气温 T 和它对应.

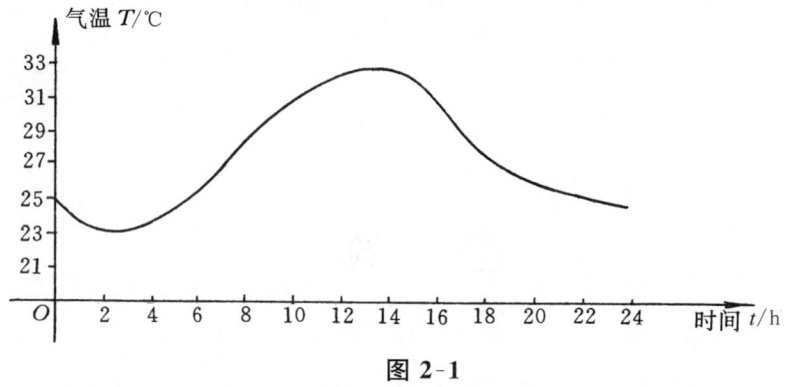

图 2-1

(3) GDP 是国内生产总值,它被看成显示一个国家(地区)经济状况的一个重要指标,表 2-1 中 GDP 增长率随时间变化的情况表明,"十一五"时期的五年是我国经济保持平稳较快增长,综合国力大幅提升的五年.

表 2-1 "十一五"时期我国 GDP 增长情况

时间	2006	2007	2008	2009	2010
GDP 增长率/%	12.7	14.2	9.6	9.2	10.3

我们可以仿照(1)、(2)描述表 2-1 中 GDP 增长率和时间的关系.

以上各例中两个变量所描述的关系就是函数关系.一般地,有下列定义:

定义 设 D 是一非空数集,如果对于 D 中的每一个 x,按照某一对应法则 f,总有确定的实数 y 与之对应,则称 y 是定义在数集 D 上的 x 的**函数**,记作 $y=f(x)$. D 称为函数 $f(x)$ 的**定义域**,x 称为**自变量**,y 称为**因变量**.

如果自变量取某一数值 x_0 时,函数具有确定的对应值,那么称函数在点 x_0 处有定义.函数 $f(x)$ 在 x_0 点的对应值称为函数在该点的**函数值**,记作

$$f(x_0) \text{ 或 } y|_{x=x_0}.$$

例如,函数 $f(x)=x^2+2x-1$ 在 $x=2$ 处的函数值为 $f(2)=2^2+2\times 2-1=7$;函数 $y=2x-1$ 在 $x=0$ 处的函数值为 $y|_{x=0}=2\times 0-1=-1$.

当自变量 x 取遍定义域 D 中每一数值时,对应的函数值的全体称为函数 $f(x)$ 的**值域**,记作 M.

函数 $y=f(x)$ 中表示对应关系的符号 f 也可以改用其他字母,例如,$y=g(x)$,$y=F(x)$,$y=\varphi(x)$ 等.

函数的定义域通常由问题的实际背景确定,可参见前面所述的 3 个实例. 如果一个函数没有指明定义域,则它的定义域是指使函数有意义的自变量的取值范围.

函数的定义域与对应关系称为函数的**两个要素**,两个要素完全相同的函数才是相同的函数.

例如,函数 $f(x)=\sqrt{x^2}$ 与 $g(t)=|t|$ 的定义域相同,都是 $(-\infty,+\infty)$,两个函数所描述的对应关系也完全相同(两个函数的自变量任取相同的值,对应的函数值相等),所以,$f(x)=\sqrt{x^2}$ 与 $g(t)=|t|$ 表示的是同一个函数.

例1 求下列函数的定义域:

(1) $y=\dfrac{1}{2}x+1$; (2) $y=\dfrac{1}{x+1}$;

(3) $y=\sqrt{x}+\sqrt{-x}$; (4) $y=\sqrt{1-x}+\dfrac{1}{2x+1}$.

解 (1) 对于函数 $y=\dfrac{1}{2}x+1$,当 x 取任何实数时,函数都是有意义的,所以这个函数的定义域为实数集 **R**,用区间表示为 $(-\infty,+\infty)$.

(2) 对于函数 $y=\dfrac{1}{x+1}$,由于分式的分母不能为零,即 $x+1\neq 0$,因此 $x\neq -1$,所以这个函数的定义域为
$$\{x\mid x\neq -1, x\in \mathbf{R}\},$$
用区间表示为 $(-\infty,-1)\cup(-1,+\infty)$.

(3) 对于函数 $y=\sqrt{x}+\sqrt{-x}$,由于当 $x\geqslant 0$ 时,$\sqrt{x}$ 才有意义,当 $x\leqslant 0$ 时,$\sqrt{-x}$ 才有意义,因此,只有当 $x=0$ 时,$\sqrt{x}$ 与 $\sqrt{-x}$ 才同时有意义,所以这个函数的定义域为集合 $\{0\}$.

(4) 对于函数 $y=\sqrt{1-x}+\dfrac{1}{2x+1}$,由于当 $1-x\geqslant 0$ 时,$\sqrt{1-x}$ 才有意义,当 $2x+1\neq 0$ 时,$\dfrac{1}{2x+1}$ 才有意义,因此,只有当 $x\leqslant 1$,并且 $x\neq -\dfrac{1}{2}$ 时,$\sqrt{1-x}$ 与 $\dfrac{1}{2x+1}$ 才同时有意义.

所以这个函数的定义域为
$$\left\{x\,\middle|\,x\leqslant 1 \text{ 且 } x\neq -\dfrac{1}{2}\right\},$$
用区间表示为 $\left(-\infty,-\dfrac{1}{2}\right)\cup\left(-\dfrac{1}{2},1\right]$.

二、函数的表示法

表示函数的方法,常用的有解析法(公式法)、图像法和列表法(表格法).

解析法就是用一个解析式来表示两个变量之间的函数关系,如本节开头的实例(1)中的 S 与 t 的关系:

$$S = 100t.$$

在其定义域的不同部分用不同的解析式表示的函数称为**分段函数**.

分段函数的定义域,就是分段函数各个解析式中自变量取值范围的并集.

求分段函数的函数值时,应把自变量的值代入相应取值范围的解析式进行计算.

例 2 设函数

$$f(x)=\begin{cases} \dfrac{2}{x}, & x<0, \\ 2(1-x), & 0\leqslant x\leqslant 1, \\ \dfrac{1}{x^2-1}, & x>1, \end{cases}$$

求 $f(-1), f(0), f\left(\dfrac{1}{2}\right), f(1), f(2)$.

解 $f(-1)=\dfrac{2}{-1}=-2,$

$f(0)=2(1-0)=2,$

$f\left(\dfrac{1}{2}\right)=2\left(1-\dfrac{1}{2}\right)=1,$

$f(1)=2(1-1)=0,$

$f(2)=\dfrac{1}{2^2-1}=\dfrac{1}{3}.$

图像法就是用图像来表示两个变量之间的函数关系,如本节开头的实例(2)中的气温 T 与时间 t 的关系.

列表法就是列表来表示两个变量之间的函数关系,如本节开头的实例(3)中的 GDP 增长率与时间的关系.

三、函数的基本性质

1. 函数的奇偶性

先看几个例子:

函数 $y=x$ 的图像是关于坐标原点对称的,如图 2-2(1)所示.

函数 $y=x^2$ 的图像是关于 y 轴对称的,如图 2-2(2)所示.

函数 $y=2x+1$ 的图像既不关于坐标原点对称,也不关于 y 轴对称,如图 2-2(3)所示.

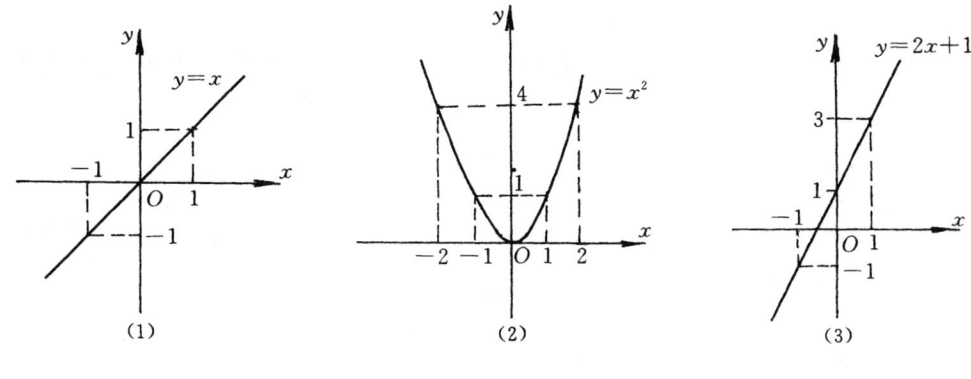

图 2-2

如果我们把函数图像的这种性质,用代数形式来表示,就可得到如下定义:

定义 设函数 $y=f(x)$ 的定义域 D 是关于原点对称的数集,即如果 $x \in D$,那么必有 $-x \in D$.

(1) 如果对于定义域 D 内的任意 x,都有
$$f(-x)=-f(x),$$
那么称函数 $y=f(x)$ 为**奇函数**.

(2) 如果对于定义域 D 内的任意 x,都有
$$f(-x)=f(x),$$
那么称函数 $y=f(x)$ 为**偶函数**.

既不是奇函数,也不是偶函数的函数称为**非奇非偶函数**.

由上面定义我们知道,奇函数的图像关于原点对称,偶函数的图像关于 y 轴对称,非奇非偶函数的图像既不关于原点对称,也不关于 y 轴对称.

例 3 判断下列函数的奇偶性:

(1) $f(x)=x^3$; (2) $f(x)=\dfrac{1}{x^2+1}$;

(3) $f(x)=\dfrac{1}{\sqrt{x-1}}$; (4) $f(x)=2x+1$.

解 (1) 函数 $f(x)=x^3$ 的定义域为 $(-\infty,+\infty)$,它是关于原点对称的数集,并且 $f(-x)=(-x)^3=-x^3=-f(x)$,所以函数 $f(x)=x^3$ 为奇函数.

(2) 函数 $f(x)=\dfrac{1}{x^2+1}$ 的定义域为 $(-\infty,+\infty)$,它是关于原点对称的数

集，并且 $f(-x) = \dfrac{1}{(-x)^2+1} = \dfrac{1}{x^2+1} = f(x)$，所以函数 $f(x) = \dfrac{1}{x^2+1}$ 为偶函数.

（3）函数 $f(x) = \dfrac{1}{\sqrt{x-1}}$ 的定义域为 $(1, +\infty)$，它是不关于原点对称的数集，所以函数 $f(x) = \dfrac{1}{\sqrt{x-1}}$ 是非奇非偶函数.

（4）函数 $f(x) = 2x+1$ 的定义域为 $(-\infty, +\infty)$，它是关于原点对称的数集，但是
$$f(-x) = -2x+1,$$
$$-f(x) = -2x-1.$$
由于 $f(-x) \neq f(x)$ 且 $f(-x) \neq -f(x)$，因此函数 $f(x) = 2x+1$ 为非奇非偶函数.

2. 函数的单调性

先看几个例子：

函数 $y = 2x$ 在定义域内随着自变量 x 的增大而增大，如图 2-3(1) 所示.

函数 $y = -x$ 在定义域内随着自变量 x 的增大而减小，如图 2-3(2) 所示.

如果我们用代数形式来表示函数图像的这种性质，就可得到如下定义：

定义 设函数 $y = f(x)$ 在区间 I 内有定义，

（1）如果对于区间 I 内任意两点 x_1 及 x_2，当 $x_1 < x_2$ 时，有
$$f(x_1) < f(x_2),$$
那么函数 $y = f(x)$ 称为区间 I 内的**单调增函数**，区间 I 称为函数 $y = f(x)$ 的**单调增加区间**.

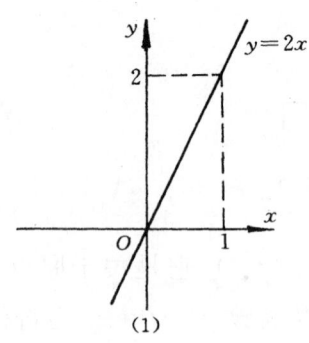
(1)
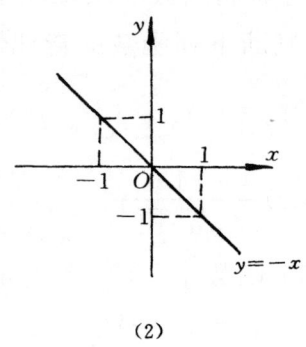
(2)

图 2-3

(2) 如果对于区间 I 内任意两点 x_1 及 x_2,当 $x_1 < x_2$ 时,有
$$f(x_1) > f(x_2),$$
那么函数 $y = f(x)$ 称为区间 I 内的**单调减函数**,区间 I 称为函数 $y = f(x)$ 的**单调减少区间**.

如果函数 $y = f(x)$ 在区间 I 内是单调增函数或单调减函数,那么就说函数 $y = f(x)$ 在这一区间具有(严格的)单调性.

例 4 判断函数 $f(x) = x^2$ 在区间 $(-\infty, 0)$ 内的单调性.

解 函数 $f(x) = x^2$ 在 $(-\infty, 0)$ 内有定义,在区间 $(-\infty, 0)$ 内任取两点 x_1 及 x_2,设 $x_1 < x_2$,有
$$f(x_2) - f(x_1) = x_2^2 - x_1^2 = (x_2 + x_1)(x_2 - x_1).$$
因为 $x_1 < 0, x_2 < 0, x_1 < x_2$,所以 $f(x_2) - f(x_1) < 0$,即 $f(x_1) > f(x_2)$.
因此,函数 $f(x) = x^2$ 在区间 $(-\infty, 0)$ 内是单调减函数.

应该注意:
(1) 定义中区间 I 可以是任何一种形式的区间.
(2) 区间 I 可能是函数的定义域,也可能是定义域中的一部分.

四、反函数

1. 反函数的定义

先看下面的例子.

在容积为 10 m^3 的水池中,已有 4 m^3 的水,如以每分钟 2 m^3 的速度向这个水池注水,那么 3 min 可盛满;设注水 $t \text{ min}$ 时,水池中的水量为 $V \text{ m}^3$,则 V 与 t 的函数关系为
$$V = f(t) = 2t + 4,$$
它的定义域为 $D = \{t \mid 0 \leqslant t \leqslant 3\}$,它的值域为 $M = \{V \mid 4 \leqslant V \leqslant 10\}$.

根据 $V = 2t + 4$,已知时间 t 的每一个值($t \in D$),可以求出对应的水量 V 的唯一确定的值($V \in M$),即 $V = 2t + 4$ 的对应关系是单值对应;反之,根据此式,已知水量 V 的每一个值($V \in M$),我们也能求出对应的时间 t 的唯一确定的值($t \in D$),即 $V = 2t + 4$ 的反对应关系也是单值对应.由此可知,t 是定义在 M 上 V 的函数,这个函数可由 $V = 2t + 4$ 解出 t 而得到
$$t = \frac{V - 4}{2},$$
它的定义域为 $M = \{V \mid 4 \leqslant V \leqslant 10\}$,值域为 $D = \{t \mid 0 \leqslant t \leqslant 3\}$.

我们称函数 $t=\dfrac{V-4}{2}$ 为函数 $V=2t+4$ 的反函数.

一般地,我们给出下面的反函数定义:

定义 设有函数 $y=f(x)$,其定义域为 D,值域为 M,如果对于 M 中的每一个 y 值($y\in M$),都可以从关系式 $y=f(x)$ 确定唯一的 x 值($x\in D$)与之对应,这样就确定了一个以 y 为自变量的新函数,记为 $x=f^{-1}(y)$,这个函数就称为函数 $y=f(x)$ 的**反函数**,它的定义域为 M,值域为 D.

一个函数只有当它的反对应关系也是单值对应的时候才有反函数.

由定义可以看出,函数 $y=f(x)$ 的反函数 $x=f^{-1}(y)$ 是以 y 为自变量的,但习惯上都以 x 表示自变量,所以反函数 $x=f^{-1}(y)$ 通常表示为 $y=f^{-1}(x)$,虽然在这里改变了变量的字母,但是它的定义域和对应关系这两个确定函数的要素并未改变,因此,函数 $x=f^{-1}(y)$ 与函数 $y=f^{-1}(x)$ 是一样的,都是函数 $y=f(x)$ 的反函数.

以后如无特殊说明,函数 $y=f(x)$ 的反函数都是指以 x 为自变量的反函数 $y=f^{-1}(x)$.

由定义也容易得出,函数 $y=f(x)$ 的反函数为 $y=f^{-1}(x)$,而函数 $y=f^{-1}(x)$ 的反函数为 $y=f(x)$,因此,函数 $y=f(x)$ 与函数 $y=f^{-1}(x)$ 互为反函数.

2. 简单函数反函数的求法

如果函数 $y=f(x)$ 有反函数,那么,只要从关系式 $y=f(x)$ 中解出 x,就可得到以 y 为自变量的反函数 $x=f^{-1}(y)$,再将字母 x 与 y 互换,就得到以 x 为自变量的反函数 $y=f^{-1}(x)$. 例如函数 $y=x^2$,当 $x\geqslant 0$ 时的反函数为 $y=\sqrt{x}$,当 $x\leqslant 0$ 时的反函数为 $y=-\sqrt{x}$.

例5 求函数 $y=2x-3$ 的反函数,并在同一平面直角坐标系中作出它们的图像.

解 函数 $y=2x-3$ 的反对应关系是单值对应的,因此,它有反函数,由关系式 $y=2x-3$ 解出 x,得

$$x=\dfrac{y+3}{2},$$

将 x 与 y 对换,得

$$y=\dfrac{x+3}{2}=\dfrac{1}{2}x+\dfrac{3}{2}.$$

因此,函数 $y=2x-3$ 的反函数为 $y=\frac{1}{2}x+\frac{3}{2}$.

如图 2-4 所示,函数 $y=2x-3$ 的图像是经过点 $(0,-3)$ 与 $\left(\frac{3}{2},0\right)$ 的直线,而其反函数 $y=\frac{1}{2}x+\frac{3}{2}$ 的图像是经过点 $(-3,0)$ 与 $\left(0,\frac{3}{2}\right)$ 的直线.

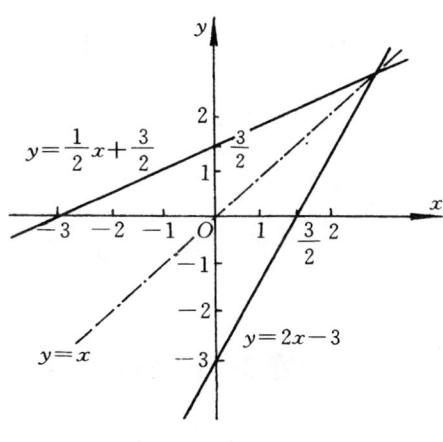

图 2-4

从图 2-4 可以看出,直线 $y=2x-3$ 的图像与直线 $y=\frac{1}{2}x+\frac{3}{2}$ 的图像关于直线 $y=x$ 对称.

一般地,函数 $y=f(x)$ 的图像与其反函数 $y=f^{-1}(x)$ 的图像关于直线 $y=x$ 对称.

习题 2-1(A 组)

1. 已知函数 $f(x)=2x-3,x\in\{0,1,2,3,5\}$,试求 $f(0),f(1),f(2),f(3),f(5)$ 和函数的值域.

2. (1) 已知函数 $f(x)=x^2+1$,求证:$f(a)=f(-a)$;
   (2) 已知函数 $f(x)=x^3-2x$,求证:$f(-a)=-f(a)$.

3. 求下列函数的定义域:
   (1) $f(x)=\frac{1}{x-3}$;
   (2) $f(x)=\frac{x^2+1}{x+1}$;
   (3) $f(x)=\sqrt{2x+5}$;
   (4) $f(x)=\sqrt{x^2-1}$.

4. 判断下列函数的奇偶性:
   (1) $f(x)=\frac{1}{x^2}$;
   (2) $f(x)=x+\frac{1}{x}$;

(3) $f(x)=\dfrac{x}{x^2+1}$;

(4) $f(x)=x^2+x$;

(5) $f(x)=\dfrac{x^2+2}{x^2-1}$;

(6) $f(x)=\sqrt{2x+1}$.

5. 已知函数

$$f(x)=\begin{cases} 0, & 0\leqslant x<1,\\ \dfrac{1}{2}, & x=1,\\ x, & 1<x\leqslant 2,\end{cases}$$

求 $f(0),f\left(\dfrac{1}{2}\right),f(1),f\left(\dfrac{3}{2}\right),f(2)$.

6. 求函数 $y=3x-1$ 的反函数,并在同一坐标平面内作出该函数与其反函数的图像.

习题 2-1(B 组)

1. 求下列函数的定义域:

(1) $f(x)=\dfrac{1}{x^2-1}+x$;

(2) $f(x)=\dfrac{1}{x+3}+\sqrt{x+4}$.

2. 判断下列函数在指定区间内的单调性:

(1) $f(x)=3x+2,x\in(-\infty,+\infty)$;

(2) $f(x)=\dfrac{3}{x},x\in(-\infty,0)$;

(3) $f(x)=x^2+1,x\in(0,+\infty)$;

(4) $f(x)=\sqrt{x},x\in(0,+\infty)$.

3. 求函数 $y=x^2,x\in(-\infty,0)$ 的反函数.

扫一扫,获取参考答案

2.2 有理指数幂 幂函数

一、有理指数幂

我们已知整数指数幂的定义:

正整数指数幂:$\underbrace{a\cdot a\cdot\cdots\cdot a}_{n\text{个}a}=a^n(n\in\mathbf{N}^*)$.

零指数幂:$a^0=1\,(a\neq 0)$.

负整数指数幂: $a^{-n}=\dfrac{1}{a^n}$ ($a\neq 0, n\in \mathbf{N}^*$).

现在介绍分数指数幂的定义：

1. 根式

我们知道，如果 $x^2=a$，那么 x 叫作 a 的平方根. 例如，± 2 就是 4 的平方根. 如果 $x^3=a$，那么 x 叫作 a 的立方根. 例如，2 就是 8 的立方根.

定义 如果 $x^n=a$，那么 x 叫作 a 的 n 次方根，其中 $n>1$，且 $n\in \mathbf{N}^*$.

当 n 是奇数时，正数的 n 次方根是一个正数，负数的 n 次方根是一个负数，这时 a 的 n 次方根表示为 $\sqrt[n]{a}$.

例如，$\sqrt[5]{32}=2$，$\sqrt[5]{-32}=-2$.

当 n 是偶数时，正数的 n 次方根有两个，且它们互为相反数，分别表示为 $\sqrt[n]{a}$，$-\sqrt[n]{a}$；负数没有偶次方根.

例如，$\sqrt[4]{16}=2$，$-\sqrt[4]{16}=-2$，16 的 4 次方根可以表示为 $\pm\sqrt[4]{16}=\pm 2$.

0 的任何次方根都是 0，记作 $\sqrt[n]{0}=0$.

$\sqrt[n]{a}$ 叫作根式，这里 n 叫作根指数，a 叫作被开方数.

根据 n 次方根的定义，根式具有下列性质：

(1) $(\sqrt[n]{a})^n=a$.

(2) 当 n 为奇数时，$\sqrt[n]{a^n}=a$；当 n 为偶数时，$\sqrt[n]{a^n}=|a|=\begin{cases}a, & a\geq 0, \\ -a, & a<0.\end{cases}$

2. 分数指数幂

定义 $a^{\frac{m}{n}}=\sqrt[n]{a^m}$ ($m,n\in \mathbf{N}^*$，且 $n>1, a>0$).

即正数的正分数指数幂表示一个根式，它的根指数是分数指数的分母，根底数的幂指数是分数指数的分子.

例如，$2^{\frac{3}{2}}=\sqrt{2^3}=2\sqrt{2}$；
$8^{\frac{2}{3}}=\sqrt[3]{8^2}=\sqrt[3]{64}=4$.

定义 $a^{-\frac{m}{n}}=\dfrac{1}{a^{\frac{m}{n}}}=\dfrac{1}{\sqrt[n]{a^m}}$ ($m,n\in \mathbf{N}^*$，且 $n>1, a>0$).

即正数的负分数指数幂表示一个根式的倒数，根式的根指数是分数指数的分母，根底数的幂指数是分数指数的分子.

例如，$2^{-\frac{1}{2}} = \frac{1}{2^{\frac{1}{2}}} = \frac{1}{\sqrt{2}} = \frac{\sqrt{2}}{2}$；

$$(0.001)^{-\frac{2}{3}} = \frac{1}{(0.001)^{\frac{2}{3}}} = \frac{1}{0.01} = 100.$$

0 的正分数指数幂等于 0，0 的负分数指数幂没有意义.

分数指数幂的引入，把幂的概念从整数指数幂推广到了有理指数幂.

3. 有理指数幂的运算性质

分数指数幂的运算法则与整数指数幂的运算法则完全相同，具有以下性质：

(1) $a^m \cdot a^n = a^{m+n}$ $(a>0, m, n \in \mathbf{Q})$.

(2) $\frac{a^m}{a^n} = a^{m-n}$ $(a>0, m, n \in \mathbf{Q})$.

(3) $(a^m)^n = a^{m \cdot n}$ $(a>0, m, n \in \mathbf{Q})$.

(4) $(ab)^n = a^n \cdot b^n$ $(a>0, b>0, n \in \mathbf{Q})$.

从上面的例子还可以看到，应用以上法则进行幂的运算可以方便地得到结果. 例如：

$$4^{\frac{3}{2}} = (2^2)^{\frac{3}{2}} = 2^{2 \times \frac{3}{2}} = 2^3 = 8;$$

$$(0.001)^{-\frac{2}{3}} = [(0.1)^3]^{-\frac{2}{3}} = (0.1)^{3 \times (-\frac{2}{3})} = (0.1)^{-2} = \frac{1}{(0.1)^2} = 100.$$

下面再举一些代数式化简的例子.

例 1 化简下列各式：

(1) $25^{\frac{1}{2}}$； (2) $\left(\frac{4}{25}\right)^{-\frac{3}{2}}$.

解 (1) $25^{\frac{1}{2}} = (5^2)^{\frac{1}{2}} = 5^{2 \times \frac{1}{2}} = 5$.

(2) $\left(\frac{4}{25}\right)^{-\frac{3}{2}} = \left[\left(\frac{2}{5}\right)^2\right]^{-\frac{3}{2}} = \left(\frac{2}{5}\right)^{2 \times (-\frac{3}{2})} = \left(\frac{2}{5}\right)^{-3} = \frac{125}{8}$.

例 2 化简下列各式：

(1) $\left(\frac{3}{4} x^2 y^{\frac{1}{3}}\right)\left(\frac{2}{5} x^{-\frac{1}{2}} y^{-\frac{1}{6}}\right)\left(\frac{5}{6} x^{\frac{1}{3}} y^{-\frac{3}{2}}\right)$；

(2) $\left(x^{-\frac{5}{6}} y^{\frac{2}{3}}\right) \div \left(x^{-\frac{1}{3}} y^{\frac{1}{2}}\right)$；

(3) $\left(x^{\frac{1}{4}} y^{-\frac{3}{8}}\right)^8$.

解 (1) 原式 $= \left(\frac{3}{4} \times \frac{2}{5} \times \frac{5}{6}\right) x^{2-\frac{1}{2}+\frac{1}{3}} y^{\frac{1}{3}-\frac{1}{6}-\frac{3}{2}} = \frac{1}{4} x^{\frac{11}{6}} y^{-\frac{4}{3}}$.

(2) 原式 $= x^{-\frac{5}{6}-(-\frac{1}{3})} y^{\frac{2}{3}-\frac{1}{2}} = x^{-\frac{1}{2}} y^{\frac{1}{6}}$.

(3) 原式 $= (x^{\frac{1}{4}})^8 (y^{-\frac{3}{8}})^8 = x^2 y^{-3} = \dfrac{x^2}{y^3}$.

4. 利用计算器求根式的值及进行指数幂运算

例3 利用 CASIO fx-82ES PLUS 型计算器计算(精确到 0.0001)：

(1) $\sqrt[4]{0.56}$；　　(2) $3^{\frac{3}{4}}$；　　(3) $5^{-\frac{4}{5}}$；　　(4) $\dfrac{1}{\sqrt[5]{0.45^3}}$.

解 首先将计算器设定为普通计算状态．操作步骤：按 MODE 键→按数字键 1．然后设定精确度．操作步骤：按 SHIFT 键→按 MODE 键→按数字键 6→按数字键 4(精确到 0.0001)．

(1) $\sqrt[■]{□}$ 键可以方便地计算出 n 次根式的值．按照下面的步骤操作：

按 SHIFT 键→按 $\sqrt[■]{□}$ 键→输入根指数 4→按 ▷ 键→输入被开方数 0.56→按 = 键，显示计算结果 0.8651．即 $\sqrt[4]{0.56} \approx 0.8651$.

(2) 通过 $x^■$ 键来计算分数指数幂的操作步骤：输入底→按 $x^■$ 键→输入指数→按 = 键，显示计算结果．即 $3^{\frac{3}{4}} \approx 2.2795$.

(3) $5^{-\frac{4}{5}} \approx 0.2759$.

(4) $\dfrac{1}{\sqrt[5]{0.45^3}} = 0.45^{-\frac{3}{5}} \approx 1.6146$.

二、幂函数

我们先看几个问题：

(1) 如果张红购买了每千克 1 元的蔬菜 m kg，那么她需要支付 $p = m$ 元，这里 p 是 m 的函数．

(2) 如果正方形的边长为 a，那么正方形的面积 $S = a^2$，这里 S 是 a 的函数．

(3) 如果正方体的底边边长为 a，那么正方体的体积 $V = a^3$，这里 V 是 a 的函数．

(4) 如果一个正方形场地的面积为 S，那么这个正方形的边长 $a = S^{\frac{1}{2}}$，这里 a 是 S 的函数．

(5)如果某人 t s 内骑车行进了 1 km,那么他骑车的平均速度 $V=t^{-1}$ km/s,这里 V 是 t 的函数.

如果不考虑上述问题的实际意义,问题中所涉及的函数都是形如 $y=x^a$ 的函数.

定义　函数 $y=x^a$ 称为**幂函数**,其中指数 a 为常量,它可以为任何实数.

例如,函数 $y=x,y=x^2,y=x^3,y=x^{-1},y=x^{-2},y=x^{\frac{1}{2}},y=x^{-\frac{1}{2}}$ 等都是幂函数.

幂函数 $y=x^a$ 的定义域由指数 a 的值决定.

对于幂函数我们只讨论 $a=1,2,3,\dfrac{1}{2},-1$ 的情形.

在同一平面直角坐标系内作出幂函数 $y=x,y=x^2,y=x^3,y=x^{\frac{1}{2}}$ 和 $y=x^{-1}$ 的图像,如图 2-5 所示.

通过图 2-5,我们可以得出:

(1)函数 $y=x,y=x^2,y=x^3,y=x^{\frac{1}{2}}$ 和 $y=x^{-1}$ 的图像都通过点 $(1,1)$.

(2)在区间 $(0,+\infty)$ 内,函数 $y=x,y=x^2,y=x^3$ 和 $y=x^{\frac{1}{2}}$ 是单调增函数,函数 $y=x^{-1}$ 是单调减函数.

(3)函数 $y=x,y=x^3,y=x^{-1}$ 是奇函数,函数 $y=x^2$ 是偶函数,函数 $y=x^{\frac{1}{2}}$ 是非奇非偶函数.

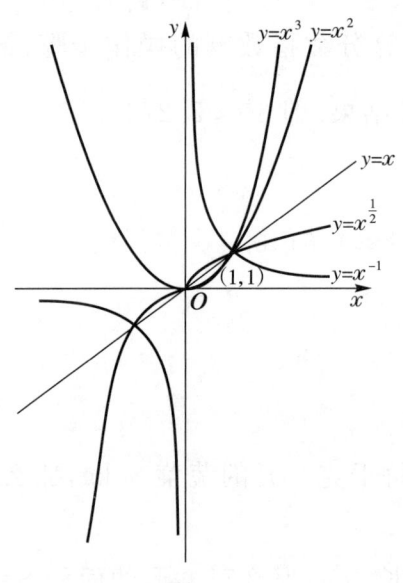

图 2-5

一般地,当 $a>0$ 时,幂函数 $y=x^a$ 具有下列共同性质:

①图像都通过坐标原点和点 $(1,1)$;

②函数在区间 $(0,+\infty)$ 内是单调增函数.

当 $a<0$ 时,幂函数 $y=x^a$ 具有下列共同性质:

①图像都通过点(1,1);
②函数在区间$(0,+\infty)$内是单调减函数.

例4 比较下面各组中两个值的大小:

(1) $1.3^{\frac{3}{2}}$ 和 $1.6^{\frac{3}{2}}$;　　(2) $0.18^{-1.3}$ 和 $0.15^{-1.3}$.

解 (1) $1.3^{\frac{3}{2}}$ 和 $1.6^{\frac{3}{2}}$ 可以看作幂函数 $y=x^{\frac{3}{2}}$ 在 $x=1.3$ 和 $x=1.6$ 处的两个函数值,因为 $\alpha=\frac{3}{2}>0$, $1.3, 1.6\in(0,+\infty)$,并且 $1.3<1.6$,由幂函数 $y=x^{\alpha}(\alpha>0)$ 在 $(0,+\infty)$ 内是单调增函数可知

$$1.3^{\frac{3}{2}}<1.6^{\frac{3}{2}}.$$

(2) $0.18^{-1.3}$ 和 $0.15^{-1.3}$ 可以看作幂函数 $y=x^{-1.3}$ 在 $x=0.18$ 和 $x=0.15$ 处的两个函数值,因为 $\alpha=-1.3$, $0.18, 0.15\in(0,+\infty)$,并且 $0.18>0.15$,由幂函数 $y=x^{\alpha}(\alpha<0)$ 在 $(0,+\infty)$ 内是单调减函数可知

$$0.18^{-1.3}<0.15^{-1.3}.$$

习题 2-2(A 组)

1. 求下列各分数指数幂的值:
   (1) $25^{-\frac{1}{2}}$;　　(2) $32^{-\frac{2}{5}}$;　　(3) $(0.027)^{\frac{2}{3}}$;　　(4) $\left(\frac{1}{16}\right)^{-\frac{3}{4}}$.

2. 把下列各分数指数幂化为根式:
   (1) $2^{\frac{2}{3}}$;　　(2) $3^{-\frac{1}{3}}$;　　(3) $(0.1)^{\frac{1}{2}}$;　　(4) $5^{-\frac{3}{4}}$.

3. 把下列各根式化为分数指数幂:
   (1) $\sqrt[3]{2}$;　　(2) $\frac{1}{\sqrt{2}}$;　　(3) $\sqrt[5]{a^2}$;　　(4) $\frac{1}{(\sqrt{b})^3}$.

4. 化简下列各式:
   (1) $\left(\frac{1}{2}x^{\frac{1}{3}}y^{\frac{1}{2}}\right)\left(-\frac{2}{3}x^{-1}y^{-\frac{1}{3}}\right)$;
   (2) $\left(-15a^2b^{\frac{1}{3}}c^{-\frac{3}{4}}\right)\left(\frac{1}{25}a^{-\frac{1}{2}}b^{\frac{1}{3}}c^{\frac{3}{4}}\right)^2$.

5. 比较下列各组中两个值的大小:
   (1) $2^{0.2}$ 和 $3^{0.2}$;　　(2) $0.2^{-0.2}$ 和 $0.3^{-0.2}$;
   (3) $3^{\frac{4}{3}}$ 和 $4^{\frac{4}{3}}$;　　(4) $3^{-\frac{4}{3}}$ 和 $4^{-\frac{4}{3}}$.

6. 用计算器计算下列各式的值(精确到 0.0001):
   (1) 1.2^5;　　(2) $3.2^{-2.5}$;

(3) $1.1^{\frac{1}{3}} \times 2.1^{\frac{1}{2}}$;   (4) $0.3^{-2.1} \times e^3$.

习题 2-2(B组)

1. 把下列各分数指数幂化成根式：
(1) $(2^{\frac{1}{2}})^3$;   (2) $(3^{-\frac{1}{3}})^2$;
(3) $(a^{\frac{2}{3}})^{\frac{3}{4}}$;   (4) $a^{\frac{3}{2}} \cdot b^{-\frac{1}{2}}$.

2. 把下列各根式化成分数指数幂：
(1) $\sqrt{2\sqrt{2}}$;   (2) $\sqrt[3]{a^2 b}$;
(3) $\sqrt{(x+1)^3}$;   (4) $\dfrac{\sqrt{a+1}}{\sqrt[3]{b-1}}$.

扫一扫,获取参考答案

3. 化简下列各式：
(1) $(\frac{1}{3}x^2 y^{\frac{1}{2}})^3 \cdot (\frac{9}{2}x^{-1}y)^2$;
(2) $(2x^{-2}y^{\frac{1}{3}})^5 \div (4x^{-3}y)$.

2.3 指数函数

一、指数函数的定义

我们先来看一个例子：

某产品原来的年产量是 1×10^4 t,计划从今年开始,年产量平均每年增加 15％,那么 x 年后的年产量 y（单位为 10^4 t）为

$$y = (1+15\%)^x,$$

即

$$y = 1.15^x.$$

上例中,y 是 x 的函数,这个函数的指数是变量,底数是常量. 对这样的函数,我们有下面的定义：

定义 函数 $y = a^x (a > 0$ 且 $a \neq 1)$ 称为**指数函数**,它的定义域是实数集 **R**.

因此,上例中的函数 $y = 1.15^x$ 是指数函数,这是一个实际问题中的函数,x 只能取正实数,所以它的定义域是正实数集 $\mathbf{R}^+$.

又如,函数 $y = 2^x, y = 3^x, y = \left(\dfrac{1}{2}\right)^x$ 和 $y = \left(\dfrac{1}{3}\right)^x$ 也都是指数函数,它们的定义域都是实数集 **R**.

二、指数函数的图像和性质

由指数函数的定义我们知道,底数 $a > 0$ 且 $a \neq 1$. 下面分别就 $a > 1$ 和

$0 < a < 1$ 两种情形,对几个常见指数函数的图像和性质进行讨论,得出它们的一般结论.

1. 当 $a > 1$ 时的情形

先讨论指数函数 $y = 2^x$ 和 $y = 3^x$ 的图像和性质.

利用描点作图法,可以作出函数 $y = 2^x$ 和 $y = 3^x$ 的图像,如图 2-6 所示.

由图 2-6 可知,这两个函数的图像有下列特征:

(1) 图像在 x 轴的上方,即函数的值域为 $(0, +\infty)$.

(2) 图像过点 $(0, 1)$.

(3) 图像沿 x 轴正向逐渐上升.

用类似的方法,我们可以作出指数函数 $y = a^x$ 在 $a > 1$ 时的图像(图 2-7),可归纳出它具有如下性质:

(1) $y = a^x$ 的定义域为 $(-\infty, +\infty)$,值域为 $(0, +\infty)$.

(2) 图像过定点 $(0, 1)$,即当 $x = 0$ 时,$y = 1$.

(3) $y = a^x$ 在定义域 $(-\infty, +\infty)$ 内是单调增函数.

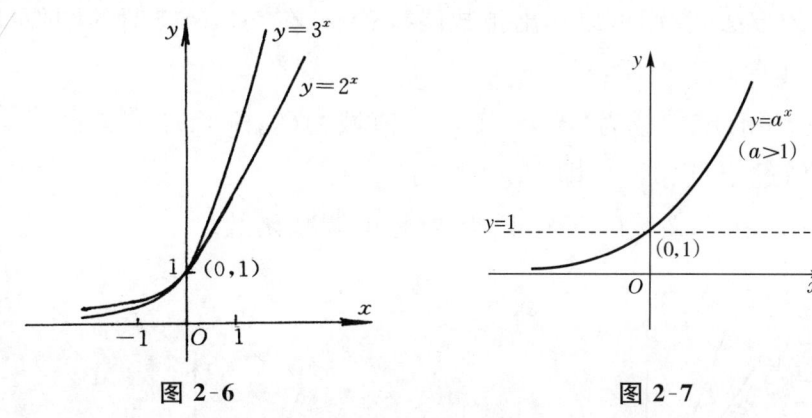

图 2-6　　　　　　　　图 2-7

例 1　比较下列各组中两个值的大小:

(1) $3^{\frac{5}{3}}$ 和 $3^{\frac{4}{3}}$;　　(2) $5^{-\frac{1}{2}}$ 和 $5^{-\frac{1}{3}}$.

解　(1) $3^{\frac{5}{3}}$ 和 $3^{\frac{4}{3}}$ 可以看作指数函数 $y = 3^x$ 当 $x = \frac{5}{3}$ 和 $x = \frac{4}{3}$ 时所对应的两个函数值,因为 $a = 3 > 1$,并且 $\frac{5}{3} > \frac{4}{3}$,由指数函数 $y = a^x (a > 1)$ 在 $(-\infty, +\infty)$ 内是单调增函数可知

$$3^{\frac{5}{3}} > 3^{\frac{4}{3}}.$$

(2) $5^{-\frac{1}{2}}$ 和 $5^{-\frac{1}{3}}$ 可以看作指数函数 $y=5^x$ 当 $x=-\frac{1}{2}$ 和 $x=-\frac{1}{3}$ 时所对应的两个函数值，因为 $a=5>1$，并且 $-\frac{1}{2}<-\frac{1}{3}$，由指数函数 $y=a^x(a>1)$ 在 $(-\infty,+\infty)$ 内是单调增函数可知
$$5^{-\frac{1}{2}}<5^{-\frac{1}{3}}.$$

2. 当 $0<a<1$ 时的情形

先讨论指数函数 $y=\left(\frac{1}{2}\right)^x$ 和 $y=\left(\frac{1}{3}\right)^x$ 的图像和性质.

利用描点作图法可以作出函数 $y=\left(\frac{1}{2}\right)^x$ 和 $\left(\frac{1}{3}\right)^x$ 的图像，如图 2-8 所示.

由图 2-8 可知，这两个函数的图像具有下列特征：

(1) 图像在 x 轴的上方，即函数的值域是 $(0,+\infty)$.

(2) 图像过点 $(0,1)$.

(3) 图像沿 x 轴正向逐渐下降.

用类似的方法，我们可以作出指数函数 $y=a^x$ 在 $0<a<1$ 时的图像(图 2-9)，可归纳出它具有如下性质：

(1) $y=a^x$ 的定义域为 $(-\infty,+\infty)$，值域为 $(0,+\infty)$.

(2) 图像过定点 $(0,1)$，即当 $x=0$ 时，$y=1$.

(3) $y=a^x$ 在定义域 $(-\infty,+\infty)$ 内是单调减函数.

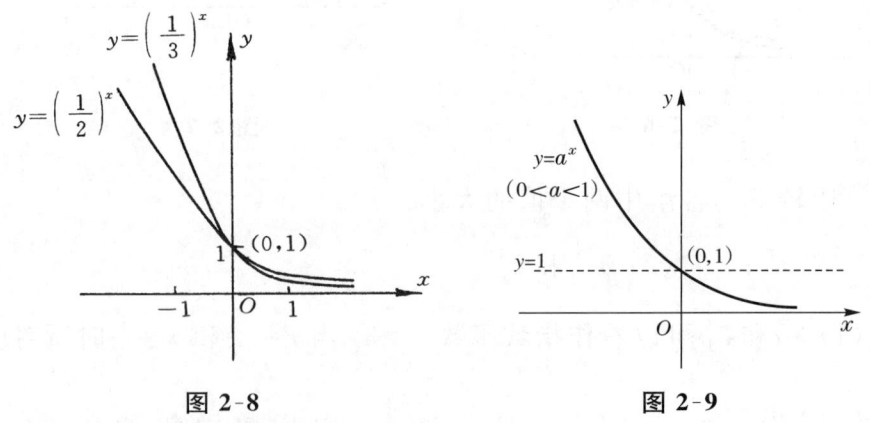

图 2-8　　　　　　　　图 2-9

例 2　比较下列各组中两个值的大小：

(1) $\left(\frac{1}{5}\right)^{1.8}$ 和 $\left(\frac{1}{5}\right)^{1.9}$；　　(2) $0.3^{-\frac{1}{2}}$ 和 $0.3^{-\frac{1}{3}}$.

解 (1) $\left(\dfrac{1}{5}\right)^{1.8}$ 和 $\left(\dfrac{1}{5}\right)^{1.9}$ 可以看作指数函数 $y=\left(\dfrac{1}{5}\right)^x$ 当 $x=1.8$ 和 $x=1.9$ 时所对应的两个函数值,因为 $a=\dfrac{1}{5}$,$0<a<1$,并且 $1.8<1.9$,由指数函数 $y=a^x(0<a<1)$ 在 $(-\infty,+\infty)$ 内是单调减函数可知

$$\left(\dfrac{1}{5}\right)^{1.8}>\left(\dfrac{1}{5}\right)^{1.9}.$$

(2) $0.3^{-\frac{1}{2}}$ 和 $0.3^{-\frac{1}{3}}$ 可以看作指数函数 $y=0.3^x$ 当 $x=-\dfrac{1}{2}$ 和 $x=-\dfrac{1}{3}$ 时所对应的两个函数值,因为 $a=0.3$,$0<a<1$,并且 $-\dfrac{1}{2}<-\dfrac{1}{3}$,由指数函数 $y=a^x$ $(0<a<1)$ 在 $(-\infty,+\infty)$ 内是单调减函数可知

$$0.3^{-\frac{1}{2}}>0.3^{-\frac{1}{3}}.$$

例 3 设函数 $y_1=2^{5x^2+1}$ 和 $y_2=2^{x^2+10}$,求使 $y_1<y_2$ 的 x 的值.

解 要使 $y_1<y_2$,即 $2^{5x^2+1}<2^{x^2+10}$.

由指数函数 $y=a^x(a>1)$ 在 $(-\infty,+\infty)$ 内是单调增函数可知,必须满足

$$5x^2+1<x^2+10 \quad 即 \quad x^2<\dfrac{9}{4},$$

所以

$$-\dfrac{3}{2}<x<\dfrac{3}{2}.$$

因此,使 $y_1<y_2$ 的 x 的值构成的集合为

$$\left\{x\,\Big|\,-\dfrac{3}{2}<x<\dfrac{3}{2}\right\}.$$

例 4 求下列函数的定义域:

(1) $y=\dfrac{1}{\sqrt{2^x-\dfrac{1}{4}}}$;　　(2) $y=\sqrt{\left(\dfrac{1}{3}\right)^x-9}$.

解 (1) 要使 $y=\dfrac{1}{\sqrt{2^x-\dfrac{1}{4}}}$ 有意义,必须满足 $2^x-\dfrac{1}{4}>0$,即 $2^x>\dfrac{1}{4}=2^{-2}$. 由指数函数 $y=a^x(a>1)$ 在 $(-\infty,+\infty)$ 内是单调增函数可知 $x>-2$,所以函数 $y=\dfrac{1}{\sqrt{2^x-\dfrac{1}{4}}}$ 的定义域为 $(-2,+\infty)$.

(2) 要使 $y=\sqrt{\left(\dfrac{1}{3}\right)^x-9}$ 有意义,必须满足 $\left(\dfrac{1}{3}\right)^x-9\geqslant 0$,即 $\left(\dfrac{1}{3}\right)^x\geqslant 9=\left(\dfrac{1}{3}\right)^{-2}$.

由指数函数 $y=a^x(0<a<1)$ 在 $(-\infty,+\infty)$ 内是单调减函数可知 $x\leqslant-2$，所以函数 $y=\sqrt{\left(\dfrac{1}{3}\right)^x-9}$ 的定义域为 $(-\infty,-2]$.

习题 2-3(A 组)

1. 比较下列各组中两个值的大小：

(1) $2^{\frac{1}{2}}$ 和 $2^{\frac{2}{3}}$；　　　　(2) $2^{-\frac{1}{2}}$ 和 $2^{-\frac{2}{3}}$；

(3) $\left(\dfrac{1}{2}\right)^{0.6}$ 和 $\left(\dfrac{1}{2}\right)^{0.7}$；　　(4) $\left(\dfrac{1}{2}\right)^{-0.6}$ 和 $\left(\dfrac{1}{2}\right)^{-0.7}$.

2. 设函数 $y_1=2^{x+1}$，$y_2=2^{2x-3}$，求使 $y_1>y_2$ 的 x 的值.

3. 求下列函数的定义域：

(1) $y=\sqrt{3^x-1}$；　　　　(2) $y=\dfrac{1}{2^x-4}$；

(3) $y=\sqrt{\left(\dfrac{1}{2}\right)^x-8}$；　　(4) $y=\left[\left(\dfrac{1}{3}\right)^x-27\right]^{-\frac{1}{2}}$.

习题 2-3(B 组)

1. 设函数 $y_1=3^{2x^2+1}$，$y_2=3^{x^2+2}$，求使 $y_1>y_2$ 的 x 的值.

2. 设函数 $y_1=\left(\dfrac{1}{2}\right)^{2x^2-3x+1}$，$y_2=\left(\dfrac{1}{2}\right)^{x^2+2x-3}$，求使 $y_1>y_2$ 的 x 的值.

3. 求下列函数的定义域：

(1) $y=\dfrac{1}{\sqrt{2^{x^2-1}-8}}$；

(2) $y=\sqrt{3^{2x-1}-\dfrac{1}{27}}$.

扫一扫，获取参考答案

2.4 对 数

一、对数的概念

如果有人问你,2 的多少次幂等于 8?你会很快地回答出 2 的 3 次幂等于 8,即 $2^3=8$.但若再问你,2 的多少次幂等于 9?你还能很快地回答出来吗?实际上,该问题就是求解 $2^x=9$ 中的 x,这是一个已知底数和幂的值求指数的问题.为此,引进对数的概念.

定义 如果 $a^b=N$($a>0$ 且 $a\neq 1$),那么指数 b 称为以 a 为底的 N 的**对数**,记为

$$b=\log_a N,$$

其中 a 称为**底数**,N 称为**真数**.

例如,由于 $4^2=16$,所以以 4 为底 16 的对数是 2,记作 $\log_4 16=2$.

根据对数的定义,可以得到对数与指数间的关系:

当 $a>0$ 且 $a\neq 1$ 时,$a^b=N \Leftrightarrow b=\log_a N$.

指数式 $a^b=N$ 和对数式 $b=\log_a N$ 表示的是 a,b,N 之间的同一种关系,其中 a,b,N 的取值范围如表 2-2 所示.

表 2-2

a	b	N
$a>0$ 且 $a\neq 1$	任意实数	任意正实数

由表 2-2 中 N 的取值范围可知,零和负数没有对数.

在对数式 $b=\log_a N$ 中,若已知 a,b,N 中的任何 2 个数,就可以求出第 3 个数.

例 1 求下列等式中的未知数:

(1) $\log_{64} N=-\dfrac{2}{3}$; (2) $\log_a 8=3$; (3) $b=\log_9 27$; (4) $\log_{\frac{1}{2}} N=0$.

解 (1) 把 $\log_{64} N=-\dfrac{2}{3}$ 写成指数式,得 $N=64^{-\frac{2}{3}}$.由此得出

$$N=(2^6)^{-\frac{2}{3}}=2^{-4}=\dfrac{1}{16}.$$

(2) 把 $\log_a 8=3$ 写成指数式,得 $a^3=8$.由此得出

$$a=\sqrt[3]{8}=2.$$

因为对数的底数只能是正数且不等于 1,所以 $a=2$.

(3) 把 $b=\log_9 27$ 写成指数式,得 $9^b=27$,即 $3^{2b}=3^3$. 由此得出

$$2b=3, \quad 即 \quad b=\frac{3}{2}.$$

(4) 把 $\log_{\frac{1}{2}} N=0$ 写成指数式,得 $N=\left(\frac{1}{2}\right)^0$. 由此得出

$$N=1.$$

在对数的定义中,底数 $a>0$ 且 $a\neq 1$. 在高等数学和科学研究中常要用到以 10 和无理数 $e=2.71828\cdots$ 为底的对数,对于这种形式的对数,分别给出如下定义:

定义 以 10 为底,正数 N 的对数 $\log_{10} N$ 称为**常用对数**(或十进对数),记为 $\lg N$,即

$$\lg N=\log_{10} N.$$

定义 以 e 为底,正数 N 的对数 $\log_e N$ 称为**自然对数**,记为 $\ln N$,即

$$\ln N=\log_e N.$$

二、两个重要恒等式

1. $a^{\log_a N}=N$ ($a>0$ 且 $a\neq 1$,$N>0$)

由对数的定义可知,如果 $a^b=N$,那么 $b=\log_a N$.

把 $b=\log_a N$ 代入 $a^b=N$,可得恒等式

$$\boxed{a^{\log_a N}=N.} \tag{2-1}$$

例 2 计算下列各式的值:

(1) $2^{\log_2 5}$; (2) $2^{1+\log_2 5}$;

(3) $2^{2-\log_2 5}$; (4) $2^{3\log_2 5}$.

解 (1) 由恒等式 $a^{\log_a N}=N$ 可得

$$2^{\log_2 5}=5.$$

(2) $2^{1+\log_2 5}=2\cdot 2^{\log_2 5}=2\times 5=10.$

(3) $2^{2-\log_2 5}=\dfrac{2^2}{2^{\log_2 5}}=\dfrac{4}{5}.$

(4) $2^{3\log_2 5}=(2^{\log_2 5})^3=5^3=125.$

注:在恒等式 $a^{\log_a N}=N$ 中,当 $a=10$ 和 $a=e$ 时,分别得到

$$10^{\lg N}=N, \quad e^{\ln N}=N.$$

2. $\log_a a^b = b$ ($a>0$ 且 $a\neq 1, b\in \mathbf{R}$)

由对数的定义可知,如果 $a^b=N$,则 $b=\log_a N$.

把 $N=a^b$ 代入 $b=\log_a N$,可得恒等式

$$\boxed{\log_a a^b = b.} \tag{2-2}$$

例 3 计算下列各对数的值：

(1) $\log_{10} 10000$； (2) $\log_{10}\dfrac{1}{1000}$； (3) $\log_9 27$； (4) $\log_{\frac{1}{2}} 8$.

解 (1) $\log_{10} 10000 = \log_{10} 10^4$,由恒等式 $\log_a a^b = b$ 可得
$$\log_{10} 10000 = 4.$$

(2) $\log_{10}\dfrac{1}{1000} = \log_{10} 10^{-3}$,由恒等式 $\log_a a^b = b$ 可得
$$\log_{10}\dfrac{1}{1000} = -3.$$

(3) $\log_9 27 = \log_9 9^{\frac{3}{2}}$,由恒等式 $\log_a a^b = b$ 可得
$$\log_9 27 = \dfrac{3}{2}.$$

(4) $\log_{\frac{1}{2}} 8 = \log_{\frac{1}{2}}\left(\dfrac{1}{2}\right)^{-3}$,由恒等式 $\log_a a^b = b$ 可得
$$\log_{\frac{1}{2}} 8 = -3.$$

注：在恒等式 $\log_a a^b = b$ 中,当 $a=10$ 和 $a=e$ 时,分别得到
$$\lg 10^b = b, \quad \ln e^b = b.$$

例 4 计算下列各式的值：

(1) $\log_a a$； (2) $\log_a 1$.

解 (1) 因为 $\log_a a = \log_a a^1$,由恒等式 $\log_a a^b = b$ 可得
$$\log_a a = 1.$$

(2) 因为 $\log_a 1 = \log_a a^0$,由恒等式 $\log_a a^b = b$ 可得
$$\log_a 1 = 0.$$

由例 4 我们可以得到对数的两个重要性质：
(1) 与底数相等的数的对数等于 1,即 $\log_a a = 1$.
(2) 1 的对数恒等于零,即 $\log_a 1 = 0$.
显然,$\lg 10 = 1$,$\ln e = 1$,$\lg 1 = 0$,$\ln 1 = 0$.

三、积、商、幂的对数的运算法则

在幂的运算法则中有 $a^m \cdot a^n = a^{m+n}$.设 $a^m = M, a^n = N$,由对数的定义可得
$$m = \log_a M, \quad n = \log_a N.$$

因此
$$\log_a(M \cdot N) = \log_a(a^m \cdot a^n) = \log_a a^{m+n} = m+n = \log_a M + \log_a N.$$
同样地，我们可以仿照上述过程，由 $a^m \div a^n = a^{m-n}$ 和 $(a^m)^n = a^{mn}$，得出对数运算的其他性质.

于是，我们可以得到如下对数运算法则：

如果 $a>0$ 且 $a \neq 1$，$M>0$，$N>0$，那么

$$\begin{aligned} \log_a(M \cdot N) &= \log_a M + \log_a N; \\ \log_a \frac{M}{N} &= \log_a M - \log_a N; \\ \log_a M^n &= n\log_a M \quad (n \in R). \end{aligned} \tag{2-3}$$

例 5 用 $\log_a x, \log_a y, \log_a z$ 表示下列各式：

(1) $\log_a \dfrac{xy}{z}$;　　(2) $\log_a \dfrac{x^2 \sqrt{y}}{\sqrt[3]{z}}$.

解　(1) $\log_a \dfrac{xy}{z} = \log_a(xy) - \log_a z = \log_a x + \log_a y - \log_a z.$

(2) $\log_a \dfrac{x^2 \sqrt{y}}{\sqrt[3]{z}} = \log_a(x^2 \sqrt{y}) - \log_a \sqrt[3]{z} = \log_a x^2 + \log_a \sqrt{y} - \log_a \sqrt[3]{z}$

$\qquad\qquad\quad = 2\log_a x + \dfrac{1}{2}\log_a y - \dfrac{1}{3}\log_a z.$

例 6　已知 $\lg x = \dfrac{1}{3}\left[\lg a - \dfrac{1}{2}\lg b + 2\lg(a+b)\right] + \lg c$，求 x.

解　因为 $\lg x = \dfrac{1}{3}[\lg a - \lg b^{\frac{1}{2}} + \lg(a+b)^2] + \lg c$

$\qquad\qquad = \dfrac{1}{3}\lg \dfrac{a(a+b)^2}{\sqrt{b}} + \lg c$

$\qquad\qquad = \lg\left(c\sqrt[3]{\dfrac{a(a+b)^2}{\sqrt{b}}}\right),$

所以 $x = c\sqrt[3]{\dfrac{a(a+b)^2}{\sqrt{b}}}.$

在应用积、商、幂的对数的运算法则时，应该注意以下两点：
(1) 等式两边的对数的底数要相等.
(2) 等式两边的对数的真数要大于零.

四、对数的换底公式

一般地，一个正数 N 的以 a 为底的对数 $\log_a N$ 可换成以 b 为底的对数（a，b 均为不等于 1 的正数）.

设 $x = \log_a N$，写成指数式，得
$$a^x = N,$$
两边取以 b 为底的对数，得
$$\log_b a^x = \log_b N \quad 即 \quad x\log_b a = \log_b N,$$
所以 $x = \dfrac{\log_b N}{\log_b a}$，因此

$$\boxed{\log_a N = \dfrac{\log_b N}{\log_b a}.} \tag{2-4}$$

这个公式称为对数的**换底公式**，其中 a, b 均为不等于 1 的正数且 $N > 0$.

例 7 已知 $\lg 2 = 0.3010$，求下列各对数的值（精确到 0.001）：

(1) $\log_2 0.01$；   (2) $\log_2 5$.

解 (1) 由换底公式可得

$$\log_2 0.01 = \dfrac{\lg 0.01}{\lg 2} = \dfrac{\lg 10^{-2}}{\lg 2} = \dfrac{-2\lg 10}{\lg 2} = \dfrac{-2}{\lg 2} \approx -6.645.$$

(2) 由换底公式可得

$$\log_2 5 = \dfrac{\lg 5}{\lg 2} = \dfrac{\lg \dfrac{10}{2}}{\lg 2} = \dfrac{\lg 10 - \lg 2}{\lg 2}$$

$$= \dfrac{1 - 0.3010}{0.3010} \approx 2.322.$$

例 8 已知 $\log_{18} 9 = a, 18^b = 5$，求证：$\log_{36} 45 = \dfrac{a+b}{2-a}$.

证明 由 $18^b = 5$ 得 $\log_{18} 5 = b$.

$$\log_{36} 45 = \dfrac{\log_{18} 45}{\log_{18} 36} = \dfrac{\log_{18}(5 \times 9)}{\log_{18}(18 \times 2)} = \dfrac{\log_{18} 5 + \log_{18} 9}{\log_{18} 18 + \log_{18} 2}$$

$$= \dfrac{b+a}{1 + \log_{18}\dfrac{18}{9}} = \dfrac{b+a}{1 + \log_{18} 18 - \log_{18} 9} = \dfrac{a+b}{2-a}.$$

在对数的换底公式中，当 $N = b$ 时，有

$$\boxed{\log_a b = \dfrac{1}{\log_b a}} \quad (a, b\text{ 为不等于 1 的正数}), \tag{2-5}$$

即当对数的底数和真数互换时，这两个对数是倒数关系.

五、利用计算器求对数的值

一般的函数型计算器都可以进行对数的计算. 如 CASIO fx-82ES PLUS 型计算器，利用 $\boxed{\ln}$ 键计算自然对数，利用 $\boxed{\log}$ 键计算常用对数，利用 $\boxed{\log_\blacksquare \square}$ 键

计算一般底的对数.利用 $\boxed{\log_\blacksquare\square}$ 键进行计算时,输入底之后,需要按 $\boxed{\triangleright}$ 键,将光标移到真数的位置,再输入真数.

例 9 用计算器求下列各式的值(精确到 0.0001):

(1) $\lg 2$;　　(2) $\ln 1.2$;　　(3) $\log_3 4$;　　(4) $\log_{0.2}\dfrac{1}{3}$.

解 首先将计算器设定为普通计算状态,再设定精确度.然后分别使用 $\boxed{\log}$ 键、$\boxed{\ln}$ 键、$\boxed{\log_\blacksquare\square}$ 键进行计算.

(1) $\lg 2 \approx 0.3010$.　　(2) $\ln 1.2 \approx 0.1823$.

(3) $\log_3 4 \approx 1.2619$.　　(4) $\log_{0.2}\dfrac{1}{3} \approx 0.6826$.

最后,我们来解决本节开头提出的问题:求解 $2^x = 9$ 中的 x.

解 由 $2^x = 9$ 得 $x = \log_2 9$,利用计算器求得 $x \approx 3.1699$.

习题 2-4(A 组)

1. 将下列各指数式表示为对数式:

(1) $3^2 = 9$;　　(2) $\left(\dfrac{1}{2}\right)^3 = \dfrac{1}{8}$;　　(3) $2^{-3} = \dfrac{1}{8}$;　　(4) $5^0 = 1$.

2. 将下列各对数式表示为指数式:

(1) $\log_2 4 = 2$;　　　　　　　　(2) $-4 = \log_3 \dfrac{1}{81}$;

(3) $\dfrac{1}{2} = \log_3 \sqrt{3}$;　　　　　　(4) $-\dfrac{1}{3} = \log_{27}\dfrac{1}{3}$.

3. 求下列各等式中的未知数:

(1) $\log_8 N = 2$;　　　　　　　(2) $\log_2 \sqrt{2} = b$;

(3) $\log_a 3 = 2$;　　　　　　　(4) $\log_{\frac{1}{3}} N = 1$.

4. 求下列各式的值:

(1) $3^{\log_3 9}$;　　(2) $5^{\log_5 2 + 1}$;　　(3) $3^{5\log_3 2}$;

(4) $2^{\log_2 3 - 1}$;　　(5) $\log_2 16$;　　(6) $\log_3 \dfrac{1}{81}$;

(7) $\log_{\frac{1}{2}} \dfrac{\sqrt{2}}{2}$;　　(8) $\log_{\frac{1}{2}} 8$.

5. 求下列各式的值：

(1) $\log_{36} 6 - \log_6 36 + \log_6 \dfrac{1}{36} - \log_{36} \dfrac{1}{6}$；

(2) $2\log_5 25 + 3\log_2 64 - 8\log_2 1 - \log_8 8$.

6. 用 $\log_a x, \log_a y, \log_a z$ 表示下列各式：

(1) $\log_a \dfrac{x^2 y^3}{\sqrt{z}}$；   (2) $\log_a \dfrac{\sqrt{x}}{y^2 z^3}$.

7. 由下列各式求 x：

(1) $\log_3 x = \log_3 5 - \log_3 2 + \log_3 4$；

(2) $\log_4 x = 2\log_4 3 - 3\log_4 2 + \log_4 5$.

8. 利用计算器计算下列各式（精确到 0.0001）：

(1) $\lg 8$；   (2) $\ln 10$；

(3) $\ln 0.15$；   (4) $\log_3 7$.

习题 2-4(B 组)

1. 求下列各式的值：

(1) $2^{\log_{\frac{1}{2}} 2}$；   (2) $3^{\log_{\sqrt{3}} 2}$；   (3) $25^{\log_5 2}$；

(4) $2^{\log_4 3}$；   (5) $\left(\dfrac{1}{5}\right)^{\log_5 3}$；   (6) $4^{\log_2 3 + 1}$.

2. 求下列各式的值：

(1) $\log_2 \sqrt{2} - \log_{\sqrt{3}} 9 + \log_{\sqrt{2}} 8$；   (2) $3\log_2 \dfrac{1}{32} + \dfrac{1}{4}\log_{\sqrt{2}} 4 - 3\log_{\frac{1}{2}} 1$；

(3) $\log_a \sqrt[n]{a} + \log_a \dfrac{1}{a^n} + \log_a \dfrac{1}{\sqrt[n]{a}}$；   (4) $\ln \mathrm{e} - 2\ln \sqrt{\mathrm{e}} + 3\ln \dfrac{1}{\mathrm{e}} + 2\ln \dfrac{1}{\sqrt{\mathrm{e}}}$.

3. 由下列各式求 x：

(1) $\log_4 x = 2\log_4 3 + 3\log_4 2 - 2$；

(2) $\log_3 x = \dfrac{1}{4}[3\log_3 a - (3\log_3 b + 2\log_3 c)]$；

(3) $\lg x = 2\lg 5 - \lg 25 + 3\lg \sqrt{5} - 1$.

4. 证明下列各等式：

(1) $a^{\frac{\ln N}{\ln a}} = N$；

(2) $\dfrac{\log_a x}{\log_{ab} x} = 1 + \log_a b$；

(3) $(\log_a b)(\log_b c)(\log_c a) = 1$.

扫一扫，获取参考答案

2.5 对数函数

一、对数函数的定义

在本书 2.4 节引入指数函数时,已经得出年产量 y 与时间 x 的函数关系为 $y=1.15^x(x>0)$. 实际上,在这个问题中,如果已知的是 y 的值,要求的是对应的 x 值,可用对数形式表示为 $x=\log_{1.15}y$.

对于任一个"年产量 y",都可求出唯一的"时间 x",如果以"年产量 y"作为自变量,则依函数的定义"时间 x"与"年产量 y"之间具有函数关系. 通常用 x 表示自变量,用 y 表示因变量,上述的函数关系可表示为 $y=\log_{1.15}x$(它是 $y=1.15^x$ 的反函数). 对于这样的函数,给出下面的定义.

定义 函数 $y=\log_a x$($a>0$ 且 $a\neq 1$)称为**对数函数**,它的定义域是正实数集 **R**$^+$.

例如,$y=\log_2 x$,$y=\log_3 x$,$y=\log_{\frac{1}{2}} x$,$y=\log_{\frac{1}{3}} x$,$y=\lg x$,$y=\ln x$ 等都是对数函数.

二、对数函数的图像和性质

由对数函数的定义可知,底数 $a>0$ 且 $a\neq 1$,下面分别就 $a>1$ 和 $0<a<1$ 两种情形,对几个常见对数函数的图像和性质进行讨论,得出它们的一般结论.

1. 当 $a>1$ 时的情形

先讨论对数函数 $y=\log_2 x$ 的图像和性质.

利用描点作图法,可以作出函数 $y=\log_2 x$ 的图像,如图 2-10 所示.

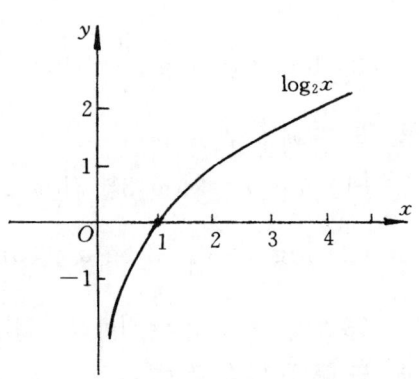

图 2-10

由图 2-10 可以得出,这个对数函数的图像具有下列特征:

(1) 图像在 y 轴右方,即函数的定义域是 $(0,+\infty)$.

(2) 图像过点 $(1,0)$.

(3) 图像沿 x 轴正向逐渐上升,即函数在其定义域 $(0,+\infty)$ 内是单调增函数.

用类似的方法可以作出对数函数 $y=\log_a x$ 在 $a>1$ 时的图像(图 2-11),可归纳出它具有如下性质:

图 2-11

(1) $y=\log_a x$ 的定义域为 $(0,+\infty)$,值域为 $(-\infty,+\infty)$.

(2) 图像过定点 $(1,0)$,即当 $x=1$ 时,$y=0$.

(3) $y=\log_a x$ 在定义域 $(0,+\infty)$ 内是单调增函数.

例 1 比较下列各组中两个值的大小:

(1) $\log_2 3$ 和 $\log_2 5$;　　(2) $\log_2 \dfrac{1}{3}$ 和 $\log_2 \dfrac{1}{5}$.

解 (1) $\log_2 3$ 和 $\log_2 5$ 可以看作对数函数 $y=\log_2 x$ 在 $x=3$ 和 $x=5$ 时所对应的两个函数值,因为 $a=2>1$, $3,5\in(0,+\infty)$ 且 $3<5$,由对数函数 $y=\log_a x\ (a>1)$ 在定义域 $(0,+\infty)$ 内是单调增函数可知
$$\log_2 3 < \log_2 5;$$

(2) $\log_2 \dfrac{1}{3}$ 和 $\log_2 \dfrac{1}{5}$ 可以看作对数函数 $y=\log_2 x$ 在 $x=\dfrac{1}{3}$ 和 $x=\dfrac{1}{5}$ 时所对应的两个函数值,因为 $a=2>1$, $\dfrac{1}{3},\dfrac{1}{5}\in(0,+\infty)$ 且 $\dfrac{1}{3}>\dfrac{1}{5}$,由对数函数 $y=\log_a x\ (a>1)$ 在定义域 $(0,+\infty)$ 内是单调增函数可知
$$\log_2 \dfrac{1}{3} > \log_2 \dfrac{1}{5}.$$

2. 当 $0<a<1$ 时的情形

先讨论对数函数 $y=\log_{\frac{1}{2}} x$ 的图像和性质.

利用描点作图法,可以作出函数 $y=\log_{\frac{1}{2}} x$ 的图像,如图 2-12 所示.

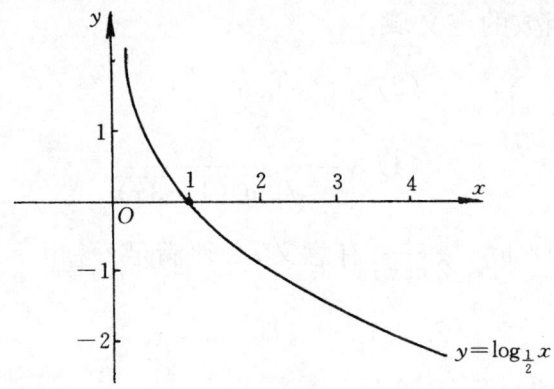

图 2-12

由图 2-12 可以看出,这个对数函数的图像具有下列特征:

(1) 图像在 y 轴右方,即函数的定义域是 $(0,+\infty)$.

(2) 图像过点 $(1,0)$.

(3) 图像沿 x 轴正向逐渐下降,即函数在其定义域 $(0,+\infty)$ 内是单调减函数.

用类似的方法可以作出对数函数 $y=\log_a x$ 在 $0<a<1$ 时的图像(图 2-13),可归纳出它具有如下性质:

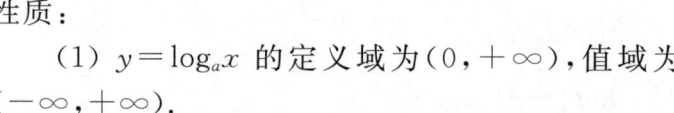

图 2-13

(1) $y=\log_a x$ 的定义域为 $(0,+\infty)$,值域为 $(-\infty,+\infty)$.

(2) 图像过定点 $(1,0)$,即当 $x=1$ 时,$y=0$.

(3) $y=\log_a x$ 在定义域 $(0,+\infty)$ 内是单调减函数.

例 2 比较下列各组中两个值的大小:

(1) $\log_{\frac{1}{2}} 3$ 和 $\log_{\frac{1}{2}} 5$; (2) $\log_{\frac{1}{2}} \frac{1}{3}$ 和 $\log_{\frac{1}{2}} \frac{1}{5}$.

解 (1) $\log_{\frac{1}{2}} 3$ 和 $\log_{\frac{1}{2}} 5$ 可以看作对数函数 $y=\log_{\frac{1}{2}} x$ 在 $x=3$ 和 $x=5$ 时所对应的两个函数值,因为 $a=\frac{1}{2}$,$0<a<1$,$3,5 \in (0,+\infty)$ 且 $3<5$,由对数函数 $y=\log_a x$ $(0<a<1)$ 在定义域 $(0,+\infty)$ 内是单调减函数可知
$$\log_{\frac{1}{2}} 3 > \log_{\frac{1}{2}} 5.$$

(2) $\log_{\frac{1}{2}} \frac{1}{3}$ 和 $\log_{\frac{1}{2}} \frac{1}{5}$ 可以看作对数函数 $y=\log_{\frac{1}{2}} x$ 在 $x=\frac{1}{3}$ 和 $x=\frac{1}{5}$ 时所对应的两个函数值,因为 $a=\frac{1}{2}$,$0<a<1$,$\frac{1}{3},\frac{1}{5} \in (0,+\infty)$ 且 $\frac{1}{3}>\frac{1}{5}$,由对数函数 $y=\log_a x$ $(0<a<1)$ 在定义域 $(0,+\infty)$ 内是单调减函数可知
$$\log_{\frac{1}{2}} \frac{1}{3} < \log_{\frac{1}{2}} \frac{1}{5}.$$

例 3 求下列函数的定义域:

(1) $y=\log_a \frac{1}{2x-1}$; (2) $y=\sqrt{\lg x}$;

(3) $y=\frac{1}{\log_2 x}$; (4) $y=\frac{1}{\sqrt{\log_7 (1-3x)}}$.

解 (1) 要使 $y=\log_a \frac{1}{2x-1}$ 有意义,必须满足
$$2x-1>0 \quad \text{即} \quad x>\frac{1}{2},$$
所以函数 $y=\log_a \frac{1}{2x-1}$ 的定义域为 $\left(\frac{1}{2},+\infty\right)$.

(2) 要使 $y=\sqrt{\lg x}$ 有意义,必须满足
$$\begin{cases} x>0, \\ \lg x \geqslant 0, \end{cases} 即 \begin{cases} x>0, \\ x \geqslant 1, \end{cases}$$
所以函数 $y=\sqrt{\lg x}$ 的定义域为 $[1,+\infty)$.

(3) 要使 $y=\dfrac{1}{\log_2 x}$ 有意义,必须满足
$$\begin{cases} x>0, \\ \log_2 x \neq 0, \end{cases} 即 \begin{cases} x>0, \\ x \neq 1, \end{cases}$$
所以函数 $y=\dfrac{1}{\log_2 x}$ 的定义域为 $(0,1) \cup (1,+\infty)$.

(4) 要使 $y=\dfrac{1}{\sqrt{\log_7(1-3x)}}$ 有意义,必须满足
$$\begin{cases} 1-3x>0, \\ \log_7(1-3x)>0, \end{cases}$$
解得
$$\begin{cases} x<\dfrac{1}{3}, \\ 1-3x>1, \end{cases} 即 \begin{cases} x<\dfrac{1}{3}, \\ x<0, \end{cases}$$
所以函数 $y=\dfrac{1}{\sqrt{\log_7(1-3x)}}$ 的定义域为 $(-\infty,0)$.

例 4 设函数 $y_1=\log_3(x^2-2x-15)$,$y_2=\log_3(x+3)$,求使 $y_1>y_2$ 的 x 的值.

解 要使 $y_1>y_2$,必须有
$$\begin{cases} x+3>0, \\ x^2-2x-15>x+3, \end{cases}$$
即
$$\begin{cases} x>-3, \\ (x+3)(x-6)>0, \end{cases}$$
解得
$$\begin{cases} x>-3, \\ x>6 \text{ 或 } x<-3, \end{cases}$$
所以 $x>6$. 也就是说,使 $y_1>y_2$ 的 x 的值的集合为 $\{x|x>6\}$.

例 5 将 2000 元存入银行,定期一年,年利率为 3.25%,到年终时将利息纳入本金,年年如此. 试建立本利和 y 与存款年数 x 之间的函数关系. 存款几年,本利和能达到 3000 元?

解 由题意,可建立函数关系
$$y = 2000(1 + 3.25\%)^x,$$
即
$$y = 2000 \times 1.0325^x.$$
当 $y = 3000$ 时,有
$$3000 = 2000 \times 1.0325^x,$$
即
$$1.0325^x = 1.5,$$
$$x = \log_{1.0325} 1.5 \approx 12.6775 \approx 13.$$

答:存款约 13 年,本利和可达 3000 元.

习题 2-5(A 组)

1. 比较下列各组中两个值的大小:

(1) $\lg 6$ 和 $\lg 8$;   (2) $\log_{\frac{1}{2}} \frac{2}{3}$ 和 $\log_{\frac{1}{2}} \frac{1}{4}$;

(3) $\ln 2$ 和 $\ln \frac{4}{5}$;   (4) $\log_2 2$ 和 $\log_3 3$.

2. 求下列函数的定义域:

(1) $y = \log_3(2 - 3x)$;   (2) $y = \log_3 x^2$;

(3) $y = \sqrt{\log_3 x}$;   (4) $y = \log_7 \frac{1}{1 - 3x}$.

3. 设 $y_1 = \lg(2x + 1)$,$y_2 = \lg(3 - x)$,求使 $y_1 > y_2$ 的 x 的值.

4. 某厂今年的产值是 5000 万元,以后每年增产 12%,问大约几年后产值可达到 7800 万元?

习题 2-5(B 组)

1. 比较下列各组中两个值的大小:

(1) $\log_{\frac{1}{2}} 1$ 和 $\log_2 3$;   (2) $\log_8 9$ 和 $\log_9 8$;

(3) $\log_2 \frac{2}{3}$ 和 $\log_4 \frac{3}{2}$;   (4) $\log_{\frac{1}{3}} 5$ 和 $\log_{\frac{1}{4}} \frac{1}{3}$.

2. 求下列函数的定义域:

(1) $y = \ln(x^2 - 1)$;   (2) $y = \log_{\frac{1}{3}} \frac{1 - x}{1 + x}$;

(3) $y = \frac{1}{\sqrt{\lg(1 - 3x)}}$;   (4) $y = \sqrt{\log_4 x - 1}$.

3. 设函数 $y_1=\ln(x^2+3)$，$y_2=\ln(2x^2-1)$，求使 $y_1<y_2$ 的 x 的值.

4. 设函数 $y_1=\log_{\frac{1}{3}}(3x-4)$ 和 $y_2=\log_{\frac{1}{3}}(x^2-x-4)$，求使 $y_1>y_2$ 的 x 的值.

5. 某企业原来每月营业额为 1 万元，由于改变经营方法，营业额平均每月增长 16%，试建立营业额 y（万元）与时间 x（月）之间的函数关系. 几个月后该企业的月营业额能达到 3 万元？

扫一扫，获取参考答案

复习题 2

1. 填空题.

   (1) 函数 $y=\dfrac{1}{\sqrt{4-x^2}}+\dfrac{1}{x}$ 的定义域为 _____.

   (2) 已知 $f(x)=\begin{cases} x, & x\in(1,+\infty), \\ x^2, & x\in[-1,1], \\ 2x+3, & x\in(-\infty,-1), \end{cases}$

   则 $f(3)=$ _____，$f(-1)=$ _____，$f[f(-2)]=$ _____.

   (3) $(3a^2b)(-2a^{-2}b^{-1})(-5a^4b^{-2})^3=$ _____.

   (4) $\log_a 0.25+2\log_a 2=$ _____ ($a>0$ 且 $a\neq 1$).

   (5) $3^{\log_3 \frac{1}{4}}-2^{\log_3 \frac{1}{9}}=$ _____.

   (6) 如果 $5^x=3$，$\log_5\dfrac{5}{3}=y$，那么 $x+y=$ _____.

   (7) 函数 $y=\log_2\dfrac{x}{3}-1$ 的反函数是 _____.

   (8) 已知 $f(x+1)=x(x-1)$，则 $f(x)=$ _____.

   (9) 设 $f(2x)=4x-1$ 且 $f(a)=5$，则 $a=$ _____.

2. 选择题.

   (1) 下列各组函数中为相同函数的是（　　）.

   A. $y=x$ 与 $y=(\sqrt{x})^2$　　　　B. $y=x$ 与 $y=\sqrt[3]{x^3}$

   C. $y=\dfrac{x}{x}$ 与 $y=1$　　　　D. $y=|x|$ 与 $y=(\sqrt{x})^2$

   (2) 与函数 $y=2x^3-1$ 互为反函数的函数是（　　）.

   A. $y=\dfrac{x^3}{2}+1$　　　　B. $y=\dfrac{x^3}{2}-1$

   C. $y=\sqrt[3]{\dfrac{x+1}{2}}$　　　　D. $y=\dfrac{\sqrt[3]{x}+1}{2}$

(3) 函数 $y=x^{\frac{1}{4}}+x^{-\frac{5}{3}}$ 的定义域是( ).

A. $(0,+\infty)$ B. $(-\infty,0)$

C. $[0,+\infty)$ D. $(-\infty,0)\cup(0,+\infty)$

(4) 设 $x>0, y>0$,则下列各式中正确的是( ).

A. $\log_a x \cdot \log_a y = \log_a(x \cdot y)$ B. $\log_a x^2 \cdot y = 2\log_a(xy)$

C. $\frac{1}{2}\log_a x = \log_a \sqrt{x}$ D. $\log_a x - \log_a y = \log_a(x-y)$

(5) 在区间 $(-\infty,+\infty)$ 内是减函数且为奇函数的函数是( ).

A. $f(x)=x^2$ B. $f(x)=\frac{1}{x}$

C. $f(x)=-x^3$ D. $f(x)=-x-1$

3. 求下列函数的定义域:

(1) $y=\sqrt{4x+3}$; (2) $y=\sqrt{\frac{x+1}{x+2}}$; (3) $y=\frac{1}{\sqrt{x^2-2x-3}}$;

(4) $y=8^{\frac{1}{2x+1}}$; (5) $y=\sqrt{1-\frac{1}{2^x}}$; (6) $y=\log_a(-x)^2$;

(7) $y=\log_a\frac{x+2}{x-1}$; (8) $y=\sqrt{\log_2(2x-1)}$.

4. 判断下列函数的奇偶性:

(1) $f(x)=\frac{1+x^2}{1-x^2}$; (2) $f(x)=\frac{x^3}{1+x^2}$;

(3) $f(x)=\frac{10^x+10^{-x}}{2}$; (4) $f(x)=\frac{\sqrt{x+1}}{x}$.

5. 判断下列函数在指定区间的单调性:

(1) $f(x)=-2x-1$, $x\in(-\infty,+\infty)$;

(2) $f(x)=-x^2+1$, $x\in(0,+\infty)$;

(3) $f(x)=\frac{1}{x^2}$, $x\in(0,+\infty)$;

(4) $f(x)=\frac{1}{\sqrt{x}}$, $x\in(1,+\infty)$.

6. 求函数 $y=2x+1$ 的反函数,并在同一坐标系内作出它们的图像.

7. 设 $f(x)$ 为奇函数且 $f(1)=2$, $g(x)=f(x)+4$,求 $g(-1)$.

8. 解下列不等式:

(1) $\log_2(2x^2+1) > \log_2(x^2+2)$; (2) $\left(\frac{1}{2}\right)^{2x-5} < \left(\frac{1}{2}\right)^{x+2}$.

9. 用计算器求下列各式的值(精确到 0.0001):

   (1) $3.74^{\frac{1}{4}} \cdot e^{0.24}$;   (2) $\log_2 5$.

10. 某机床厂原来每月生产小型钻床 250 台,如果从本月开始,每个月的生产率比上个月平均提高 10%,3 个月后可以使月产量增加到多少台?

11. 某台机器的价值是 50 万元,若每年的折旧率为 5%,使用多少年后,机器的价值降至 45 万元?

扫一扫,获取参考答案

函数的发展简史

一、函数概念的萌芽

在 16 世纪之前,数学中占统治地位的是常量数学,其特点是用孤立、静止的观点去研究事物. 具体的函数在数学中比比皆是,但没有一般的函数概念. 16 世纪,随着欧洲过渡到新的资本主义生产方式,人们迫切需要掌握天文知识和力学原理. 当时,自然科学研究的中心转向对运动、对各种变化过程和变化着的量之间依赖关系的研究. 数学研究也从常量数学转向了变量数学. 数学的这个转折主要是由法国数学家笛卡尔完成的,他在《几何学》一文中首先引入变量思想,称其为"未知和未定的量",同时引入两个变量之间的相依关系. 这便是函数概念的萌芽.

二、早期函数的概念——几何观念下的函数

17 世纪,伽利略在《关于两门新科学的对谈》一书中用文字和比例的语言表达函数的关系. 1637 年前后,笛卡尔已经注意到一个变量对于另一个变量的依赖关系,但当时尚未意识到需要提炼一般的函数概念. 牛顿提出的"生成量"是函数概念的雏形. 莱布尼茨首先使用了"函数"这一术语. 因此,直到 17 世纪后期,牛顿、莱布尼茨建立微积分时,数学家还没有明确函数的一般意义,绝大部分函数是被当作曲线来研究的.

三、18 世纪函数的概念——代数观念下的函数

18 世纪初,伯努利最先摆脱具体的初等函数的束缚,给函数一个抽象的不

用几何形式的定义：一个变量的函数是指由这个变量和常量以任何一种方式构成的一个量.欧拉则更明确地指出，一个变量的函数是该变量和常数以任何一种方式构成的解析表达式.函数之间的原则区别在于构成函数的变量与常量的组合方式.欧拉最先把函数的概念写进教科书.在伯努利和欧拉看来，具有解析表达式是函数概念的关键所在.1734年，欧拉用$f(x)$表示变量x的函数，其中的"f"取自"function".

四、19世纪函数的概念——对应关系下的函数

1822年，傅里叶发现某些函数可以表示成三角级数，使函数的概念得以改进，发现某些函数可用曲线表示，也可用一个解析式表示，或用多个解析式表示，从而结束了函数概念是否以唯一一个解析式表示的争论，使对函数的认识又上升到一个新的层次.

1823年，柯西从定义变量开始给出了函数的定义，同时指出虽然无穷级数是规定函数的一种有效方法，但是函数不一定要有解析式，不过他仍然认为函数关系可以用多个解析式来表示.这是一个很大的局限，突破这一局限的是杰出数学家狄利克雷.

19世纪初，函数概念再次得到了扩展，开始摆脱"解析表达式".1837年，狄利克雷更提出了如下概念：对于在某区间上的每一个确定的x值，y都有一个或多个确定的值，那么y叫作x的函数.狄利克雷对函数的定义出色地避免了以往函数定义中所有的关于依赖关系的描述，使函数概念更加抽象、更加一般化.

等到康托尔创立的集合论在数学中占有重要地位之后，维布伦用"集合"和"对应"的概念给出了近代函数的定义，将函数的对应关系、定义域及值域进一步具体化，打破了"变量是数"的局限：变量可以是数，也可以是其他对象，如点、线、面、体、向量和矩阵等.

五、现代函数的概念——集合论下的函数

1914年，豪斯多夫在《集合论基础》中用"序偶"来定义函数，避开了意义不明确的"变量"和"对应"的概念.库拉托夫斯基于1921年用集合概念来定义"序偶"，这样就使豪斯多夫的定义更加严谨.

1930年，新的函数定义为，若对集合M的任意元素x，总有集合N确定的元素y与之对应，则称在集合M上定义一个函数，记为$y=f(x)$，元素x称为自变元，元素y称为因变元.

20世纪以来,函数的概念不断扩充(函数不仅是变数,还可以是其他变化着的事物),还出现了所谓广义函数以及函数的函数等概念,但大体上可被布尔巴基的函数概念覆盖.以研究函数为己任的分析学已成为数学的三大基本分支之一,几何、代数、分析呈三足鼎立的局面.在分析学中,函数论占有重要地位,可划分为实函数论与复函数论两大部分,学科划分越来越细.

函数概念的发展过程,就是一个函数内涵不断被挖掘、丰富和精确刻画的历史过程.由此可知,数学概念是人们在对客观世界深入了解过程中得到,并不断加以发展的,并非生来就有、一成不变.

第2章单元自测

1. 填空题.

(1) 函数 $y=\sqrt{1-x}+\lg(x+1)$ 的定义域是 _____.

(2) 已知函数 $f(x-1)=x^2-6x+5$,则函数 $f(x)=$ _____.

(3) 函数 $y=\dfrac{x-1}{x+1}$ 的反函数是 _____.

(4) 函数 $f(x)=\dfrac{x}{x^2+1}$ 是 _____ 函数.(填"奇"或"偶")

(5) 设 a,b,c 都是不等于 1 的正数,且 $\log_a x=2, \log_b x=3, \log_c x=6$,则 $\log_{abc} x=$ ____.

(6) 若 $x>y$,且 $0<a<1$,则 a^x ____ a^y.(填">"或"<"或"=")

(7) 比较下列各式的大小:

① $2.2^{-\frac{3}{2}}$ ____ $2.1^{-\frac{3}{2}}$; ② $3^{-0.1}$ ____ $3^{-1.1}$;

③ $\log_2 3$ ____ $\log_3 2$; ④ $\log_{\frac{1}{5}} 0.1$ ____ $\log_{\frac{1}{4}} 3$.

(8) $(0.9)^{1.1},(1.1)^{0.9},\log_{0.9} 1.1$ 按大小排序为 _____.

(9) 已知 $\lg(xy)=m, \lg x=1$,则 $\lg y=$ _____.

(10) 函数 $y=\log_{\frac{1}{2}}(x-1)$ 的单调减少区间是 _____.

2. 选择题.

(1) 下列各组函数中为同一函数的是( ).

A. $f(x)=\dfrac{x^2}{x}$ 和 $g(x)=x$
B. $f(x)=x$ 和 $g(x)=\sqrt{x^2}$
C. $f(x)=|x|$ 和 $g(x)=\sqrt{x^2}$
D. $f(x)=\lg x^2$ 和 $g(x)=2\lg x$

(2) 若函数 $y=f(x)$ 的图像关于原点对称,则它必满足关系式( ).

A. $f(x)\cdot f(-x)=0$
B. $f(x)+f(-x)=0$
C. $f(x)+f^{-1}(x)=0$
D. $f(x)-f^{-1}(x)=0$

(3) 下列各函数中是奇函数的为( ).
   A. $y=x+3$　　　　　　　　　B. $y=-2x^2$
   C. $y=x+\dfrac{1}{x}$　　　　　　　D. $y=|x|$

(4) 当 $a>1$ 时,函数 $y=a^{-x}$( ).
   A. 是单调增函数　　　　　　　B. 是单调减函数
   C. 不是单调增函数也不是单调减函数　　D. 既是单调增函数又是偶函数

(5) 设 x,y 是非零实数,$a>0$ 且 $a\neq 1$,则下列各式中必定成立的是( ).
   A. $\log_a x^2=2\log_a x$　　　　B. $\log_a x^2=2\log_a |x|$
   C. $\log_a |xy|=\log_a |x|\cdot\log_a |y|$　　D. $\log_a 3>\log_a 2$

(6) 设 $y=\ln x$,则下列选项中错误的是( ).
   A. $x=1$,则 $y=0$　　　　　　B. $x>1$,则 $y>0$
   C. $0<x<e$,则 $0<y<1$　　　D. $x=e$,则 $y=1$

(7) 函数 $y=\lg\dfrac{\sqrt{1-x}+1}{x}$ 的定义域是( ).
   A. $(-\infty,0)\cup(0,+\infty)$　　B. $(0,+\infty)$
   C. $(0,1)$　　　　　　　　　　D. $(0,1]$

(8) 若 $0<\log_a\dfrac{2}{3}<1$,则 a 的取值范围是( ).
   A. $0<a<\dfrac{2}{3}$　　　　　　B. $a>\dfrac{2}{3}$
   C. $\dfrac{2}{3}<a<1$　　　　　　D. $0<a<\dfrac{2}{3}$ 或 $a>1$

3. 已知函数 $f(x)=\lg\dfrac{1+x}{1-x}$,求 $f(x)$ 的定义域并判断它的奇偶性.

4. 求下列函数的定义域:
   (1) $y=\sqrt{\log_2(x^2-3)}$;　　(2) $y=\sqrt{1-\left(\dfrac{1}{3}\right)^{2x-1}}$.

5. 解不等式:
   (1) $2^{2x^2+1}<2^{x^2+2}$;　　(2) $\log_{\frac{1}{2}}(3x-4)>\log_{\frac{1}{2}}(2-x)$.

6. 已知 $\log_{18}9=a$,$18^b=5$,求证:$\log_{36}5=\dfrac{b}{2-a}$.

7. 某林场估计现有木材 10000 m³,若木材每年平均增长率是 20%,增长至 17000 m³ 需要多少年?

扫一扫,获取参考答案

第 3 章

任意角的三角函数

在初中,我们学习过锐角的正弦、余弦、正切 3 种三角函数,并且应用它们来解直角三角形和进行有关的计算.但在科学技术和实际问题中,需要用到任意大小的角,因此,本章先对角的概念进行推广,然后研究任意角的三角函数.

3.1 角的概念的推广 弧度制

一、角的概念的推广

1. 任意角的概念

由平面几何知识可以知道,角可以看作一条射线绕着它的端点在平面内旋转而形成.如图 3-1 所示,一条射线由原来的位置 OA 绕着它的端点 O 按逆时针方向旋转到另一个位置 OB,就形成角 α.射线旋转开始时的位置 OA 称为角 α 的**始边**,旋转终止时的位置 OB 称为角 α 的**终边**,射线的端点 O 称为角 α 的**顶点**.

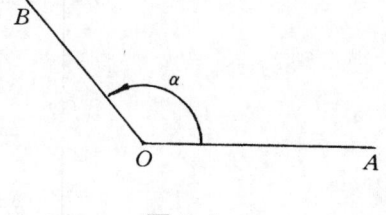

图 3-1

过去讨论的角都是 0°到 360°的角,但在生产和工程技术上还会遇到大于 360°的角或由射线按顺时针方向旋转所形成的角.

例如,如图 3-2 所示,用扳手旋松螺母时,当扳手由 OA 按逆时针方向旋转到 OB 位置,就形成一个角∠AOB;在扳手由 OA 旋转一周的过程中,就形成 0°到 360°之间的各个角;若扳手继续旋转下去,就形成大于 360°的角.另一种情况,如果要旋紧螺母,扳手应按顺时针方向旋转,这时就形成与上述方向相反的角.

为了区别按不同方向旋转所形成的角,我们规定:

射线绕它的端点按逆时针方向旋转所形成的角是**正角**;按顺时针方向旋转所形成的角是**负角**;射线没有作任何旋转仍留在开始的位置,这时所形成的角是**零角**.

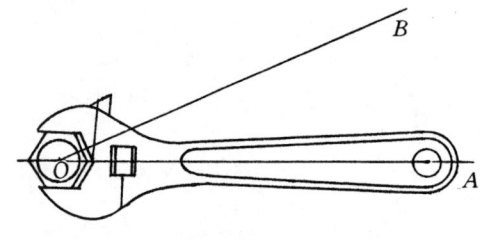

图 3-2

这样,我们就把角的概念推广到了任意角,包括:正角、负角和零角.

2. 象限角的概念

为了方便研究,今后,我们一般在直角坐标系内来研究角.讨论角时,把角的顶点置于坐标原点,角的始边与 x 轴的正半轴重合,角的终边落在第几象限,这个角就称为第几象限角.注意,如果角的终边落在坐标轴上,那么这个角就不属于象限角.

如图 3-3 所示,角 $\alpha_1, \alpha_2, \alpha_3, \alpha_4$ 分别是第一、二、三、四象限的角.而角 $\beta_1, \beta_2, \beta_3, \beta_4$ 分别是角的终边与 x 轴的正半轴、y 轴的正半轴、x 轴的负半轴、y 轴的负半轴重合的角,它们不是象限角.

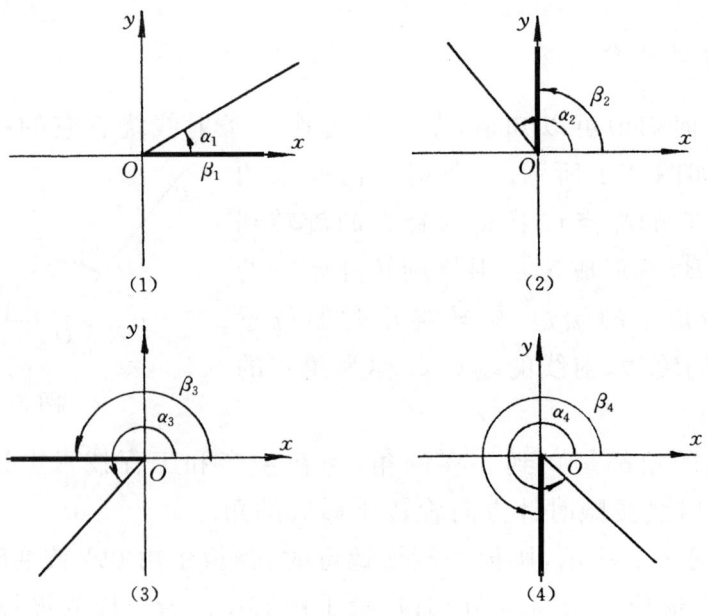

图 3-3

3. 终边相同的角的表示

在直角坐标系内,作一个角等于已知角 α 时,可取 x 轴的正半轴为 α 角的始边,绕着原点按逆时针或顺时针方向旋转到终边,使形成的角等于已知角 α.

例如,求作 $390°,750°,-330°$ 和 $-690°$ 的角时,如图 3-4 所示,取 x 轴的正半轴为始边,按图中箭头方向旋转,就可得到所求作的角,即

$$\alpha_1 = 360° + 30° = 390°;$$
$$\alpha_2 = 2 \times 360° + 30° = 750°;$$
$$\alpha_3 = -1 \times 360° + 30° = -330°;$$
$$\alpha_4 = -2 \times 360° + 30° = -690°.$$

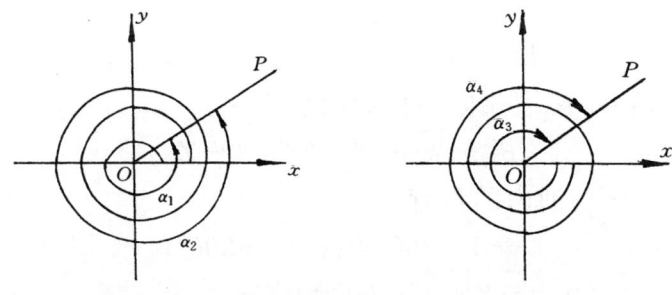

图 3-4

进一步观察图 3-4 可以发现,$390°,750°,-330°,-690°$ 角的大小虽然不同,但它们与 $30°$ 角都具有相同的终边 OP,而且它们彼此相差 $360°$ 的整数倍,不难得到,与 $30°$ 角的终边位置相同的角,除了上面的一些角外,还有

$$3 \times 360° + 30°, \qquad -3 \times 360° + 30°,$$
$$4 \times 360° + 30°, \qquad -4 \times 360° + 30°,$$
$$\cdots \qquad\qquad\qquad \cdots$$

所有与 $30°$ 的角终边相同的角,连同 $30°$ 的角在内,可以用下式来表示:

$$k \cdot 360° + 30°, \quad k \in \mathbf{Z}.$$

当 k 依次取 $0,-1,-2,1,2$ 等值时,这些角分别是 $30°,-330°,-690°,390°,750°$ 等.

一般地,所有与角 α 的终边位置相同的角有无穷多个,它们彼此相差 $360°$ 的整数倍,可用一般形式

$$k \cdot 360° + \alpha, \quad k \in \mathbf{Z}$$

来表示,也可用集合的形式表示为

$$\{\beta \mid \beta = k \cdot 360° + \alpha, k \in \mathbf{Z}\}.$$

例1 在 0°～360°间找出与下列各角终边相同的角,并判定它是哪个象限的角:

(1) −120°;　　(2) 640°;　　(3) −950°12′.

解 (1) 因为 −120°=−360°+240°,所以 240°的角与 −120°的角的终边相同,它是第三象限的角.

(2) 因为 640°=360°+280°,所以 640°的角与 280°的角的终边相同,它是第四象限的角.

(3) 因为 −950°12′=−3×360°+129°48′,所以 −950°12′与 129°48′的角的终边相同,它是第二象限的角.

例2 写出与下列各角终边相同的角的集合,以及其中在 −360°～720°范围内的角:

(1) 60°;　　(2) −125°16′.

解 (1) 与角 60°终边相同的角的集合为

$$\{\beta | \beta = k \cdot 360° + 60°, k \in \mathbf{Z}\},$$

其中在 −360°～720°范围内的角有

$$-1 \times 360° + 60° = -300°;$$
$$0 \times 360° + 60° = 60°;$$
$$1 \times 360° + 60° = 420°.$$

(2) 与角 −125°16′终边相同的角的集合为

$$\{\beta | \beta = k \cdot 360° - 125°16′, k \in \mathbf{Z}\},$$

其中在 −360°～720°范围内的角有

$$0 \times 360° - 125°16′ = -125°16′;$$
$$1 \times 360° - 125°16′ = 234°44′;$$
$$2 \times 360° - 125°16′ = 594°44′.$$

二、弧度制

以前度量角是把一个周角 360 等分,每一等分规定为 1°的角,这种利用度数为单位来度量角的制度称为角度制.但在高等数学和科学研究中,还常常采用另一种度量角的制度——弧度制.

定义 与半径等长的圆弧所对的圆心角称为 **1 弧度**的角,其大小记作 1 rad(radian 缩写),简记为 1.

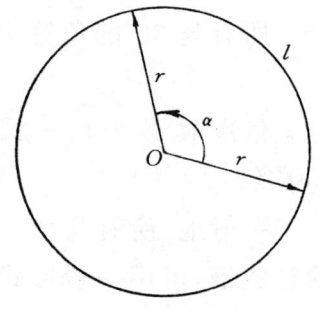

图 3-5

一般地，如图3-5所示，在半径为r的圆中，弧长为l的圆弧所对的圆心角α，有公式

$$\alpha = \frac{l}{r},$$ (3-1)

即圆心角的弧度数等于该角所对圆弧长与圆半径之比值，规定"rad"可以省略不写，由此也可看出：角的弧度与实数间是一一对应的关系.

角度制与弧度制可以通过以下运算换算：

一个周角，按角度制定义为$360°$，而按弧度制定义为

$$\frac{2\pi r}{r} = 2\pi.$$

显然， $$360° = 2\pi.$$

容易得到角度与弧度的换算公式：

$$180° = \pi.$$ (3-2)

利用这个公式可以推得：

$$1° = \frac{\pi}{180} \approx 0.01745,$$

$$1 = \left(\frac{180}{\pi}\right)° \approx 57.3° = 57°18'.$$

例3 把下列各角的度数化为弧度数（精确到0.001）：

(1) $67°30'$；　(2) $5°$.

解 (1) $67°30' = 67.5° = \frac{\pi}{180} \times 67.5 = \frac{3}{8}\pi$.

(2) $5° \approx 0.01745 \times 5 \approx 0.087$.

例4 把下列各角的弧度数化为度数（精确到$1'$）：

(1) $\frac{5}{12}\pi$；　(2) 1.3826.

解 (1) $\frac{5}{12}\pi = \left(\frac{180}{\pi}\right)° \times \frac{5}{12}\pi = 75°$.

(2) $1.3826 \approx 57.3° \times 1.3826 \approx 79°13'$.

三、圆弧长

由公式(3-1)可知，如果圆的半径为r，圆心角为α，可求得圆心角所对的圆弧长为

$$l = \alpha \cdot r,$$ (3-3)

其中 α 的单位必须用弧度.

例 5 如图 3-6 所示,求公路弯道部分的长度,即中心线 $\overset{\frown}{AB}$ 的长（精确到 0.1 m,图中单位为 m）.

解 图中 $\overset{\frown}{AB}$ 的半径为 48 m,所对圆心角是 60°,设 $\overset{\frown}{AB}$ 长为 l m,由于
$$l = \alpha \cdot r,$$
而 $\alpha = 60° = \dfrac{\pi}{3}$,所以
$$l = \dfrac{\pi}{3} \times 48 = 16\pi \approx 50.3 \text{(m)}.$$

答:弯道部分的长度约为 50.3 m.

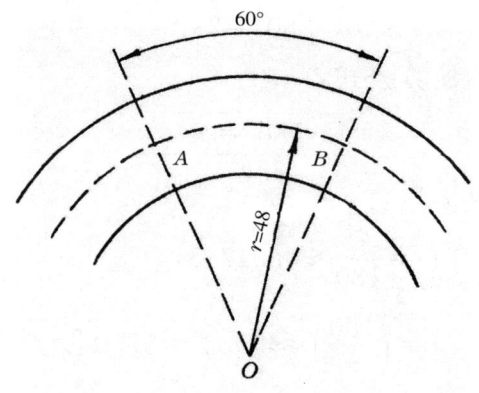

图 3-6

四、使用计算器进行角度制与弧度制的换算

利用 CASIO fx-82ES PLUS 计算器进行三角计算时,除了要设定计算状态与精确度之外,还要设定角度计算模式或弧度计算模式.具体步骤:依次按 SHIFT 键和 MODE 键,然后按数字键 3 选择角度制,按数字键 4 选择弧度制.

利用 Ans 键可以非常方便地进行角度制与弧度制的换算.

由角度换算成弧度时,首先将计算器设为弧度状态,设置精确度,并输入角度,然后依次按 SHIFT 键、Ans 键、数字键 1 和 = 键.如输入 55°18′46″,可换算为 0.9654（精确度设为 0.0001）.

将弧度换算成角度时,首先将计算器设为角度状态,设置精确度,并输入弧度,然后依次按 SHIFT 键、Ans 键、数字键 2 和 = 键.如输入 3π/5,可换算为 108°.

习题 3-1（A 组）

1. 下列叙述是否正确，为什么？
   (1) 锐角是第一象限角，反之，第一象限角是锐角；
   (2) $A=\{\beta|\beta=k\cdot 360°-60°, k\in \mathbf{Z}\}$，$B=\{\beta|\beta=-k\cdot 360°-60°, k\in \mathbf{Z}\}$，因此 $A\neq B$；
   (3) 若角 α 和角 β 的终边重合，则它们是等角；
   (4) 第二象限角的取值范围是 $\left(\dfrac{\pi}{2}, \pi\right)$；
   (5) 等角的终边一定重合；
   (6) 在半径为 r 的圆中，长度为 l 的弧所对的圆心角的弧度数为 $\dfrac{l}{r}$；
   (7) 半径为 2 cm，所对圆心角是 45° 的圆弧长是 90 cm.

2. 填空题.
   (1) 分针每分钟转过____度，时针每小时转过____度；
   (2) $22°30'=$____弧度；
   (3) $18°=$____弧度；
   (4) $\dfrac{3}{5}\pi=$____度，$-\dfrac{\pi}{15}=$____度；
   (5) 换算并填表：

$n°$	0°	30°	45°	60°	90°	120°	135°	150°	180°	210°	225°	240°	270°	300°	315°	330°	360°
α rad																	

α rad	$-\dfrac{5}{12}\pi$	$-\dfrac{1}{3}\pi$	$-\dfrac{1}{4}\pi$	$-\dfrac{1}{6}\pi$	$-\dfrac{1}{12}\pi$	0	$\dfrac{\pi}{12}$	$\dfrac{\pi}{6}$	$\dfrac{\pi}{4}$	$\dfrac{\pi}{3}$	$\dfrac{5}{12}\pi$	$\dfrac{7}{12}\pi$
$n°$												

3. 在 0°～360° 范围内，找出与下列各角终边相同的角，并指出它们是哪个象限的角：
   (1) $-54°18'$；　　(2) $-510°$；　　(3) $845°$；　　(4) $395°12'$.

4. 写出与下列各角终边相同的角的集合，以及其中在 $-360°$～$360°$ 范围内的角：
   (1) 45°；　　(2) $-75°$；　　(3) $-225°$；　　(4) $752°25'$.

5. 计算.
   (1) 把 13° 化为弧度；
   (2) 把 0.7 rad 化为度.

6. 已知圆心角 200° 所对的圆弧长是 50 cm，求圆的半径（精确到 0.1 cm）.

7. 一直径为 40 cm 的滑轮以 45 rad/s 的角速度旋转，求轮周上一质点在 5 s 内转过的圆弧长.

8. 用弧度表示：

(1) 终边在 x 轴上的角的集合；

(2) 终边在 y 轴上的角的集合.

习题 3-1（B 组）

1. 把下列各角化成 $2k\pi + \alpha\,(0 \leqslant \alpha < 2\pi, k \in \mathbf{Z})$ 的形式，并指出它们分别是第几象限的角：

(1) $\dfrac{7}{2}\pi$；　　(2) $-\dfrac{23}{3}\pi$；　　(3) $\dfrac{41}{6}\pi$；　　(4) $-\dfrac{25}{4}\pi$；　　(5) $-\dfrac{7}{6}\pi$.

2. 分别写出第一、二、三、四象限角的集合.（用弧度表示）

3. 在半径为 100 cm 的圆形板上，截取一块弧长为 115 cm 的扇形板，求截取的圆心角的度数.（精确到 1′）

4. 设飞轮直径是 1.2 m，每分钟按逆时针方向旋转 300 圈，求：

(1) 轮周上一质点每秒钟转过的弧度数；

(2) 轮周上一质点每秒钟经过的圆弧长.

5. 已知扇形的半径是 40 cm，圆心角是 120°，求扇形的面积.

扫一扫，获取参考答案

3.2　任意角三角函数的概念

在初中，我们学习了锐角三角函数，它们是在直角三角形中定义的. 如图 3-7 所示，在直角 △ABC 中，定义

$$\sin \alpha = \dfrac{a}{c},\ \cos \alpha = \dfrac{b}{c},\ \tan \alpha = \dfrac{a}{b}.$$

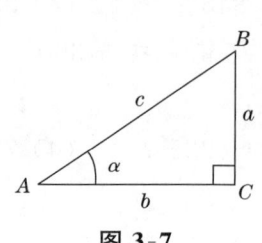

图 3-7

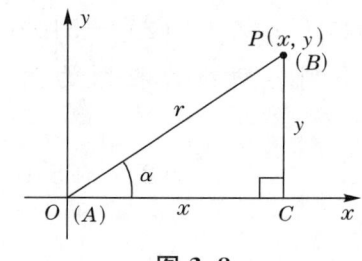

图 3-8

将直角 △ABC 放在直角坐标系中（图 3-8），使得点 A 与坐标原点重合，

AC 边在 x 轴的正半轴上. 设点 P(即顶点 B)的坐标为(x,y), r 为角 α 终边上的点 P 到坐标原点的距离, 则 $r=\sqrt{x^2+y^2}$. 于是, 上面的锐角三角函数定义可以写作

$$\sin\alpha=\frac{y}{r},\cos\alpha=\frac{x}{r},\tan\alpha=\frac{y}{x}.$$

一、任意角三角函数的定义

一般地, 如图 3-9 所示, 设 α 是平面直角坐标系中的一个任意角, 点 $P(x,y)$ 为角 α 终边上的任意一点(点 P 不与原点重合), 点 P 到原点的距离为 $r=\sqrt{x^2+y^2}>0$, 则角 α 的正弦、余弦、正切分别定义为

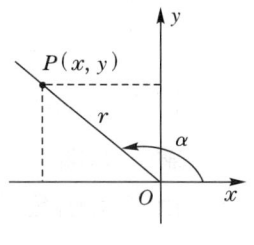

图 3-9

$$\sin\alpha=\frac{y}{r},\cos\alpha=\frac{x}{r},\tan\alpha=\frac{y}{x}.$$

当角 α 的终边落在 y 轴上, 即 $\alpha=k\pi+\frac{\pi}{2}(k\in \mathbf{Z})$ 时, 终边上任意点 P 的横坐标 $x=0$, 这时, $\tan\alpha=\frac{y}{x}$ 没有意义.

对于确定的任意角 α, 无论点 P 在角 α 终边上的位置如何, x,y,r 中的任意两个数的比值的大小始终是不变的, 也就是说, 角 α 的正弦、余弦、正切的值都是唯一确定的, 所以, $\sin\alpha,\cos\alpha,\tan\alpha$ 都是角 α 的函数, 它们分别称为**正弦函数**、**余弦函数**和**正切函数**.

由图 3-8 可以看出, 当 α 为锐角时, 上述所定义的三角函数与在直角三角形中所定义的锐角三角函数是一致的.

除了上述 3 个函数外, 有时我们还需要讨论它们的倒数, 规定如下:

$$\cot\alpha=\frac{1}{\tan\alpha},\ \sec\alpha=\frac{1}{\cos\alpha},\ \csc\alpha=\frac{1}{\sin\alpha}.$$

称 $\cot\alpha,\sec\alpha,\csc\alpha$ 分别为角 α 的**余切函数**、**正割函数**和**余割函数**.

我们将正弦函数、余弦函数、正切函数、余切函数、正割函数和余割函数统称为**三角函数**. 本教材中, 我们只讨论正弦函数、余弦函数和正切函数.

根据三角函数的定义, 容易得到在弧度制下, 任意角 α 的三角函数的定义域, 如表 3-1 所示.

表 3-1

三角函数	定义域
$\sin \alpha$	$\alpha \in \mathbf{R}$
$\cos \alpha$	$\alpha \in \mathbf{R}$
$\tan \alpha$	$\alpha \in \mathbf{R}$ 且 $\alpha \neq k\pi + \dfrac{\pi}{2}$ $(k \in \mathbf{Z})$

例 1 已知角 α 的终边上有一点 $P(-4,3)$，求角 α 的三角函数值.

解 如图 3-10 所示，因为 $x=-4, y=3$，所以 $r=\sqrt{(-4)^2+3^2}=5$.
由三角函数的定义可得

$\sin \alpha = \dfrac{y}{r} = \dfrac{3}{5}$；

$\cos \alpha = \dfrac{x}{r} = -\dfrac{4}{5}$；

$\tan \alpha = \dfrac{y}{x} = -\dfrac{3}{4}$.

例 2 求角 $\dfrac{7}{4}\pi$ 的三角函数值.

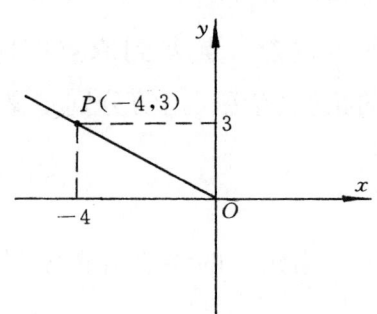

图 3-10

解 $\dfrac{7}{4}\pi$ 的终边是第四象限的角平分线（图 3-11），在角 $\alpha = \dfrac{7}{4}\pi$ 的终边上取一点 $P(1,-1)$.

因为 $x=1, y=-1$，所以 $r=\sqrt{1^2+(-1)^2}=\sqrt{2}$.
根据任意角三角函数的定义，可知

$\sin \alpha = -\dfrac{1}{\sqrt{2}} = -\dfrac{\sqrt{2}}{2}$；$\cos \alpha = \dfrac{1}{\sqrt{2}} = \dfrac{\sqrt{2}}{2}$；$\tan \alpha = -1$.

不难看出，终边相同的角的同名三角函数值相等，于是得到公式

$$\begin{cases}\sin(2k\pi+\alpha)=\sin \alpha,\\ \cos(2k\pi+\alpha)=\cos \alpha,\\ \tan(2k\pi+\alpha)=\tan \alpha,\end{cases} \quad (3\text{-}4)$$

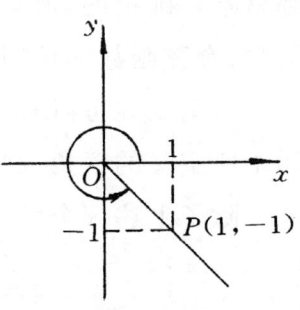

图 3-11

其中 α 是使等式有意义的任意角，$k \in \mathbf{Z}$.

例 3 求下列各三角函数的值：

(1) $\sin 390°$；　(2) $\cos 780°$；　(3) $\tan \dfrac{7}{3}\pi$.

解 根据公式(3-4)，可得：

(1) $\sin 390° = \sin(360° + 30°) = \sin 30° = \dfrac{1}{2}$.

(2) $\cos 780° = \cos(2 \times 360° + 60°) = \cos 60° = \dfrac{1}{2}$.

(3) $\tan \dfrac{7}{3}\pi = \tan\left(2\pi + \dfrac{\pi}{3}\right) = \tan \dfrac{\pi}{3} = \sqrt{3}$.

二、任意角三角函数值的符号、特殊角三角函数值

1. 任意角三角函数值的符号

根据任意角三角函数的定义,结合上面的例子,可以看出,角的终边所在的象限不同,终边上点 P 的坐标中 x 和 y 的值的符号也不同(r 总是正的),因而三角函数值的符号可以为正,也可以为负.

图 3-12 给出了各象限角 α 的终边上的点 $P(x,y)$ 的坐标 x,y 的值的符号. 由此容易得到各象限的三角函数值的符号,为了便于记忆,概括如图 3-13 所示.

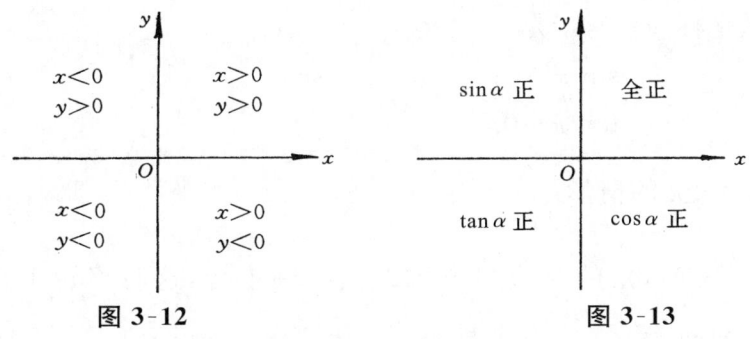

图 3-12　　　　　　图 3-13

例 4　试判断下列各式的值的符号:

(1) $\cos 850°$;　　(2) $\tan\left(-\dfrac{7}{3}\pi\right)$;　　(3) $\sin 315° \cos 315°$.

解　(1) 因为 $850° = 2 \times 360° + 130°$,是第二象限角,所以 $\cos 850° < 0$.

(2) 因为 $-\dfrac{7}{3}\pi = -2 \times 2\pi + \dfrac{5}{3}\pi$,是第四象限角,所以 $\tan\left(-\dfrac{7}{3}\pi\right) < 0$.

(3) 因为 $315°$ 是第四象限角,所以 $\sin 315° < 0, \cos 315° > 0$,从而 $\sin 315° \times \cos 315° < 0$.

2. $0, \dfrac{\pi}{2}, \pi, \dfrac{3}{2}\pi$ 角的三角函数值

(1) 当 $\alpha = 0$ 的情形.

当角 $\alpha=0$ 时，角的终边与 x 轴的正半轴重合，这时终边上任意点 P 的横坐标 $x=r$，纵坐标 $y=0$，于是

$$\sin 0=\frac{y}{r}=\frac{0}{r}=0; \qquad \cos 0=\frac{x}{r}=\frac{r}{r}=1;$$

$$\tan 0=\frac{y}{x}=\frac{0}{r}=0.$$

(2) 当 $\alpha=\frac{\pi}{2}$ 的情形.

当角 $\alpha=\frac{\pi}{2}$ 时，角的终边与 y 轴的正半轴重合，这时终边上任意点 P 的横坐标 $x=0$，纵坐标 $y=r$，于是

$$\sin \frac{\pi}{2}=1; \qquad \cos \frac{\pi}{2}=0;$$

$$\tan \frac{\pi}{2} \text{不存在}.$$

(3) 当 $\alpha=\pi$ 的情形.

当 $\alpha=\pi$ 时，角的终边与 x 轴的负半轴重合，这时终边上任意点 P 的横坐标 $x=-r$，纵坐标 $y=0$，于是

$$\sin \pi=0; \qquad \cos\cos \pi=-1;$$

$$\tan \pi=0.$$

(4) 当 $\alpha=\frac{3}{2}\pi$ 的情形.

当角 $\alpha=\frac{3}{2}\pi$ 时，角的终边与 y 轴的负半轴重合，这时终边上任意点 P 的横坐标 $x=0$，纵坐标 $y=-r$，于是

$$\sin \frac{3}{2}\pi=-1; \qquad \cos \frac{3}{2}\pi=0;$$

$$\tan \frac{3}{2}\pi \text{不存在}.$$

把上面所得的结果列表，如表 3-2 所示.

表 3-2

函数 \ α	0	$\frac{\pi}{2}$	π	$\frac{3}{2}\pi$
$\sin \alpha$	0	1	0	-1
$\cos \alpha$	1	0	-1	0
$\tan \alpha$	0	不存在	0	不存在

例 5 计算下列各式的值:

(1) $5\sin 90°+2\cos 0°-3\sin 270°+10\cos 180°$.

(2) $\sin^2 \frac{3}{2}\pi - 2\cos \pi + 3\tan \pi$.

解 (1) 原式 $=5\times 1+2\times 1-3\times(-1)+10\times(-1)=5+2+3-10=0$.

(2) 原式 $=(-1)^2-2\times(-1)+3\times 0=1+2=3$.

例 6 化简:

(1) $p^2\sin \frac{\pi}{2} - 2pq\cos 0 - q^2\cos \pi + p\tan 2\pi$;

(2) $a^2\cos 4\pi - b^2\sin \frac{7}{2}\pi + ab\tan 2\pi - 2ab\sin \frac{3}{2}\pi$.

解 (1) 原式 $= p^2 \cdot 1 - 2pq \cdot 1 - q^2 \cdot (-1) + p \cdot 0$
$= p^2 - 2pq + q^2 = (p-q)^2$.

(2) 原式 $= a^2 \cdot 1 - b^2 \cdot (-1) + ab \cdot 0 - 2ab \cdot (-1)$
$= a^2 + 2ab + b^2 = (a+b)^2$.

三、用计算器求任意角三角函数值

过去,数学家找到了各种计算三角函数值的方法,并制作出三角函数表. 现在,输入一个角的值,计算器立刻就会算出它的三角函数值.

利用 CASIO fx-82ES PLUS 计算器的 sin 键、cos 键和 tan 键,可以方便地计算任意角的三角函数值. 具体步骤:按 sin 键(或 cos 键、tan 键),输入角的大小,按 = 键显示结果.

例 7 利用计算器,求下列各三角函数值(精确到 0.0001):

(1) $\sin\left(-\frac{5\pi}{7}\right)$;   (2) $\cos 27°22'11''$.

解 首先设置计算器的计算状态(普通状态)与精确度,再设定弧度或角度计算模式,然后按 sin 键(或 cos 键),输入角的大小,按 = 键计算.

(1) $\sin\left(-\frac{5\pi}{7}\right) \approx -0.7818$;   (2) $\cos 27°22'11'' \approx 0.8881$.

习题 3-2(A 组)

1. 填空题.

   (1) 若 $\sin \alpha > 0$,则 α 是____或____象限的角,或是_____;

   若 $\sin \alpha < 0$,则 α 是____或____象限的角,或是_____.

(2) 若 $\cos\alpha > 0$，则 α 是____或____象限的角，或是_____；
若 $\cos\alpha < 0$，则 α 是____或____象限的角，或是_____。

(3) 若 $\tan\alpha > 0$，则 α 是____或____象限的角；
若 $\tan\alpha < 0$，则 α 是____或____象限的角。

2. 已知 α 的终边分别经过下列各点，依次求 α 的三角函数值：
   (1) $(3,4)$； (2) $(-2,-1)$； (3) $(\sqrt{3},-1)$； (4) $(-12,5)$.

3. 根据任意角三角函数的定义，求下列各角的三角函数值：
   (1) $\dfrac{5}{3}\pi$； (2) $-\dfrac{\pi}{4}$.

4. 确定下列三角函数值的符号：
   (1) $\sin 1230°$； (2) $\cos \dfrac{13}{4}\pi$； (3) $\tan\left(-\dfrac{23}{6}\pi\right)$.

5. 求下列各式的值：

   (1) $6\sin\dfrac{\pi}{2} + \cos\pi + 5\tan\pi$；

   (2) $3\cos\dfrac{\pi}{2} + 2\tan\dfrac{\pi}{4} - \sin\dfrac{\pi}{4}\cos\dfrac{\pi}{4} - \cos\dfrac{\pi}{6} + \sin\dfrac{\pi}{3}$；

   (3) $\sin 180° + 2\cos 360° - 6\sin 270° + 5\sin 0° + 3\cos 0°$；

   (4) $\dfrac{6\sin 90° - 2\cos 180° - \tan 180°}{5\cos 270° - 5\sin 270° - 3\tan 0°}$.

习题 3-2（B 组）

1. 试确定下列各式的符号：
   (1) $\sin 125° \cdot \cos 220°$； (2) $\sin 1 \cdot \cos 2$；
   (3) $\sin^2 210° \cdot \cos^2(-210°)$； (4) $\dfrac{\sin\left(-\dfrac{\pi}{4}\right)\cos\left(-\dfrac{\pi}{4}\right)}{\tan\dfrac{3}{4}\pi}$.

2. 已知 P 为第四象限角 α 终边上的一点，其横坐标 $x=15$，$|OP|=17$，求 α 的三角函数值。

3. 根据下列条件求函数
   $$f(x) = \sin\left(x + \dfrac{3}{4}\pi\right) - 3\sin\left(x - \dfrac{\pi}{4}\right) + 4\cos 2x + 2\cos\left(x - \dfrac{\pi}{4}\right)$$
   的值：

   (1) $x = \dfrac{\pi}{4}$； (2) $x = \dfrac{3}{4}\pi$.

扫一扫，获取参考答案

3.3 三角函数的基本恒等式及其周期性、有界性

一、同角三角函数间的关系

前面我们已经学过任意角 α 的三角函数 $\sin\alpha, \cos\alpha$ 和 $\tan\alpha$，这些三角函数不是彼此孤立的，而是相互有联系的，下面就来讨论它们之间的关系.

根据任意角三角函数的定义，可知

$$\sin\alpha=\frac{y}{r}, \cos\alpha=\frac{x}{r}, \tan\alpha=\frac{y}{x}, 且\ x^2+y^2=r^2.$$

由此可得：

(1) $\sin^2\alpha+\cos^2\alpha=\left(\dfrac{y}{r}\right)^2+\left(\dfrac{x}{r}\right)^2=\dfrac{y^2+x^2}{r^2}=1.$

(2) 当 $\alpha\neq k\pi+\dfrac{\pi}{2}(k\in\mathbf{Z})$ 时，$\dfrac{\sin\alpha}{\cos\alpha}=\dfrac{\dfrac{y}{r}}{\dfrac{x}{r}}=\dfrac{y}{x}=\tan\alpha.$

故而得到以下**同角三角函数间的基本恒等式**：

$$\sin^2\alpha+\cos^2\alpha=1, \tan\alpha=\frac{\sin\alpha}{\cos\alpha}.$$

这两个关系式是三角函数中最基本的关系式. 当我们知道一个角的某个三角函数值时，利用这两个关系式，可以求出这个角的其他三角函数值. 此外，还可以用它们化简三角函数式和证明三角恒等式.

另外，同角三角函数间还有关系式 $1+\tan^2\alpha=\sec^2\alpha$，$1+\cot^2\alpha=\csc^2\alpha$ 等. 这两个关系式在本章中不涉及，但以后可能用到.

例 1 已知 $\sin\alpha=0.8$，且 $\dfrac{\pi}{2}<\alpha<\pi$，求角 α 的其他三角函数值.

解 因为 $\dfrac{\pi}{2}<\alpha<\pi$，即角 α 的终边落在第二象限，所以 $\cos\alpha<0$. 根据基本恒等式，由 $\sin\alpha=0.8=\dfrac{4}{5}$ 可得

$$\cos\alpha=-\sqrt{1-\sin^2\alpha}=-\sqrt{1-\left(\frac{4}{5}\right)^2}=-\frac{3}{5};\quad \tan\alpha=\frac{\sin\alpha}{\cos\alpha}=-\frac{4}{3}.$$

例 2 已知 $f(\beta)=\dfrac{2\sin\beta\cos\beta-\cos\beta}{1+\sin^2\beta-\cos^2\beta-\sin\beta}$，求 $f\left(\dfrac{\pi}{3}\right)$.

解 直接把 $\beta=\dfrac{\pi}{3}$ 代入 $f(\beta)$ 进行计算是很烦琐的，因此应先把 $f(\beta)$ 化简，然后再求 $f\left(\dfrac{\pi}{3}\right)$.

因为 $f(\beta) = \dfrac{2\sin\beta\cos\beta - \cos\beta}{1 + \sin^2\beta - \cos^2\beta - \sin\beta}$

$= \dfrac{\cos\beta(2\sin\beta - 1)}{(1 - \cos^2\beta) + \sin^2\beta - \sin\beta}$

$= \dfrac{\cos\beta(2\sin\beta - 1)}{2\sin^2\beta - \sin\beta} = \dfrac{\cos\beta(2\sin\beta - 1)}{\sin\beta(2\sin\beta - 1)} = \dfrac{\cos\beta}{\sin\beta}$,

所以 $f\left(\dfrac{\pi}{3}\right) = \dfrac{\cos\dfrac{\pi}{3}}{\sin\dfrac{\pi}{3}} = \dfrac{\sqrt{3}}{3}$.

例3 已知 α 为第一象限的角,化简 $\sqrt{\dfrac{1}{\cos^2\alpha} - 1}$.

解 因为 α 为第一象限的角,故 $\tan\alpha > 0$,所以

$\sqrt{\dfrac{1}{\cos^2\alpha} - 1} = \sqrt{\dfrac{1 - \cos^2\alpha}{\cos^2\alpha}} = \sqrt{\dfrac{\sin^2\alpha}{\cos^2\alpha}} = \sqrt{\tan^2\alpha} = |\tan\alpha| = \tan\alpha$.

例4 证明恒等式:

$\cos^4\alpha - \sin^4\alpha = \cos^2\alpha(1 - \tan\alpha)(1 + \tan\alpha)$.

证明 因为左边 $= (\cos^2\alpha + \sin^2\alpha)(\cos^2\alpha - \sin^2\alpha)$

$= \cos^2\alpha - \sin^2\alpha$,

右边 $= \cos^2\alpha(1 - \tan^2\alpha) = \cos^2\alpha - \cos^2\alpha \cdot \dfrac{\sin^2\alpha}{\cos^2\alpha}$

$= \cos^2\alpha - \sin^2\alpha$,

所以,左边 = 右边.

例5 证明恒等式:$\dfrac{\sin x}{1 - \cos x} = \dfrac{1 + \cos x}{\sin x}$.

证明一 右边 $= \dfrac{(1 + \cos x)(1 - \cos x)}{\sin x(1 - \cos x)}$

$= \dfrac{1 - \cos^2 x}{\sin x(1 - \cos x)} = \dfrac{\sin^2 x}{\sin x(1 - \cos x)}$

$= \dfrac{\sin x}{1 - \cos x} = $ 左边.

证明二 等式中 x 的取值范围是 $\{x \mid x \neq k\pi, k \in \mathbf{Z}\}$,此时 $\dfrac{1 + \cos x}{\sin x} \neq 0$.

因为 $\dfrac{\text{左边}}{\text{右边}} = \dfrac{\dfrac{\sin x}{1 - \cos x}}{\dfrac{1 + \cos x}{\sin x}} = \dfrac{\sin^2 x}{1 - \cos^2 x} = \dfrac{\sin^2 x}{\sin^2 x} = 1$,

所以,左边 = 右边.

证明三 因为 左边－右边＝$\dfrac{\sin x}{1-\cos x}-\dfrac{1+\cos x}{\sin x}$

$$=\dfrac{\sin^2 x-(1-\cos^2 x)}{(1-\cos x)\sin x}$$

$$=\dfrac{\sin^2 x-\sin^2 x}{(1-\cos x)\sin x}=0,$$

所以,左边＝右边.

从上面的例子可以看出,证明三角恒等式的方法较多:从左边证到右边;从右边证到左边;左、右两边都证明为某一相同的数学式;证明左、右两边的比为 1;证明左、右两边的差为零,等等.

二、利用单位圆讨论正弦、余弦、正切函数的周期性及有界性

1. 角 α 的正弦和余弦在单位圆上的表示法

在直角坐标系中,以原点为圆心,1 个单位长度为半径的圆称为**单位圆**.

如图 3-14 所示,设 $M(x,y)$ 点是任意角 α 的终边 OP 和单位圆的交点,则 $r=|OM|=1$,由任意角的三角函数定义可得:

$$\sin\alpha=\dfrac{y}{r}=\dfrac{y}{1}=y;\quad \cos\alpha=\dfrac{x}{r}=\dfrac{x}{1}=x.$$

这就是说,任意角 α 的正弦等于它的终边 OP 与单位圆交点 M 的纵坐标;而其余弦等于交点 M 的横坐标.

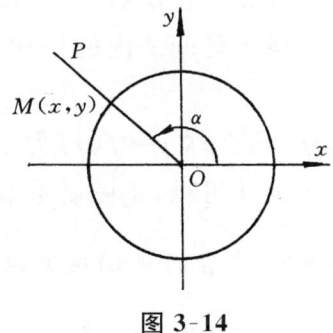

图 3-14

2. 角 α 的正弦函数、余弦函数的周期性、有界性

(1) 周期性.

在客观事物中,许多现象都是周而复始地出现的.如时针的转动,春、夏、秋、冬四季的更替等,正弦、余弦函数也具有同样的性质.

从图 3-14 不难看出,当角 α 每增加(或减少)2π 的整数倍时,角的终边总与角 α 的终边 OP 重合.也就是说,角 α 与角 $\alpha+2k\pi(k\in\mathbf{Z})$ 有相同的正弦和余弦值,从而有

$$\sin(2k\pi+\alpha)=\sin\alpha,\quad \cos(2k\pi+\alpha)=\cos\alpha\ (k\in\mathbf{Z}).$$

如角 $2\pi+\dfrac{\pi}{6},4\pi+\dfrac{\pi}{6},-2\pi+\dfrac{\pi}{6},-4\pi+\dfrac{\pi}{6},\cdots$ 和角 $\dfrac{\pi}{6}$ 的正弦和余弦分别相等.对于具有这种特性的函数,给出如下定义:

定义 对于函数 $y=f(x)$，如果存在一个正数 l 使得对于定义域内的一切 x，等式 $f(x+l)=f(x)$ 都成立，则把 $y=f(x)$ 称为**周期函数**，正数 l 称为周期函数的**周期**．

显然，如果函数 $f(x)$ 以正数 l 为周期，那么 $2l,3l,\cdots,nl(n\in \mathbf{N}^*)$ 也是它的周期．通常把最小正数 l 称为周期函数的**最小正周期**，简称为**周期**．

由此可见，正弦函数、余弦函数都是周期函数，它们的周期都是 2π．

(2) 有界性．

我们知道，正弦函数和余弦函数的定义域都是实数集．由图 3-14 可以直接看出，无论角 α 取什么样的值，它的终边 OP 和单位圆的交点的纵、横坐标总在 -1 到 1 之间变化（包括 -1 和 1），即当角 α 为任何实数时，$\sin\alpha$ 和 $\cos\alpha$ 总能取遍 -1 到 1 之间的任何值，所以正弦函数和余弦函数的值域分别为

$$\{\sin\alpha \mid -1\leqslant \sin\alpha \leqslant 1\}; \quad \{\cos\alpha \mid -1\leqslant \cos\alpha \leqslant 1\}.$$

即 $\quad |\sin\alpha|\leqslant 1; \quad |\cos\alpha|\leqslant 1.$

对于 $\sin\alpha,\cos\alpha$ 具有的这种特性，给出如下定义：

定义 设函数 $y=f(x)$ 在区间 I 内有定义，如果存在一个确定的正数 M，使得对于区间 I 内的一切 x 所对应的函数值 $f(x)$，都有

$$|f(x)|\leqslant M$$

成立，那么称 $y=f(x)$ 为 I 内的**有界函数**；否则，就称为**无界函数**．

由此可见，正弦函数和余弦函数都是有界函数．

3．角 α 的正切在单位圆上的表示法及正切函数的周期性

过单位圆与 x 轴的正半轴的交点 $E(1,0)$ 作与单位圆相切的直线 ET，容易知道，ET 上任意点的横坐标都等于 1．

现在分两种情形来讨论：

(1) 当角 α 为第一或第四象限角时，角 α 的终边 OP 与切线 ET 的交点为 $M(x,y)$，显然 $x=1$，如图 3-15 所示，所以

$$\tan\alpha=\frac{y}{x}=\frac{y}{1}=y.$$

(2) 当角 α 为第二或第三象限角时，角 α 的终边和切线 ET 没有交点，但它的终边的反向延长线与切线 ET 有交点 $M(x,y)$，显然 $x=1$．在角 α 的终边上取点 $M'(x',y')$，使 M' 与 M 关于原点对称，则 $x'=-x=-1,y'=-y$，如图 3-16 所示，所以

$$\tan\alpha=\frac{y'}{x'}=\frac{-y}{-1}=y.$$

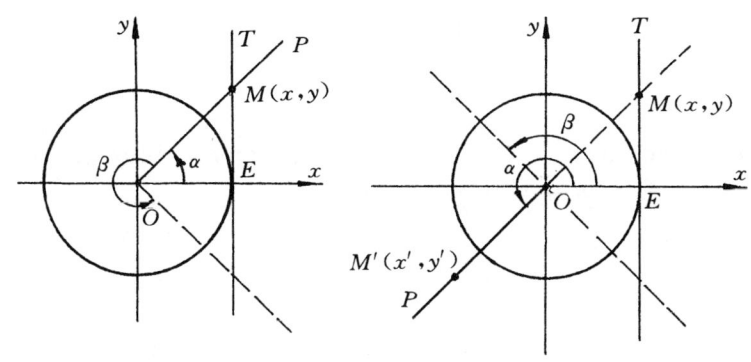

图 3-15   图 3-16

归纳以上两种情形可知,角 α 的正切等于它的终边 OP 或终边 OP 的反向延长线与正切轴交点 $M(x,y)$ 的纵坐标.

由于函数 $\tan\alpha$ 的定义域为

$$\left\{x \mid \alpha \neq k\pi + \frac{\pi}{2}, k \in \mathbf{Z}\right\},$$

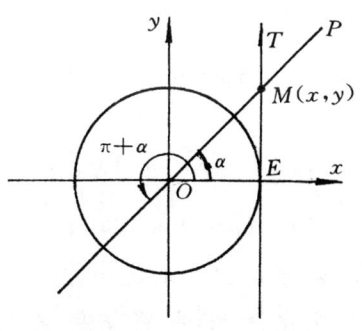

图 3-17

从图 3-17 可以看出,当角 α 的终边与 y 轴重合时,角 α 的终边与切线 ET 平行而没有交点,这时 $\tan\alpha$ 的值不存在. 除此之外,角 α 的终边或终边的反向延长线总能与切线 ET 相交,其交点的纵坐标 y 可以取一切实数,因此正切函数的值域为实数集 **R**.

由此可知,函数 $\tan\alpha$ 是一个无界函数.

由图 3-17 还可以看出,若角 α 增加(或减少)π 的整数倍,这些角的终边总与角 α 的终边或终边的反向延长线重合,即角 α 与角 $k\pi+\alpha (k\in\mathbf{Z})$ 有相同的正切值,从而有

$$\tan(k\pi+\alpha)=\tan\alpha \quad (k\in\mathbf{Z}).$$

这说明,正切函数是周期函数,且周期为 π.

例 6 利用三角函数的周期性,计算下列各函数的值:

(1) $\sin 420°$; (2) $\cos\left(-\frac{11}{3}\pi\right)$; (3) $\tan 225°$.

解 (1) $\sin 420°=\sin(360°+60°)=\sin 60°=\frac{\sqrt{3}}{2}.$

(2) $\cos\left(-\frac{11}{3}\pi\right)=\cos\left(-2\times 2\pi+\frac{\pi}{3}\right)=\cos\cos\frac{\pi}{3}=\frac{1}{2}.$

(3) $\tan 225°=\tan(180°+45°)=\tan 45°=1.$

习题 3-3(A 组)

1. 化简.

(1) $1-\sin^2\alpha-\cos^2\alpha$;   (2) $\tan^2\alpha \cdot \cos^2\alpha + \cos^2\alpha$.

2. 根据下列条件,求 α 的其他三角函数值:

(1) 已知 $\sin\alpha = -\dfrac{\sqrt{3}}{2}, \dfrac{3\pi}{2} < \alpha < 2\pi$;

(2) $\cos\alpha = -\dfrac{3}{5}$,且 α 是第二象限的角.

3. 证明下列恒等式:

(1) $\sin^4\alpha - \cos^4\alpha = 2\sin^2\alpha - 1$;   (2) $\dfrac{\sin\alpha - \cos\alpha}{\tan\alpha - 1} = \cos\alpha$.

4. 利用单位圆说明,在 $\alpha \in \left(0, \dfrac{\pi}{2}\right)$ 内有下列关系式:

(1) $\sin\alpha + \cos\alpha > 1$;   (2) $\tan\alpha > \sin\alpha$;   (3) $\sin^2\alpha + \cos^2\alpha = 1$.

5. 当角 α 由 $-\pi$ 逐渐增大到 π 时,试利用单位圆讨论 $\sin\alpha$ 和 $\cos\alpha$ 的值的增减变化情况,并将结果填入下表(↗表示逐渐增加,↘表示逐渐减小).

α	$-\pi$	↗	$-\dfrac{\pi}{2}$	↗	0	↗	$\dfrac{\pi}{2}$	↗	π
$\sin\alpha$									
$\cos\alpha$									

6. 利用三角函数的周期性求下列各值:

(1) $\sin 750°$;   (2) $\cos\dfrac{9}{4}\pi$;

(3) $\tan\dfrac{5}{4}\pi$;   (4) $\cos(-1050°)$.

习题 3-3(B 组)

1. 已知 α 是第二象限的角,化简 $\tan\alpha \cdot \sqrt{1-\sin^2\alpha}$.

2. 已知 $\tan\alpha = 3$,且 $180° < \alpha < 270°$,求 $\sin\alpha$ 和 $\cos\alpha$.

3. 已知 $\tan\alpha = -2$,求 $5\sin\alpha\cos\alpha$ 的值.

扫一扫,获取参考答案

3.4 简化公式

在实际问题中,我们经常遇到需要将求任意角三角函数值转化为求 $0°\sim 90°$ 角的三角函数值的问题,完成这种"转化"就要借助下面介绍的简化公式(诱导公式).

一、$\alpha + k \cdot 360°(k \in \mathbf{Z})$ 的简化公式

如图 3-18 所示,角 α 的终边与单位圆的交点为 M,当终边旋转 $k \cdot 360°(k \in \mathbf{Z})$ 时,点 M 又回到原来的位置,所以角 α 的各三角函数值并不发生变化. 由此得到结论:**终边相同的角的同名三角函数值相等**. 即当 $k \in \mathbf{Z}$ 时,有

$$\begin{aligned} \sin(\alpha + k \cdot 360°) &= \sin \alpha, \\ \cos(\alpha + k \cdot 360°) &= \cos \alpha, \\ \tan(\alpha + k \cdot 360°) &= \tan \alpha. \end{aligned} \quad (3\text{-}5)$$

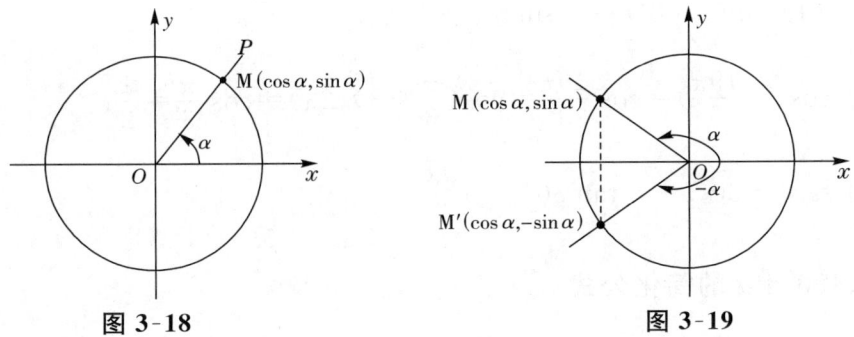

图 3-18　　　　　　　　图 3-19

例 1 求下列各三角函数值:

(1) $\sin 780°$;　　(2) $\cos \dfrac{9\pi}{4}$;　　(3) $\tan(-\dfrac{11\pi}{6})$.

解 (1) $\sin 780° = \sin(60° + 2 \times 360°) = \sin 60° = \dfrac{\sqrt{3}}{2}$.

(2) $\cos \dfrac{9\pi}{4} = \cos(\dfrac{\pi}{4} + 2\pi) = \cos \dfrac{\pi}{4} = \dfrac{\sqrt{2}}{2}$.

(3) $\tan(-\dfrac{11\pi}{6}) = \tan[\dfrac{\pi}{6} + (-1) \times 2\pi] = \tan \dfrac{\pi}{6} = \dfrac{\sqrt{3}}{3}$.

二、$-\alpha$ 的简化公式

设单位圆与任意角 α,$-\alpha$ 的终边分别相交于点 M 和点 M'(图 3-19),由于

点 M 与点 M' 关于 x 轴对称,它们的横坐标相同,纵坐标互为相反数,所以
$$\sin(-\alpha)=-\sin\alpha,\cos(-\alpha)=\cos\alpha.$$

由同角三角函数的关系式知
$$\tan(-\alpha)=\frac{\sin(-\alpha)}{\cos(-\alpha)}=\frac{-\sin\alpha}{\cos\alpha}=-\tan\alpha.$$

于是有负角的三角函数简化公式

$$\boxed{\begin{aligned}\sin(-\alpha)&=-\sin\alpha,\\ \cos(-\alpha)&=\cos\alpha,\\ \tan(-\alpha)&=-\tan\alpha.\end{aligned}} \qquad (3\text{-}6)$$

利用这组公式,可以把负角的三角函数转化为正角的三角函数.

例 2 求下列三角函数值:

(1) $\sin(-60°)$;   (2) $\cos(-\frac{19\pi}{3})$;   (3) $\tan(-30°)$.

解 (1) $\sin(-60°)=-\sin 60°=-\frac{\sqrt{3}}{2}.$

(2) $\cos(-\frac{19\pi}{3})=\cos\frac{19\pi}{3}=\cos(\frac{\pi}{3}+3\times 2\pi)=\cos\frac{\pi}{3}=\frac{1}{2}.$

(3) $\tan(-30°)=-\tan 30°=-\frac{\sqrt{3}}{3}.$

三、$180°\pm\alpha$ 的简化公式

设单位圆与任意角 α,$180°+\alpha$ 的终边分别相交于点 M 和点 M'(图 3-20),由于点 M 与点 M' 关于原点中心对称,它们的横坐标互为相反数,纵坐标也互为相反数,所以
$$\sin(180°+\alpha)=-\sin\alpha,\cos(180°+\alpha)=-\cos\alpha.$$

由同角三角函数的关系式知
$$\tan(180°+\alpha)=\frac{\sin(180°+\alpha)}{\cos(180°+\alpha)}=\frac{-\sin\alpha}{-\cos\alpha}=\tan\alpha.$$

于是得到

$$\boxed{\begin{aligned}\sin(180°+\alpha)&=-\sin\alpha,\\ \cos(180°+\alpha)&=-\cos\alpha,\\ \tan(180°+\alpha)&=\tan\alpha.\end{aligned}} \qquad (3\text{-}7)$$

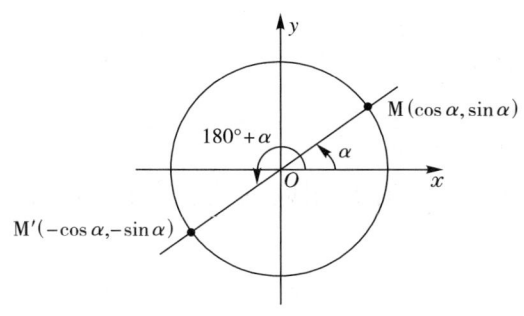

图 3-20

由于
$$\sin(180°-\alpha)=\sin[180°+(-\alpha)]=-\sin(-\alpha)=\sin\alpha,$$
$$\cos(180°-\alpha)=\cos[180°+(-\alpha)]=-\cos(-\alpha)=-\cos\alpha,$$
$$\tan(180°-\alpha)=\tan[180°+(-\alpha)]=\tan(-\alpha)=-\tan\alpha.$$

于是得到

$$\begin{cases}\sin(180°-\alpha)=\sin\alpha,\\ \cos(180°-\alpha)=-\cos\alpha,\\ \tan(180°-\alpha)=-\tan\alpha.\end{cases} \quad (3\text{-}8)$$

为了便于记忆，我们把角的形式为 $180°\pm\alpha$ 的这些公式概括成下面的口诀：

"正负看象限，函数名不变."

例如，对 $\cos(180°+\alpha)$ 而言，将 α 看成锐角，则 $180°+\alpha$ 可看成第三象限的角，而余弦在第三象限是负号，所以公式中等号右边取负号，函数名不变，故有 $\cos(180°+\alpha)=-\cos\alpha$；对 $\sin(180°-\alpha)$ 而言，将 α 看成锐角，则 $180°-\alpha$ 可看成第二象限的角，而正弦在第二象限是正号，所以公式中等号右边取正号，函数名不变，故有 $\sin(180°-\alpha)=\sin\alpha$.

例3 求下列三角函数值：

(1) $\cos 225°$；　(2) $\sin 870°$；　(3) $\tan\dfrac{8\pi}{3}$.

解 (1) $\cos 225°=\cos(180°+45°)=-\cos 45°=-\dfrac{\sqrt{2}}{2}$.

(2) $\sin 870°=\sin(150°+2\times 360°)=\sin 150°=\sin(180°-30°)=\sin 30°=\dfrac{1}{2}$.

(3) $\tan\dfrac{8\pi}{3}=\tan(\dfrac{2\pi}{3}+2\pi)=\tan\dfrac{2\pi}{3}=\tan(\pi-\dfrac{\pi}{3})=-\tan\dfrac{\pi}{3}=-\sqrt{3}$.

例 4 化简 $\dfrac{\sin(\pi-\alpha)\cdot\cos(\pi+\alpha)\cdot\sin(\pi+\alpha)\cdot\tan(\pi-\alpha)}{\tan(\pi+\alpha)\cdot\sin(2\pi-\alpha)\cdot\cos(\pi-\alpha)}$.

解 原式 $=\dfrac{\sin\alpha\cdot(-\cos\alpha)\cdot(-\sin\alpha)\cdot(-\tan\alpha)}{\tan\alpha\cdot\sin(-\alpha)\cdot(-\cos\alpha)}=\dfrac{\sin\alpha\cdot\sin\alpha}{-\sin\alpha}=-\sin\alpha.$

需要指出的是,$90°\pm\alpha$ 也有其相应的简化公式. 例如,当 α 为锐角时,由锐角三角函数的定义知

$$\sin(90°-\alpha)=\cos\alpha,\cos(90°-\alpha)=\sin\alpha.$$

事实上,若 α 为任意角,上式仍然成立(证明略). 下面的例子说明了它的应用. 例如,$\sin 120°=\sin[90°-(-30°)]=\cos(-30°)=\cos 30°=\dfrac{\sqrt{3}}{2}.$

例 5 求证:$\dfrac{\sin(\pi-\alpha)\cdot\tan(\pi+\alpha)}{\cos(\pi+\alpha)\cdot\tan(3\pi-\alpha)\cdot\tan(\alpha-\pi)}=1.$

证明 左边 $=\dfrac{\sin\alpha\cdot\tan\alpha}{(-\cos\alpha)\cdot\tan(-\alpha)\cdot\tan\alpha}=\dfrac{\sin\alpha}{(-\cos\alpha)\cdot(-\tan\alpha)}$

$=\dfrac{\sin\alpha}{\cos\alpha\cdot\tan\alpha}=\dfrac{\sin\alpha}{\sin\alpha}=1=$ 右边.

所以等式成立.

习题 3-4(A 组)

1. 求下列各三角函数值:

(1) $\sin 750°$;　　(2) $\cos\dfrac{7\pi}{3}$;　　(3) $\tan\dfrac{17\pi}{4}$.

2. 求下列各三角函数值:

(1) $\sin(-390°)$;　　(2) $\cos\left(-\dfrac{13\pi}{3}\right)$;　　(3) $\tan\left(-\dfrac{\pi}{6}\right)$.

3. 求下列各三角函数值:

(1) $\tan 225°$;　　(2) $\sin 660°$;　　(3) $\cos 495°$;

(4) $\tan\dfrac{11\pi}{3}$;　　(5) $\sin\dfrac{20\pi}{3}$;　　(6) $\cos\left(-\dfrac{7\pi}{6}\right)$.

4. 化简下列各式:

(1) $\dfrac{\sin(180°+\alpha)\cdot\cos(180°+\alpha)}{\tan(\alpha-180°)\cdot\cos(-\alpha-360°)}$;

(2) $1+\sin(\alpha-2\pi)\cdot\sin(\alpha-\pi)-\cos^2(-\alpha).$

5. 利用计算器,求下列各三角函数值(精确到 0.001):

(1) $\sin 36°25'$;　　(2) $\cos\dfrac{2\pi}{3}$;　　(3) $\tan 2.$

习题 3-4(B 组)

1. 已知 $\sin(\pi+\alpha)=\dfrac{1}{3}$，求 $\sin(\pi-\alpha)\cos(\pi-\alpha)\tan(\pi+\alpha)$ 的值.

2. 证明：

   (1) $\dfrac{\sin(\alpha+4\pi)\cdot\cos(\alpha-5\pi)}{\sin(\alpha+5\pi)-\sin(\alpha-4\pi)}=\dfrac{1}{2}\cos\alpha$；

   (2) $\sin(60°-x)=\cos(30°+x)$.

扫一扫，获取参考答案

3.5 正弦、余弦及正切函数的图像和性质

一、正弦函数 $y=\sin x$ 的图像和性质

我们知道正弦函数 $y=\sin x$ 的定义域为 $(-\infty,+\infty)$，周期为 2π，所以我们先作出函数在 $[0,2\pi]$ 上的图像.

取自变量 x 在 $[0,2\pi]$ 上的一些值，求出函数 $y=\sin x$ 的对应值（通常 x 的取值是等分周角而得到的特殊角），并将它们列成下表：

x	0	$\dfrac{\pi}{6}$	$\dfrac{\pi}{3}$	$\dfrac{\pi}{2}$	$\dfrac{2}{3}\pi$	$\dfrac{5}{6}\pi$	π	$\dfrac{7}{6}\pi$	$\dfrac{4}{3}\pi$	$\dfrac{3}{2}\pi$	$\dfrac{5}{3}\pi$	$\dfrac{11}{6}\pi$	2π
$y=\sin x$	0	0.5	0.87	1	0.87	0.5	0	-0.5	-0.87	-1	-0.87	-0.5	0

以表内的 x,y 的每一组对应值作为点的坐标，在直角坐标系内作出其对应的点，并把这些点依次连成光滑的曲线，这条曲线就是函数 $y=\sin x$ 在区间 $[0,2\pi]$ 上的图像，如图 3-21 所示.

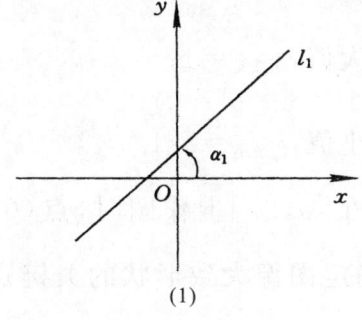
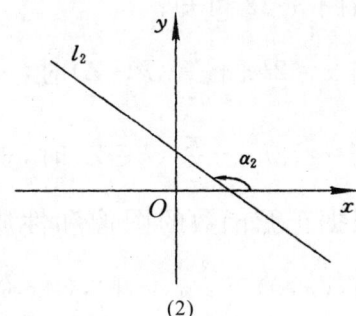

(1)   (2)

图 3-21

根据正弦函数的周期性，在 $\cdots,[-4\pi,-2\pi],[-2\pi,0]$ 以及 $[2\pi,4\pi],\cdots$ 上

的每一个区间重复描图就可得到函数 $y=\sin x$ 在 $(-\infty,+\infty)$ 内的图像,如图 3-22 所示.

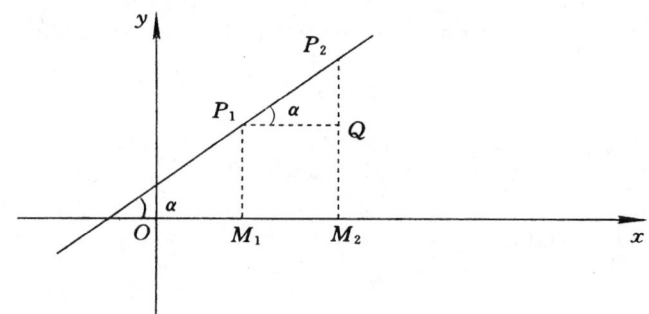

图 3-22

正弦函数 $y=\sin x$ 的图像称为**正弦曲线**.

正弦函数除具有周期性和有界性外,还可由正弦函数的图像直观地看出以下性质:

(1) 奇偶性. 正弦曲线是关于原点对称的,所以函数 $y=\sin x$ 是奇函数.

(2) 单调性. 函数 $y=\sin x$ 在 $\left[-\dfrac{\pi}{2},\dfrac{3}{2}\pi\right]$ 上的变化情况如下表所示:

x	$-\dfrac{\pi}{2}$	↗	0	↗	$\dfrac{\pi}{2}$	↗	π	↗	$\dfrac{3}{2}\pi$
$y=\sin x$	-1	↗	0	↗	1	↘	0	↘	-1

可以得出,函数 $y=\sin x$ 在 $\left[-\dfrac{\pi}{2},\dfrac{\pi}{2}\right]$ 上单调增加,在 $\left[\dfrac{\pi}{2},\dfrac{3\pi}{2}\right]$ 上单调减少.

由正弦函数周期性可知:$y=\sin x$ 在区间 $\left[2k\pi-\dfrac{\pi}{2},2k\pi+\dfrac{\pi}{2}\right]$ $(k\in\mathbf{Z})$ 上单调增加,在区间 $\left[2k\pi+\dfrac{\pi}{2},2k\pi+\dfrac{3}{2}\pi\right]$ $(k\in\mathbf{Z})$ 上单调减少.

由图 3-22 可知:

当 $x=2k\pi+\dfrac{\pi}{2}$ $(k\in\mathbf{Z})$ 时,$y=\sin x$ 取得最大值,$y_{最大}=1$;

当 $x=2k\pi-\dfrac{\pi}{2}$ $(k\in\mathbf{Z})$ 时,$y=\sin x$ 取得最小值,$y_{最小}=-1$.

根据正弦函数的图像和性质还可以得出:在 $[0,2\pi]$ 上作图时,点 $(0,0)$,$\left(\dfrac{\pi}{2},1\right)$,$(\pi,0)$,$\left(\dfrac{3}{2}\pi,-1\right)$,$(2\pi,0)$ 这 5 个点是确定图像大致形状的关键点,所以作函数 $y=\sin x$ 在 $[0,2\pi]$ 上的图像时,可以只作上述 5 个点,再用光滑的曲线把它们依次连接起来,这种作图方法称为"五点法".

二、余弦函数 $y=\cos x$ 的图像和性质

余弦函数 $y=\cos x$ 的定义域为 $(-\infty,+\infty)$,周期为 2π. 先列出 $[0,2\pi]$ 上自变量与函数的对应值表:

x	0	$\dfrac{\pi}{6}$	$\dfrac{\pi}{3}$	$\dfrac{\pi}{2}$	$\dfrac{2}{3}\pi$	$\dfrac{5}{6}\pi$	π	$\dfrac{7}{6}\pi$	$\dfrac{4}{3}\pi$	$\dfrac{3}{2}\pi$	$\dfrac{5}{3}\pi$	$\dfrac{11}{6}\pi$	2π
$y=\cos x$	1	0.87	0.5	0	-0.5	-0.87	-1	-0.87	-0.5	0	0.5	0.87	1

以表内的各组 x,y 的值作为点的坐标,在直角坐标系内作出其对应的点,并把它们依次连接成光滑的曲线,这条曲线就是函数 $y=\cos x$ 在区间 $[0,2\pi]$ 上的图像,如图 3-23 所示.

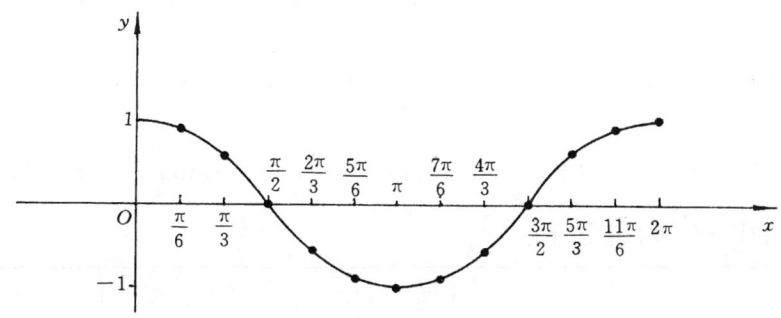

图 3-23

根据余弦函数的周期性,可以得到余弦函数 $y=\cos x$ 在定义域内的图像,如图 3-24 所示.

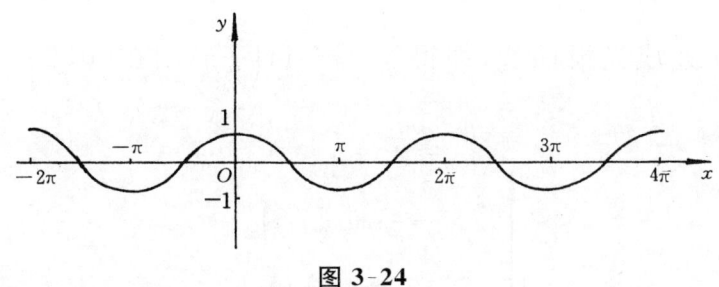

图 3-24

余弦函数 $y=\cos x$ 的图像称为**余弦曲线**.

余弦函数除具有周期性和有界性外,还可以由余弦函数的图像直观地看出以下性质:

(1) 奇偶性. 余弦曲线关于 y 轴对称,所以 $y=\cos x$ 是偶函数.

(2) 单调性. 函数 $y=\cos x$ 在 $[0,2\pi]$ 上变化情况如下表所示:

x	0	↗	$\frac{\pi}{2}$	↗	π	↗	$\frac{3}{2}\pi$	↗	2π
$y=\cos x$	1	↘	0	↘	-1	↗	0	↗	1

由此表可以得出,函数 $y=\cos x$ 在 $[0,\pi]$ 上单调减少,在 $[\pi,2\pi]$ 上单调增加. 根据余弦函数的周期性可知:$y=\cos x$ 在区间 $[2k\pi,2k\pi+\pi]$ 上单调减少,在 $[2k\pi+\pi,2k\pi+2\pi]$ 上单调增加,其中 $k\in \mathbf{Z}$.

由图 3-24 还可以得出:

当 $x=2k\pi(k\in \mathbf{Z})$ 时,$y=\cos x$ 取得最大值,$y_{最大}=1$;

当 $x=2k\pi+\pi(k\in \mathbf{Z})$ 时,$y=\cos x$ 取得最小值,$y_{最小}=-1$.

同理,$y=\cos x$ 在 $[0,2\pi]$ 上的图像也可以采用"五点法"作图,即作出 5 个关键点 $(0,1)$,$\left(\frac{\pi}{2},0\right)$,$(\pi,-1)$,$\left(\frac{3}{2}\pi,0\right)$,$(2\pi,1)$,再把它们依次连成光滑曲线即可.

例 1 用"五点法"作出函数 $y=-\sin\left(\frac{\pi}{2}-x\right)$ 在 $[0,2\pi]$ 上的图像.

解 因为 $\sin\left(\frac{\pi}{2}-x\right)=\cos x$,所以作出 $y=-\sin\left(\frac{\pi}{2}-x\right)$ 的图像就是作 $y=-\cos x$ 的图像. 列表如下:

x	0	$\frac{\pi}{2}$	π	$\frac{3\pi}{2}$	2π
$y=\cos x$	1	0	-1	0	1
$y=-\cos x$	-1	0	1	0	-1

在直角坐标系内作出 5 个关键点 $(0,-1)$,$\left(\frac{\pi}{2},0\right)$,$(\pi,1)$,$\left(\frac{3}{2}\pi,0\right)$,$(2\pi,-1)$,再把它们依次连成光滑曲线,即得 $y=-\sin\left(\frac{\pi}{2}-x\right)$ 在 $[0,2\pi]$ 上的图像,如图 3-25 所示.

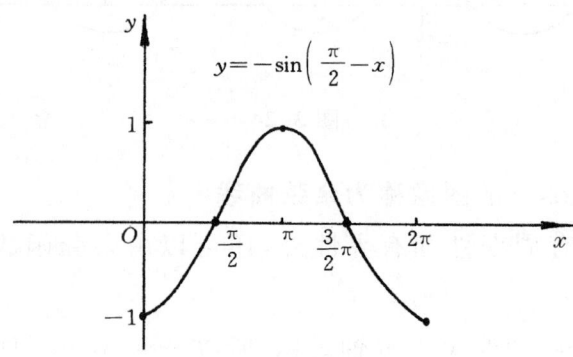

图 3-25

三、正切函数 $y=\tan x$ 的图像和性质

函数 $y=\tan x$ 的定义域为 $\left\{x \mid x \neq k\pi+\dfrac{\pi}{2}, k \in \mathbf{Z}\right\}$，周期为 π，值域是实数集，先利用描点法作出它在 $\left(-\dfrac{\pi}{2}, \dfrac{\pi}{2}\right)$ 内的图像，再根据正切函数的周期性，可得函数 $y=\tan x$ 在定义域内的图像，如图 3-26 所示.

正切函数 $y=\tan x$ 的图像称为**正切曲线**.

正切函数除具有周期性外，从图 3-26 可直接得出如下性质：

(1) 奇偶性. 正切曲线关于原点对称，即函数 $y=\tan x$ 是奇函数.

(2) 单调性. 函数 $y=\tan x$ 在 $\left(-\dfrac{\pi}{2}, \dfrac{\pi}{2}\right)$ 内单调增加. 由正切函数的周期性可知，函数 $y=\tan x$ 在区间 $\left(k\pi-\dfrac{\pi}{2}, k\pi+\dfrac{\pi}{2}\right)(k \in \mathbf{Z})$ 内单调增加.

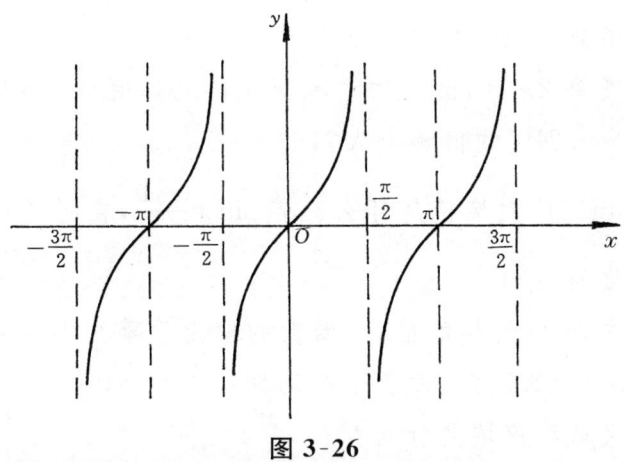

图 3-26

我们知道正切函数是无界函数，从图 3-26 还可以看出，函数 $y=\tan x$ 的图像是由一组形状相同的曲线构成的，每一条曲线向上、向下都是无限延伸的.

例 2 比较下列各组三角函数值的大小：

(1) $\sin\left(-\dfrac{\pi}{5}\right)$ 和 $\sin\left(-\dfrac{\pi}{10}\right)$； (2) $\cos 99°$ 和 $\cos 110°$；

(3) $\tan\dfrac{3}{4}\pi$ 和 $\tan\dfrac{4}{5}\pi$.

解 (1) 因为 $-\dfrac{\pi}{2}<-\dfrac{\pi}{5}<-\dfrac{\pi}{10}<\dfrac{\pi}{2}$，而 $y=\sin x$ 在 $\left[-\dfrac{\pi}{2}, \dfrac{\pi}{2}\right]$ 上单调增加，

所以 $\sin\left(-\dfrac{\pi}{5}\right) < \sin\left(-\dfrac{\pi}{10}\right)$.

(2) 因为 $0° < 99° < 110° < 180°$，而 $y = \cos x$ 在 $0°\sim180°$ 间是单调减少的，

所以 $\cos 99° > \cos 110°$.

(3) 因为 $\dfrac{\pi}{2} < \dfrac{3}{4}\pi < \dfrac{4}{5}\pi < \dfrac{3}{2}\pi$，而 $y = \tan x$ 在 $\left(\dfrac{\pi}{2}, \dfrac{3}{2}\pi\right)$ 内是单调增加的，

所以 $\tan \dfrac{3}{4}\pi < \tan \dfrac{4}{5}\pi$.

习题 3-5(A)组

1. 根据函数 $y = \sin x$ 的图像，回答下列问题：

(1) 函数的定义域和值域是什么？

(2) 函数的周期是什么？

(3) 函数是奇函数、偶函数，还是非奇非偶函数？

(4) 当 x 从 0 变到 2π 时，函数的增减变化情况如何？

(5) $\sin 240°$ 与 $\sin 210°$ 的值哪个大？

(6) $x = \dfrac{\pi}{6}$ 时，$\sin x$ 的对应值是什么？若 $\sin x = \dfrac{1}{2}$，在 $(-2\pi, 2\pi)$ 内分别有哪些 x 值与之对应？

(7) 在定义域内，x 取怎样的值时，函数的值大于零？小于零？等于零？

2. 根据函数 $y = \cos x$ 的图像，回答下列问题：

(1) 函数的定义域和值域是什么？

(2) 函数的周期是什么？

(3) 函数是奇函数、偶函数，还是非奇非偶函数？

(4) 当 x 从 0 变到 2π 时，函数的增减变化情况如何？

(5) $\cos 240°$ 与 $\cos 210°$ 的值哪一个大？

(6) $x = \dfrac{\pi}{6}$ 时，$\cos x$ 的对应值是什么？若 $\cos x = \dfrac{1}{2}$，在 $(-2\pi, 2\pi)$ 内有哪些 x 值与之对应？

(7) 在定义域内，x 取怎样的值时，函数的值大于零？小于零？等于零？

3. 根据函数 $y = \tan x$ 的图像，回答下列问题：

(1) 函数的定义域和值域是什么？

(2) 函数的周期是什么？

(3) 函数是奇函数、偶函数，还是非奇非偶函数？

(4) x 取哪些值时，$\tan x$ 不存在？

(5) 函数 $y=\tan x$ 在 $\left(k\pi-\dfrac{\pi}{2},k\pi+\dfrac{\pi}{2}\right)(k\in \mathbf{Z})$ 内增减变化情况如何？

习题 3-5(B)组

1. 用"五点法"作下列函数在区间 $[0,2\pi]$ 上的图像：
   (1) $y=-\sin x$；　　　　(2) $y=1+\sin x$.

2. x 取何值时，下列函数取得最大值和最小值？最大值和最小值各是多少？
   (1) $y=2\sin x+3$；　　　　(2) $y=4-\dfrac{1}{3}\sin x$；
   (3) $y=2+3\cos x$；　　　　(4) $y=2-\cos 2x$.

3. 等式 $\sin(30°+120°)=\sin 30°$ 是否成立？如果这个等式成立，能不能说正弦函数 $y=\sin x$ 的周期是 $120°$？为什么？

扫一扫，获取参考答案

3.6　已知三角函数值求角

我们已经学会了利用计算器求任意角的三角函数值. 如果已知任意角的三角函数值，能否用计算器求出指定范围内的角呢？下面我们就介绍已知三角函数值求角的方法.

一、利用计算器求角

在计算器的标准设置中，根据正弦函数值或正切函数值，用计算器求角时，只能显示 $-90°\sim 90°\left(\text{或} -\dfrac{\pi}{2}\sim\dfrac{\pi}{2}\right)$ 范围内的角；由余弦函数值求角时，只能显示 $0°\sim 180°$（或 $0\sim\pi$）范围内的角. 方便起见，引入下列表示角的符号：

(1) 若 $-90°\leqslant\theta\leqslant 90°\left(\text{或} -\dfrac{\pi}{2}\leqslant\theta\leqslant\dfrac{\pi}{2}\right)$ 且 $\sin\theta=a$，则 $\theta=\arcsin a$.

(2) 若 $0°\leqslant\theta\leqslant 180°$（或 $0\leqslant\theta\leqslant\pi$）且 $\cos\theta=a$，则 $\theta=\arccos a$.

(3) 若 $-90°<\theta<90°\left(\text{或} -\dfrac{\pi}{2}<\theta<\dfrac{\pi}{2}\right)$ 且 $\tan\theta=a$，则 $\theta=\arctan a$.

其中符号 $\arcsin$（或 $\sin^{-1}$）、$\arccos$（或 $\cos^{-1}$）和 $\arctan$（或 $\tan^{-1}$）分别表示**反正弦、反余弦和反正切**.

例如，arcsin 0.5 表示 $\left[-\dfrac{\pi}{2},\dfrac{\pi}{2}\right]$ 上的唯一确定的角，这个角正弦值等于 0.5. 因为 $\dfrac{\pi}{6}\in\left[-\dfrac{\pi}{2},\dfrac{\pi}{2}\right]$，$\sin\dfrac{\pi}{6}=0.5$，所以 $\arcsin 0.5=\dfrac{\pi}{6}$（后面可直接用计算器求得此值）.

想一想：arctan 1，arccos 0.5，arcsin x 各表示什么？

利用 CASIO fx-82ES PLUS 计算器求角时，首先要设置计算器的状态为普通计算状态，再设定精确度及角度或弧度计算模式，然后按下列步骤操作：

(1) 已知正弦函数值求角：按 $\boxed{\text{SHIFT}}$ 键，按 $\boxed{\sin}$ 键，输入正弦函数值，按 $\boxed{=}$ 键显示 $90°\sim 90°$（或 $-\dfrac{\pi}{2}\sim\dfrac{\pi}{2}$）范围内的角.

(2) 已知余弦函数值求角：按 $\boxed{\text{SHIFT}}$ 键，按 $\boxed{\cos}$ 键，输入余弦函数值，按 $\boxed{=}$ 键显示 $0°\sim 180°$（或 $0\sim\pi$）范围内的角.

(3) 已知正切函数值求角：按 $\boxed{\text{SHIFT}}$ 键，按 $\boxed{\tan}$ 键，输入正切函数值，按 $\boxed{=}$ 键显示 $-90°\sim 90°$（或 $-\dfrac{\pi}{2}\sim\dfrac{\pi}{2}$）范围内的角.

例 1 已知 $0°\leqslant\theta\leqslant 180°$，用计算器求下列各题中的角 θ（精确到 0.01°）.

(1) $\cos\theta=\dfrac{1}{2}$；　　(2) $\cos\theta=-\dfrac{2}{3}$.

解 按要求对计算器的计算状态、精确度和计算模式进行设置后再计算.

(1) 因为 $0°\leqslant\theta\leqslant 180°$，$\cos\theta=\dfrac{1}{2}$，

所以 $\theta=\arccos\dfrac{1}{2}=60°$.

(2) 因为 $0°\leqslant\theta\leqslant 180°$，$\cos\theta=-\dfrac{2}{3}$，

所以 $\theta=\arccos\left(-\dfrac{2}{3}\right)\approx 131.81°$.

注：在弧度计算模式下计算（精确到 0.01），得

$$\arccos\dfrac{1}{2}=\dfrac{\pi}{3}, \arccos\left(-\dfrac{2}{3}\right)\approx 2.30.$$

例 2 如图 3-27 所示，在直角 $\triangle ABC$ 中，已知 $a=3$，$b=4$，用计算器求角 α 的大小（精确到 0.01°）.

解 首先按要求对计算器的计算状态、精确度和计算模式进行设置. 由直角三角形中的边角关系知

$$\tan\alpha = \frac{a}{b} = \frac{3}{4},$$

而 $0°<\alpha<90°$,所以

$$\alpha = \arctan\frac{3}{4} \approx 36.87°.$$

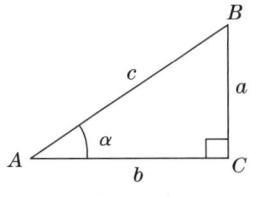

图 3-27

试一试：先由勾股定理求出 $c=\sqrt{a^2+b^2}$,再由 $\sin\alpha=\dfrac{a}{c}$,得 $\alpha=\arcsin\dfrac{a}{c}$,求出 α.

二、利用计算器求指定范围内的角

利用计算器求指定范围内的角,需要使用诱导公式. 其具体方法如下：

1. 已知 $\sin x = a$,求指定范围内的角 x

（1）利用计算器求出 $-90°\sim 90°$（或 $-\dfrac{\pi}{2}\sim\dfrac{\pi}{2}$）范围内的角

$$x_1 = \arcsin a.$$

（2）利用诱导公式 $\sin(180°-x_1)=\sin x_1$,求出 $90°\sim 270°$（或 $\dfrac{\pi}{2}\sim\dfrac{3\pi}{2}$）范围内的角

$$x_2 = 180°-x_1.$$

（3）在与角 x_1 和角 x_2 终边相同的角中找其他范围的角 x_3.

2. 已知 $\cos x = a$,求指定范围内的角 x

（1）利用计算器求出 $0°\sim 180°$（或 $0\sim\pi$）范围内的角

$$x_1 = \arccos a.$$

（2）利用诱导公式 $\cos(-x_1)=\cos x_1$ 求出 $-180°\sim 0°$（或 $-\pi\sim 0$）范围内的角

$$x_2 = -x_1.$$

（3）在与角 x_1 和角 x_2 终边相同的角中找其他范围的角 x_3.

3. 已知 $\tan x = a$,求指定范围内的角 x

（1）利用计算器求出 $-90°\sim 90°$（或 $-\dfrac{\pi}{2}\sim\dfrac{\pi}{2}$）范围内的角

$$x_1 = \arctan a.$$

(2) 利用诱导公式 $\tan(180°+x_1)=\tan x_1$ 求出 $90°\sim 270°$（或 $\dfrac{\pi}{2}\sim\dfrac{3\pi}{2}$）范围内的角

$$x_2=180°+x_1.$$

(3) 在与角 x_1 和角 x_2 终边相同的角中找其他范围的角 x_3.

例 3 已知 $\sin x=0.4$，利用计算器求 $0°\sim 360°$ 范围内的角 x（精确到 $0.01°$）.

解 按要求对计算器的计算状态、精确度和计算模式进行设置后再计算.

先用计算器求 $-90°\sim 90°$ 范围内的角

$$x_1=\arcsin 0.4\approx 23.58°.$$

再利用诱导公式 $\sin(180°-x_1)=\sin x_1$ 求出 $90°\sim 270°$ 范围内的角

$$x_2=180°-x_1\approx 180°-23.58°=156.42°.$$

故在 $0°\sim 360°$ 范围内，正弦函数值为 0.4 的角约为 $23.58°$ 和 $156.42°$.

例 4 已知 $\sin x=-0.4$，利用计算器求区间 $[0,2\pi]$ 上的角 x（精确到 0.0001）.

解 按要求对计算器的计算状态、精确度和计算模式进行设置后再计算.

先用计算器求区间 $\left[-\dfrac{\pi}{2},\dfrac{\pi}{2}\right]$ 上的角

$$x_1=\arcsin(-0.4)\approx -0.4115.$$

再利用诱导公式 $\sin(\pi-x_1)=\sin x_1$ 求出区间 $\left[\dfrac{\pi}{2},\dfrac{3\pi}{2}\right]$ 上的角

$$x_2=\pi-x_1\approx \pi-(-0.4115)\approx 3.5531.$$

在与角 x_1 终边相同的角中找出区间 $\left[\dfrac{3\pi}{2},2\pi\right]$ 上的角

$$x_3=2\pi+x_1\approx 2\pi+(-0.4115)\approx 5.8717.$$

故在区间 $[0,2\pi]$ 上，正弦函数值为 -0.4 的角约为 3.5531 和 5.8717.

例 5 已知 $\cos x=0.4$，利用计算器求 $0°\sim 360°$ 范围内的角 x（精确到 $0.01°$）.

解 按要求对计算器的计算状态、精确度和计算模式进行设置后再计算.

先用计算器求 $0°\sim 180°$ 范围内的角

$$x_1=\arccos 0.4\approx 66.42°.$$

再利用诱导公式 $\cos(-x_1)=\cos x_1$ 求出 $-180°\sim 0°$ 范围内的角

$$x_2=-x_1\approx -66.42°.$$

在与角 x_2 终边相同的角中找出区间 $180°\sim 360°$ 上的角

$$x_3=360°+x_2\approx 360°-66.42°=293.58°.$$

故在 $0°\sim 360°$ 范围内，余弦函数值为 0.4 的角约为 $66.42°$ 和 $293.58°$.

例6 已知 $\tan x = 0.4$，利用计算器求 $0°\sim 360°$ 范围内的角 x（精确到 $0.01°$）．

解 按要求对计算器的计算状态、精确度和计算模式进行设置后再计算．

先用计算器求 $-90°\sim 90°$ 范围内的角

$$x_1 = \arctan 0.4 \approx 21.80°.$$

再利用诱导公式 $\tan(180° + x_1) = \tan x_1$ 求出 $90°\sim 270°$ 范围内的角

$$x_2 = 180° + x_1 \approx 180° + 21.80° = 201.80°.$$

故在 $0°\sim 360°$ 范围内，正切函数值为 0.4 的角约为 $21.80°$ 和 $201.80°$．

习题 3-6(A)组

1. 利用计算器计算（精确到 0.0001 弧度）．
   - (1) $\arcsin 0.12$；
   - (2) $\arccos 0.9874$；
   - (3) $\arctan 25$；
   - (4) $\arccos(-0.5)$．

2. 在直角 $\triangle ABC$ 中，已知 $\angle C = 90°$，$c = 5$，$b = 4$，用计算器求 $\angle A$ 的大小（精确到 $0.01°$）．

3. 已知 $\sin x = 0.34$，求 $[0, 2\pi]$ 内的角 x（精确到 0.0001）．

习题 3-6(B)组

1. 根据已知三角函数值，利用计算器求 $0°\sim 360°$ 范围内的角 x（精确到 $0.01°$）．
   - (1) $\sin x = \dfrac{3}{4}$；
   - (2) $\sin x = -\dfrac{3}{4}$；
   - (3) $\cos x = 0.5$；
   - (4) $\cos x = -0.5$；
   - (5) $\tan x = -5$；
   - (6) $\tan x = \dfrac{\sqrt{3}}{2}$．

2. 已知 $\cos x = -0.8013$，求 $0°\sim 360°$ 范围内的角 x（精确到 $1'$）．

3. 已知 $\tan x = 2$，求 $0°\sim 360°$ 范围内的角 x（精确到 $1''$）．

扫一扫，获取参考答案

复习题 3

1. 选择题．

   (1) 下列说法中，正确的是（　　）．

   A．第一象限的角一定是锐角
   B．锐角一定是第一象限的角
   C．小于 $90°$ 的角一定是锐角
   D．终边相同的角一定相等

(2) 与90°终边相同的角是(　　).

  A. －90°　　　　B. 180°　　　　C. 270°　　　　D. 450°

(3) 设 r 为圆的半径,则弧长为 $\dfrac{3}{4}r$ 的圆弧所对的圆心角为(　　).

  A. 135°　　　B. $\dfrac{135°}{\pi}$　　　C. 145°　　　D. $\dfrac{145°}{\pi}$

(4) 下列各三角函数值中为负值的是(　　).

  A. $\sin 1100°$　　　　　　　　B. $\cos(-3000°)$

  C. $\tan(-115°)$　　　　　　　D. $\tan\dfrac{5\pi}{4}$

(5) 设 $\sin\alpha<0$,$\tan\alpha<0$,则角 α 是(　　).

  A. 第一象限的角　　　　　　B. 第二象限的角

  C. 第三象限的角　　　　　　D. 第四象限的角

(6) 下列命题中正确的是(　　).

  A. 存在角 α,使得 $\sin\alpha=\dfrac{1}{3}$ 且 $\cos\alpha=\dfrac{2}{3}$

  B. $\sqrt{1-\sin^2 140°}=\cos 140°$

  C. 存在角 α,使得等式 $\sin\alpha-\cos\alpha=2.5$ 成立

  D. 若 $\tan\alpha=1$,则 $\alpha=k\pi+\dfrac{\pi}{4}$,$k\in\mathbf{Z}$

(7) $\sin(-1230°)$ 的值是(　　).

  A. $-\dfrac{1}{2}$　　　B. $\dfrac{1}{2}$　　　C. $\dfrac{\sqrt{3}}{2}$　　　D. $-\dfrac{\sqrt{3}}{2}$.

(8) 若 $\alpha\in\left(\dfrac{\pi}{4},\dfrac{\pi}{2}\right)$,则下列不等式中正确的是(　　).

  A. $\sin\alpha>\cos\alpha>\tan\alpha$　　　　B. $\cos\alpha>\tan\alpha>\sin\alpha$

  C. $\tan\alpha>\sin\alpha>\cos\alpha$　　　　D. $\tan\alpha>\cos\alpha>\sin\alpha$

(9) 函数 $y=\cos x$ 的单调区间是(　　).

  A. $\left[k\pi-\dfrac{\pi}{2},k\pi+\dfrac{\pi}{2}\right](k\in\mathbf{Z})$　　　B. $\left[\dfrac{\pi}{2},2\pi\right]$

  C. $[0,2\pi]$　　　　　　　　　　　D. $[k\pi,(k+1)\pi](k\in\mathbf{Z})$

2. 填空题.

 (1) 我们把_____的圆弧所对的圆心角叫作1弧度的角.

 (2) 若角的始边和终边都分别相同,则这些角彼此相差_____的整数倍.

(3) 已知角 α 的终边上一点 $P(-2,1)$，那么 $\sin\alpha=$ _____，$\cos\alpha=$ _____，$\tan\alpha=$ _____.

(4) 在平面直角坐标系内，角 α 的终边和以原点为圆心的单位圆的交点坐标为 $\left(-\dfrac{1}{2},\dfrac{\sqrt{3}}{2}\right)$，则 $\sin\alpha=$ _____，$\cos\alpha=$ _____，$\tan\alpha=$ _____.

(5) 已知 $\cos\alpha=-\dfrac{4}{5}$，且 α 为第二象限的角，则 $\sin\alpha=$ _____，$\tan\alpha=$ _____.

(6) 设 α 为第四象限角，则 $\dfrac{\cos\alpha}{\sqrt{1-\cos^2\alpha}}+\dfrac{\sin\alpha\sqrt{1-\sin^2\alpha}}{1-\cos^2\alpha}=$ _____.

(7) 已知 $\sin\alpha=\dfrac{3}{5}$，则 $\cos(2\pi-\alpha)\cdot\tan(\pi-\alpha)=$ _____.

(8) 已知 $\cos(\pi-\alpha)=\dfrac{1}{3}$，则 $\sin(\pi+\alpha)\cos(\pi+\alpha)\tan(\pi-\alpha)=$ _____.

3. 电动机上的转子 1 s 内转动的圆心角为 100π，问转子每分钟旋转多少周？

4. 如图 3-28 所示，将 3 个半径均为 18 cm 的轮子用皮带连接起来，A,B,C 分别为 3 个轮子的圆心，如果 $AB=60$ cm，$BC=90$ cm，$AC=50$ cm，求皮带的总长（精确到 0.1 cm）.

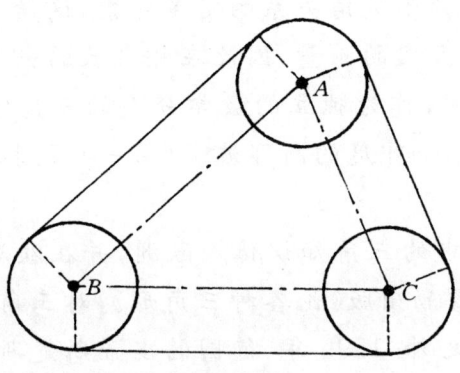

图 3-28

5. 设角 α 终边上一点的纵坐标是横坐标的 2 倍，求 α 的 3 个三角函数的值.

6. 已知 $\tan\alpha=\dfrac{3}{4}$ $\left(\pi<\alpha<\dfrac{3}{2}\pi\right)$，求 $\sin\alpha$ 和 $\cos\alpha$.

7. 已知 $\tan\alpha=-2$，求下列各式的值：

(1) $\dfrac{\sin\alpha+\cos\alpha}{\sin\alpha-\cos\alpha}$； (2) $\dfrac{1}{1+\sin\alpha}+\dfrac{1}{1-\sin\alpha}$.

8. 证明下列恒等式:

(1) $\sin^2\alpha + \sin^2\beta - \sin^2\alpha\sin^2\beta + \cos^2\alpha\cos^2\beta = 1$;

(2) $\tan^2\alpha - \sin^2\alpha = \tan^2\alpha\sin^2\alpha$;

(3) $\dfrac{1 - 2\sin\alpha\cos\alpha}{\sin^2\alpha - \cos^2\alpha} = \dfrac{\tan\alpha - 1}{\tan\alpha + 1}$;

(4) $\dfrac{1 - \sin^4\alpha - \cos^4\alpha}{2\sin^2\alpha\cos^2\alpha} = 1$.

9. 化简: $\dfrac{\sin(\pi-\alpha)\tan(\pi-\alpha)}{\cos(\pi+\alpha)\tan(\pi+\alpha)\tan(-\alpha)}$.

10. 已知 $f(\cos x) = \cos x - \sin^2 x$,求 $f(1)$.

扫一扫,获取参考答案

[阅读材料 3]

三角学简介

三角学简称"三角",包括平面三角和球面三角.传统的三角学主要研究平面三角和球面三角形的边角关系,以达到测量上的应用目的.

三角学起源于对三角形边角关系的定量考察,这始于古希腊的帕普斯、梅涅劳斯和托勒密等人对天文的测量,因此在相当长的一个时期里,三角学隶属于天文学.鉴于此种原因,作为独立的数学分支的三角学诞生之前,它的贡献者主要是一些天文学家,如印度的阿耶波多(第一)、阿拉伯的阿尔·巴塔尼、纳速拉丁等人.

13 世纪起,天文学中的三角知识传入欧洲,并在欧洲出现新的发展.1464 年,德国数学家约翰·缪勒出版《论各种三角形》,对三角知识作了较系统的阐说,使其独立于天文学之外.1595 年,德国的皮蒂斯楚斯出版《三角学,解三角形的简明处理》,首次将拉丁文"trigonon(三角形)"和"metron(测量)"组合成 trigonametry,即"三角学".

14—16 世纪,三角学曾一度成为欧洲数学研究的主要内容,其研究内容包括三角函数值表的编制、平面三角形和球面三角表的解法、三角恒等式的建立和推导等,所用的方法则是几何的.17 世纪,函数概念的引入为三角函数成为三角学的基本概念奠定了基础.1748 年,欧拉在他的《无穷分析引论》中对三角函数和三角函数线作出明确区分,使全部的三角公式均能从三角函数的定义中得到,从而使三角函数与几何脱钩.

1631年,三角学传入中国.同年,德国传教士邓玉函和明朝学者徐光启等人编译成《大测》一书."大测者,测三角形之法也."可见"大测"与当时的"三角学"意义是一样的.不过"大测"这一名称并不通行.三角学在中国早期比较通行的名称是"八线"和"三角"."八线"是指在单位圆上的8种三角函数线:正弦线、余弦线、正切线、余切线、正割线、余割线、正矢线、余矢线.由于"八线"中常见的仅六线(正弦、余弦、正切、余切、正割、余割)甚至四线(正弦、余弦、正切、余切),所以"八线"之名有些名不副实,因而也渐被废弃了."三角"这一名称最早见于1653年薛凤祚和穆尼阁合著的《三角算法》."三角"一词指"三角学""三角法"或"三角术".事实上,直到1956年中国科学院编译出版委员会名词室编订《数学名词》时,仍将这三者同义.但现在"三角术"和"三角法"已不常用.

三角学的现代发展已经结束.随着现代数学综合性趋势的加强,其中的一些内容已分属于数学的其他学科,如三角函数可归于分析学,三角测量可归于几何学,三角函数的恒等变形可归于代数学.从这个意义上说,作为独立数学分科的三角学已渐渐消失.

第3章单元自测

1. 填空题.

(1) 已知 $\sin \alpha = 0.8$,且 $\dfrac{\pi}{2} < \alpha < \pi$,则 $\cos \alpha = $ _____.

(2) 已知角 α 的终边上一点 $P(-4, 3)$,则 $\sin \alpha + \cos \alpha = $ _____.

(3) $\sin 1 \cdot \cos 2 \cdot \tan 3$ _____ 0(填入">"或"<").

(4) 已知 $\sqrt{1 - \cos^2 \alpha} = \sin \alpha$,则 α 的终边在第 _____ 象限或在 _____ 上.

(5) 已知 $\tan \alpha = 2$,则 $\dfrac{\sin \alpha - 3\cos \alpha}{5\cos \alpha + 7\sin \alpha} = $ _____.

(6) 若 $\sin(\pi + \alpha) = -\dfrac{1}{2}$,则 $\cos(2\pi - \alpha) = $ _____,

$\sin(\pi - \alpha)\cos(\pi - \alpha)\tan(\pi + \alpha) = $ _____.

(7) 函数 $y = \sqrt{\sin x}$ 的定义域是 _____.

2. 选择题.

(1) 设 $\tan x = a \ (a \neq 0)$,$\sin x = \dfrac{a}{\sqrt{1 + a^2}}$,则 x 在( ).

  A. 第一或第二象限   B. 第三或第四象限

  C. 第二或第三象限   D. 第一或第四象限

(2) 若 α 为象限角，$|\cos\alpha|\cdot\cos\alpha+|\sin\alpha|\cdot\sin\alpha=-1$，则 α 的终边落在（　　）．

　　A. 第一象限　　　　B. 第二象限　　　　C. 第三象限　　　　D. 第四象限

(3) 将根式 $\sqrt{1-2\cos\dfrac{3}{4}\pi\sin\dfrac{3}{4}\pi}$ 化简，结果是（　　）．

　　A. $\cos\dfrac{3}{4}\pi+\sin\dfrac{3}{4}\pi$　　　　　　　　B. $\sin\dfrac{3}{4}\pi-\cos\dfrac{3}{4}\pi$

　　C. $\cos\dfrac{3}{4}\pi-\sin\dfrac{3}{4}\pi$　　　　　　　　D. $-\left(\sin\dfrac{3}{4}\pi+\cos\dfrac{3}{4}\pi\right)$

(4) 若 α 和 β 的终边关于 y 轴对称，则 α 和 β 的关系是（　　）．

　　A. $\alpha-\beta=k\cdot 360°(k\in\mathbf{Z})$　　　　B. $\alpha+\beta=k\cdot 360°(k\in\mathbf{Z})$

　　C. $\alpha-\beta=(2k+1)\cdot 180°(k\in\mathbf{Z})$　　D. $\alpha+\beta=(2k+1)\cdot 180°(k\in\mathbf{Z})$

(5) 若 α 是第一象限角，则 $\sin\alpha+\cos\alpha$ 的值（　　）．

　　A. 大于1　　　B. 小于1　　　C. 等于1　　　D. 不确定

(6) 计算 $\tan\left(k\pi+\dfrac{2}{3}\pi\right)+\tan\left[(2k+1)\pi+\dfrac{\pi}{6}\right](k\in\mathbf{Z})$，得（　　）．

　　A. $2\sqrt{3}$　　　B. $-2\sqrt{3}$　　　C. $-\dfrac{2}{3}\sqrt{3}$　　　D. $\dfrac{2}{3}\sqrt{3}$

(7) 若 $y=\tan x$ 是增函数，而 $y=\sin x$ 是减函数，则 x 所在的象限为（　　）．

　　A. 第一或第二象限　　　　　　　　B. 第一或第三象限

　　C. 第二或第三象限　　　　　　　　D. 第三或第四象限

3. 判断题．

(1) 小于 $90°$ 的角是锐角．　　　　　　　　　　　　　　　　　　　　（　　）

(2) 第二象限的角是钝角．　　　　　　　　　　　　　　　　　　　　（　　）

(3) 若 α 为第二象限角，则 $\tan\alpha=-\dfrac{\sin\alpha}{\cos\alpha}$．　　　　　　　　　　（　　）

(4) 若 α 为第一象限角，则 $\dfrac{\alpha}{2}$ 是第一或第三象限角．　　　　　　（　　）

(5) 终边相同的角一定相等．　　　　　　　　　　　　　　　　　　　（　　）

4. 已知 $\tan\alpha=\sqrt{2}$，$0<\alpha<\dfrac{\pi}{2}$，求角 α 的其他三角函数值．

5. 化简．

(1) $\dfrac{2\cos^2\alpha-1}{1-2\sin^2\alpha}$；　　(2) $\tan^2\theta\cos^2\theta+\cos^2\theta$；　　(3) $\dfrac{\sqrt{1-\cos^2\theta}}{\cos\theta}+\dfrac{1-\cos^2\theta}{\sin\theta\sqrt{1-\sin^2\theta}}$．

6. 证明题．

(1) $\dfrac{1-\cos^2\beta}{\cos\beta\cdot\tan\beta}=\sin\beta$；

(2) $\dfrac{\tan\alpha}{1+\tan^2\alpha}=\sin\alpha\cos\alpha$；

(3) $\dfrac{1+\sin\alpha+\cos\alpha+2\sin\alpha\cos\alpha}{1+\sin\alpha+\cos\alpha}=\sin\alpha+\cos\alpha$．

7. 一扇形的周长等于其所在圆周长的一半,设圆半径为 R,求扇形的圆心角和面积的大小.

8. 利用三角函数的周期性,求下列各三角函数值:

   (1) $\sin 765°$;　　(2) $\cos\left(-\dfrac{23}{3}\pi\right)$;　　(3) $\tan(-870°)$.

9. 已知 $f(\alpha)=\dfrac{1+\sin^2\alpha-\cos^2\alpha-\sin\alpha}{2\sin\alpha\cos\alpha-\cos\alpha}$,求 $f\left(\dfrac{\pi}{3}\right)$.

扫一扫,获取参考答案

第 4 章

加法定理　正弦型曲线　解斜三角形

本章主要讨论正弦、余弦、正切的加法定理及由它们导出的二倍角公式，研究正弦型函数 $y=A\sin(\omega x+\varphi)$ 的图像，并介绍斜三角形的解法及其应用。

4.1　加法定理

一、两角和的正弦、余弦的加法定理

在实际应用中经常要计算两角和 $\alpha+\beta$ 或两角差 $\alpha-\beta$ 的三角函数，我们可以用 α 和 β 的三角函数来表示 $\alpha+\beta$ 或 $\alpha-\beta$ 的三角函数：

$$\sin(\alpha\pm\beta)=\sin\alpha\cos\beta\pm\cos\alpha\sin\beta, \tag{4-1}$$

$$\cos(\alpha\pm\beta)=\cos\alpha\cos\beta\mp\sin\alpha\sin\beta. \tag{4-2}$$

式(4-1)称为**正弦加法定理**，式(4-2)称为**余弦加法定理**.

例1　利用正弦加法定理计算 $\sin 75°$ 的值.

解　$\sin 75°=\sin(45°+30°)$
$=\sin 45°\cos 30°+\cos 45°\sin 30°$
$=\dfrac{\sqrt{2}}{2}\cdot\dfrac{\sqrt{3}}{2}+\dfrac{\sqrt{2}}{2}\cdot\dfrac{1}{2}=\dfrac{\sqrt{6}+\sqrt{2}}{4}.$

例2　已知 $\sin\alpha=\dfrac{2}{3}$，$\alpha\in\left(\dfrac{\pi}{2},\pi\right)$，$\cos\beta=-\dfrac{3}{4}$，$\beta\in\left(\pi,\dfrac{3}{2}\pi\right)$，利用余弦加法定理求 $\cos(\alpha-\beta)$ 的值.

解　由 $\sin\alpha=\dfrac{2}{3}$，$\alpha\in\left(\dfrac{\pi}{2},\pi\right)$，得

$$\cos\alpha=-\sqrt{1-\sin^2\alpha}=-\sqrt{1-\left(\dfrac{2}{3}\right)^2}=-\dfrac{\sqrt{5}}{3}.$$

又由 $\cos\beta=-\dfrac{3}{4}, \beta\in\left(\pi, \dfrac{3}{2}\pi\right)$,得

$$\sin\beta=-\sqrt{1-\cos^2\beta}=-\sqrt{1-\left(-\dfrac{3}{4}\right)^2}=-\dfrac{\sqrt{7}}{4}.$$

所以 $\cos(\alpha-\beta)=\cos\alpha\cos\beta+\sin\alpha\sin\beta$

$$=\left(-\dfrac{\sqrt{5}}{3}\right)\cdot\left(-\dfrac{3}{4}\right)+\dfrac{2}{3}\cdot\left(-\dfrac{\sqrt{7}}{4}\right)=\dfrac{3\sqrt{5}-2\sqrt{7}}{12}.$$

例 3 已知 $\sin\alpha=\dfrac{1}{\sqrt{5}}, \sin\beta=\dfrac{1}{\sqrt{10}}$,且 α,β 都是锐角,求 $\alpha+\beta$ 的值.

解 因为 $0<\alpha<\dfrac{\pi}{2}, 0<\beta<\dfrac{\pi}{2}$,

所以 $\cos\alpha=\sqrt{1-\sin^2\alpha}=\sqrt{1-\left(\dfrac{1}{\sqrt{5}}\right)^2}=\dfrac{2}{\sqrt{5}}$,

$\cos\beta=\sqrt{1-\sin^2\beta}=\sqrt{1-\left(\dfrac{1}{\sqrt{10}}\right)^2}=\dfrac{3}{\sqrt{10}}$,

于是 $\cos(\alpha+\beta)=\cos\alpha\cos\beta-\sin\alpha\sin\beta=\dfrac{2}{\sqrt{5}}\cdot\dfrac{3}{\sqrt{10}}-\dfrac{1}{\sqrt{5}}\cdot\dfrac{1}{\sqrt{10}}=\dfrac{5}{\sqrt{50}}=\dfrac{\sqrt{2}}{2}.$

因为 $0<\alpha+\beta<\pi$,且 $\cos(\alpha+\beta)>0$,所以 $\alpha+\beta=\dfrac{\pi}{4}$.

例 4 化简: $\dfrac{\cos\left(\dfrac{\pi}{4}+\alpha\right)\cdot\cos\left(\dfrac{\pi}{4}-\alpha\right)-\sin\left(\dfrac{\pi}{4}+\alpha\right)\cdot\sin\left(\dfrac{\pi}{4}-\alpha\right)}{\sin(\alpha+\beta)\cdot\cos(2\alpha+\beta)-\cos(\alpha+\beta)\cdot\sin(2\alpha+\beta)}$ $(\sin\alpha\neq 0)$.

解 原式 $=\dfrac{\cos\left[\left(\dfrac{\pi}{4}+\alpha\right)+\left(\dfrac{\pi}{4}-\alpha\right)\right]}{\sin[(\alpha+\beta)-(2\alpha+\beta)]}=\dfrac{\cos\dfrac{\pi}{2}}{\sin(-\alpha)}=0.$

例 5 求证: $\cos\alpha+\sqrt{3}\sin\alpha=2\sin\left(\dfrac{\pi}{6}+\alpha\right)$.

证法一 左边 $=2\left(\dfrac{1}{2}\cos\alpha+\dfrac{\sqrt{3}}{2}\sin\alpha\right)$

$$=2\left(\sin\dfrac{\pi}{6}\cos\alpha+\cos\dfrac{\pi}{6}\sin\alpha\right)=2\sin\left(\dfrac{\pi}{6}+\alpha\right)=\text{右边}.$$

所以原式成立.

证法二 右边 $=2\left(\sin\dfrac{\pi}{6}\cos\alpha+\cos\dfrac{\pi}{6}\sin\alpha\right)=2\left(\dfrac{1}{2}\cos\alpha+\dfrac{\sqrt{3}}{2}\sin\alpha\right)$

$$=\cos\alpha+\sqrt{3}\sin\alpha=\text{左边}.$$

所以原式成立.

二、两角和的正切的加法定理

根据正弦与余弦的加法定理可以导出用 α,β 的正切来表示 $\alpha\pm\beta$ 的正切的关系式.

当角 α,β 和 $\alpha+\beta$ 或 $\alpha-\beta$ 都不等于 $k\pi+\dfrac{\pi}{2}(k\in\mathbf{Z})$ 时,有

$$\boxed{\tan(\alpha\pm\beta)=\dfrac{\tan\alpha\pm\tan\beta}{1\mp\tan\alpha\cdot\tan\beta}.}\qquad(4\text{-}3)$$

式(4-3)称为**正切加法定理**.

例 6 已知 $\tan\alpha=3,\tan\beta=-2$,求 $\tan(\alpha+\beta)$ 和 $\tan(\alpha-\beta)$ 的值.

解 $\tan(\alpha+\beta)=\dfrac{\tan\alpha+\tan\beta}{1-\tan\alpha\cdot\tan\beta}=\dfrac{3+(-2)}{1-3\times(-2)}=\dfrac{1}{7}$,

$\tan(\alpha-\beta)=\dfrac{\tan\alpha-\tan\beta}{1+\tan\alpha\cdot\tan\beta}=\dfrac{3-(-2)}{1+3\times(-2)}=-1.$

例 7 计算 $\dfrac{1+\tan 75°}{1-\tan 75°}$ 的值.

解 $\dfrac{1+\tan 75°}{1-\tan 75°}=\dfrac{\tan 45°+\tan 75°}{1-\tan 45°\cdot\tan 75°}=\tan(45°+75°)=\tan 120°=-\sqrt{3}.$

习题 4-1(A)组

1. 利用加法定理求下列各三角函数值:

    (1) $\cos 15°$;　　(2) $\sin 105°$;　　(3) $\tan\dfrac{\pi}{12}$;　　(4) $\tan 75°$.

2. 化简下列各式:

    (1) $\cos 81°\sin 21°-\sin 81°\cos 21°$;

    (2) $\cos(126°+2x)\sin(54°-x)+\sin(126°+2x)\cos(54°-x)$;

    (3) $\dfrac{\tan(65°+\alpha)-\tan(20°+\alpha)}{1+\tan(65°+\alpha)\cdot\tan(20°+\alpha)}.$

3. 已知 $\sin x=-\dfrac{4}{5},x\in\left(\pi,\dfrac{3}{2}\pi\right)$,求 $\cos\left(x+\dfrac{\pi}{6}\right)$ 的值.

4. 已知 $\tan\alpha=\dfrac{3}{5},\tan\beta=\dfrac{2}{3}$,求 $\tan(\alpha+\beta)$ 和 $\tan(\alpha-\beta)$ 的值.

5. 证明.

    (1) $\sin(\alpha+\beta)\cdot\sin(\alpha-\beta)=\sin^2\alpha-\sin^2\beta$;

    (2) $\cos(\alpha+\beta)\cos(\alpha-\beta)=\cos^2\alpha-\sin^2\beta$;

    (3) $\sin(\alpha+\beta)\cos\alpha-\cos(\alpha+\beta)\cdot\sin\alpha=\sin\beta.$

习题 4-1(B)组

1. 求下列各式的值：
   (1) $\cos 103°\cos 43° + \sin 103°\cos 47°$;
   (2) $\sin 68°\cos 22° - \cos 112°\sin 518°$;
   (3) $\sin(70°+\alpha)\cos(10°+\alpha) - \cos(70°+\alpha)\sin(170°-\alpha)$;
   (4) $\dfrac{\tan 105° - 1}{\tan 105° + 1}$.

2. 已知 $\tan\alpha = 2$, $\sin\beta = \dfrac{3}{\sqrt{10}}$, α, β 都是锐角, 求证: $\alpha + \beta = \dfrac{3}{4}\pi$.

3. 在 $\triangle ABC$ 中, 已知 $\cos A = \dfrac{4}{5}$, $\cos B = \dfrac{15}{17}$, 求 $\cos C$.

4. 已知 $\tan\alpha, \tan\beta$ 是方程 $x^2 + 6x + 7 = 0$ 的两个根, 利用一元二次方程根与系数的关系及加法定理证明: $\sin(\alpha+\beta) = \cos(\alpha+\beta)$.

扫一扫，获取参考答案

4.2 二倍角公式

根据正弦、余弦、正切的加法定理，可以导出用一个角的三角函数表示这个角的二倍角的三角函数公式.

在公式 $\sin(\alpha+\beta) = \sin\alpha\cos\beta + \cos\alpha\sin\beta$ 中, 设 $\beta = \alpha$, 则
$$\sin(\alpha+\alpha) = \sin\alpha\cos\alpha + \cos\alpha\sin\alpha,$$
得二倍角的正弦公式：

$$\boxed{\sin 2\alpha = 2\sin\alpha\cos\alpha.} \tag{4-4}$$

在公式 $\cos(\alpha+\beta) = \cos\alpha\cos\beta - \sin\alpha\sin\beta$ 中, 设 $\beta = \alpha$,
则 $$\cos(\alpha+\alpha) = \cos\alpha\cos\alpha - \sin\alpha\sin\alpha,$$
即 $$\cos 2\alpha = \cos^2\alpha - \sin^2\alpha.$$

将 $\cos^2\alpha = 1 - \sin^2\alpha$, 代入上式, 得
$$\cos 2\alpha = 1 - 2\sin^2\alpha;$$

将 $\sin^2\alpha = 1 - \cos^2\alpha$, 代入上式, 得
$$\cos 2\alpha = 2\cos^2\alpha - 1.$$

综上可得二倍角的余弦公式：

$$\boxed{\cos 2\alpha = \cos^2\alpha - \sin^2\alpha = 1 - 2\sin^2\alpha = 2\cos^2\alpha - 1.} \tag{4-5}$$

在公式 $\tan(\alpha+\beta)=\dfrac{\tan\alpha+\tan\beta}{1-\tan\alpha\cdot\tan\beta}$ 中，设 $\beta=\alpha$，

则
$$\tan(\alpha+\alpha)=\dfrac{\tan\alpha+\tan\alpha}{1-\tan\alpha\cdot\tan\alpha},$$

得二倍角的正切公式：

$$\boxed{\tan 2\alpha=\dfrac{2\tan\alpha}{1-\tan^2\alpha},}\tag{4-6}$$

其中 α 和 2α 都不等于 $k\pi+\dfrac{\pi}{2}(k\in\mathbf{Z})$.

公式(4-4)、(4-5)、(4-6)统称为**二倍角公式**.

例 1 已知 $\cos\alpha=-\dfrac{3}{5}$，α 是第二象限角，求 $\sin 2\alpha$，$\cos 2\alpha$ 和 $\tan 2\alpha$ 的值.

解 因为 α 是第二象限角,

所以
$$\sin\alpha=\sqrt{1-\cos^2\alpha}=\sqrt{1-\left(-\dfrac{3}{5}\right)^2}=\dfrac{4}{5},$$

$$\tan\alpha=\dfrac{\sin\alpha}{\cos\alpha}=\dfrac{\dfrac{4}{5}}{-\dfrac{3}{5}}=-\dfrac{4}{3}.$$

于是
$$\sin 2\alpha=2\sin\alpha\cos\alpha=2\times\dfrac{4}{5}\times\left(-\dfrac{3}{5}\right)=-\dfrac{24}{25},$$

$$\cos 2\alpha=2\cos^2\alpha-1=2\times\left(-\dfrac{3}{5}\right)^2-1=-\dfrac{7}{25},$$

$$\tan 2\alpha=\dfrac{2\tan\alpha}{1-\tan^2\alpha}=\dfrac{2\times\left(-\dfrac{4}{3}\right)}{1-\left(-\dfrac{4}{3}\right)^2}=\dfrac{24}{7}.$$

注意：二倍角的正弦、余弦和正切公式表示了一个角的三角函数和它的二倍角的三角函数间的关系，即除了用 α 的三角函数表示 2α 的三角函数外，也可用 $\dfrac{\alpha}{2}$，2α，$\dfrac{\alpha}{4}$ 的三角函数分别表示它们的二倍角 α，4α，$\dfrac{\alpha}{2}$ 的三角函数. 例如，

$$\sin\alpha=2\sin\dfrac{\alpha}{2}\cdot\cos\dfrac{\alpha}{2};$$

$$\cos 4\alpha=\cos^2 2\alpha-\sin^2 2\alpha;$$

$$\tan\dfrac{\alpha}{2}=\dfrac{2\tan\dfrac{\alpha}{4}}{1-\tan^2\dfrac{\alpha}{4}},$$

等等. 因此，在使用二倍角公式时，应根据具体情况灵活运用.

例2 求下列各式的值:

(1) $\sin 15°\cos 15°$; (2) $2\sin^2 22.5°-1$; (3) $\dfrac{\tan 22.5°}{1-\tan^2 22.5°}$.

解 (1) $\sin 15°\cos 15°=\dfrac{1}{2}\times(2\sin 15°\cos 15°)=\dfrac{1}{2}\sin(2\times 15°)=\dfrac{1}{2}\sin 30°=\dfrac{1}{4}$.

(2) $2\sin^2 22.5°-1=-(1-2\sin^2 22.5°)=-\cos(2\times 22.5°)=-\cos 45°=-\dfrac{\sqrt{2}}{2}$.

(3) $\dfrac{\tan 22.5°}{1-\tan^2 22.5°}=\dfrac{1}{2}\cdot\dfrac{2\tan 22.5°}{1-\tan^2 22.5°}=\dfrac{1}{2}\tan(2\times 22.5°)=\dfrac{1}{2}\tan 45°=\dfrac{1}{2}$.

例3 化简下列各式:

(1) $4\sin\dfrac{\alpha}{2}\cos\dfrac{\alpha}{2}$; (2) $2\cos^2\left(\dfrac{\pi}{4}+\dfrac{\alpha}{4}\right)-1$; (3) $\dfrac{\sin\dfrac{\alpha}{2}\cos\dfrac{\alpha}{2}}{\cos^2\dfrac{\alpha}{2}-\sin^2\dfrac{\alpha}{2}}$.

解 (1) $4\sin\dfrac{\alpha}{2}\cos\dfrac{\alpha}{2}=2\times 2\sin\dfrac{\alpha}{2}\cos\dfrac{\alpha}{2}=2\sin\left(2\times\dfrac{\alpha}{2}\right)=2\sin\alpha$.

(2) $2\cos^2\left(\dfrac{\pi}{4}+\dfrac{\alpha}{4}\right)-1=\cos 2\left(\dfrac{\pi}{4}+\dfrac{\alpha}{4}\right)=\cos\left[\dfrac{\pi}{2}-\left(-\dfrac{\alpha}{2}\right)\right]$

$=\sin\left(-\dfrac{\alpha}{2}\right)=-\sin\dfrac{\alpha}{2}$.

(3) $\dfrac{\sin\dfrac{\alpha}{2}\cos\dfrac{\alpha}{2}}{\cos^2\dfrac{\alpha}{2}-\sin^2\dfrac{\alpha}{2}}=\dfrac{2\sin\dfrac{\alpha}{2}\cdot\cos\dfrac{\alpha}{2}}{2\cos\alpha}=\dfrac{\sin\alpha}{2\cos\alpha}=\dfrac{1}{2}\tan\alpha$.

在三角函数的计算与化简中,常要用到以下两个等式:

$$1-\cos\alpha=2\sin^2\dfrac{\alpha}{2},\ 1+\cos\alpha=2\cos^2\dfrac{\alpha}{2}.$$

例4 化简下列各式:

(1) $\dfrac{1-\cos\alpha}{\sin\alpha}$; (2) $\dfrac{1+\cos 6\theta}{2\cos 3\theta}$.

解 (1) $\dfrac{1-\cos\alpha}{\sin\alpha}=\dfrac{2\sin^2\dfrac{\alpha}{2}}{2\sin\dfrac{\alpha}{2}\cdot\cos\dfrac{\alpha}{2}}=\dfrac{\sin\dfrac{\alpha}{2}}{\cos\dfrac{\alpha}{2}}=\tan\dfrac{\alpha}{2}$.

(2) $\dfrac{1+\cos 6\theta}{2\cos 3\theta}=\dfrac{2\cos^2 3\theta}{2\cos 3\theta}=\cos 3\theta$.

例5 已知 $\cos\dfrac{\alpha}{2}=-\dfrac{1}{3}$,且 $\alpha\in(\pi,2\pi)$,求 $\sin\alpha$ 和 $\cos\dfrac{\alpha}{4}$ 的值.

解 由 $\alpha\in(\pi,2\pi)$ 知 $\dfrac{\alpha}{2}\in\left(\dfrac{\pi}{2},\pi\right)$,所以

$$\sin\frac{\alpha}{2}=\sqrt{1-\cos^2\frac{\alpha}{2}}=\sqrt{1-\frac{1}{9}}=\frac{2\sqrt{2}}{3},$$

故 $$\sin\alpha=2\sin\frac{\alpha}{2}\cos\frac{\alpha}{2}=2\times\frac{2\sqrt{2}}{3}\times(-\frac{1}{3})=-\frac{4\sqrt{2}}{9}.$$

由于 $\frac{\alpha}{4}\in(\frac{\pi}{4},\frac{\pi}{2})$，且 $\cos^2\frac{\alpha}{4}=\frac{1+\cos\frac{\alpha}{2}}{2}=\frac{1+(-\frac{1}{3})}{2}=\frac{1}{3},$

所以 $\cos\frac{\alpha}{4}=\frac{\sqrt{3}}{3}.$

习题 4-2(A)组

1. 不查表，求下列各式的值：

(1) $2\sin 15°\cos 15°$；

(2) $\cos^2\frac{\pi}{8}-\sin^2\frac{\pi}{8}$；

(3) $\frac{1}{2}-\sin^2\frac{19}{8}\pi$；

(4) $\frac{2\tan 150°}{1-\tan^2 150°}.$

2. 已知 $\cos\alpha=-\frac{12}{13}$，且 $\alpha\in\left(\frac{\pi}{2},\pi\right)$，求 $\sin 2\alpha, \cos 2\alpha$ 和 $\tan 2\alpha$.

3. 化简下列各式：

(1) $\cos^4\frac{x}{2}-\sin^4\frac{x}{2}$；

(2) $\frac{\sin 4\alpha}{\tan 2\alpha}-1$；

(3) $\frac{\sin 2\alpha}{1+\cos\alpha}\cdot\frac{\cos\alpha}{1+\cos 2\alpha}$；

(4) $\cos^2\left(\frac{\pi}{2}-x\right)-\sin^2\left(\frac{\pi}{2}-x\right).$

4. 证明恒等式.

(1) $\frac{1-\cos 2\theta}{\sin 2\theta}=\tan\theta$；

(2) $1+2\cos^2\theta-\cos 2\theta=2.$

习题 4-2(B)组

1. 已知 $\cos(\frac{\pi}{4}-x)=\frac{3}{5}$，求 $\sin 2x$ 的值.

2. 已知 $\tan(\alpha+\beta)=3, \tan(\alpha-\beta)=5$，求 $\tan 2\alpha$ 和 $\tan 2\beta$ 的值.

3. 证明恒等式：$\tan(\alpha+\frac{\pi}{4})+\tan(\alpha-\frac{\pi}{4})=2\tan 2\alpha.$

扫一扫，获取参考答案

4.3 正弦型曲线

在物理学和工程技术的许多问题中,常会遇到形如 $y = A\sin(\omega x + \varphi)$ 的函数(其中 A, ω, φ 是常量),这类函数的图像称为**正弦型曲线**.

例如,物体简谐振动时,位移 S 与时间 t 之间有函数关系:
$$S = A\sin(\omega t + \varphi).$$

又如,正弦交流电的电压 u 及电流 i 与时间 t 之间有函数关系:
$$u = U_m \sin(\omega t + \varphi);$$
$$i = I_m \sin(\omega t + \varphi).$$

为了掌握这类函数的变化特征,下面将讨论它的图像特点及常量 A, ω, φ 对图像的影响.

一. 函数 $y = A\sin x (A > 0)$ 的图像

先看下面的例子.

例 1 作出 $y = 2\sin x$ 和 $y = \dfrac{1}{2}\sin x$ 的图像,并与 $y = \sin x$ 的图像作比较.

解 函数 $y = 2\sin x$ 和 $y = \dfrac{1}{2}\sin x$ 的定义域都是 $(-\infty, +\infty)$,我们采用"五点法"作出函数在一个周期内的图像. 列表如下:

x	0	$\dfrac{\pi}{2}$	π	$\dfrac{3\pi}{2}$	2π
$y = 2\sin x$	0	2	0	-2	0
$y = \dfrac{1}{2}\sin x$	0	$\dfrac{1}{2}$	0	$-\dfrac{1}{2}$	0

描点作图(图 4-1).

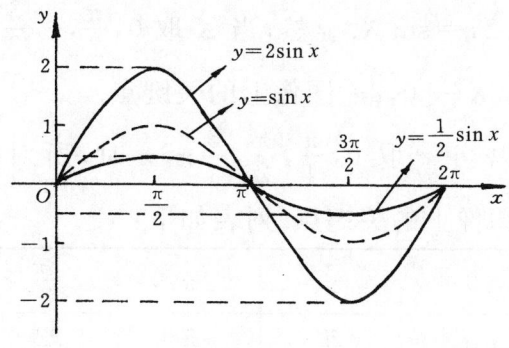

图 4-1

由图 4-1 可以看出,对于横坐标相同的点,$y=2\sin x$ 的纵坐标是 $y=\sin x$ 的纵坐标的 2 倍,因此,把 $y=\sin x$ 的图像上的所有点的纵坐标扩大到原来的 2 倍(横坐标不变),就可得到 $y=2\sin x$ 的图像. 显然,函数 $y=2\sin x$ 的值域是 $[-2,2]$,其中最大值是 2,最小值是 -2.

同样,把 $y=\sin x$ 图像上所有点的纵坐标缩小到原来的 $\frac{1}{2}$ 倍(横坐标不变),就可得到 $y=\frac{1}{2}\sin x$ 的图像. 函数 $y=\frac{1}{2}\sin x$ 的值域是 $\left[-\frac{1}{2},\frac{1}{2}\right]$,其中最大值是 $\frac{1}{2}$,最小值是 $-\frac{1}{2}$.

$y=2\sin x, y=\frac{1}{2}\sin x$ 与 $y=\sin x$ 的周期都是 2π.

利用函数的周期性,把上述图像向左、向右每次平移 2π 个单位,就可得到它们在定义域内的图像(图像从略).

一般地,函数 $y=A\sin x(A>0)$ 的定义域是 $(-\infty,+\infty)$,把 $y=\sin x$ 的图像上所有点的纵坐标扩大(当 $A>1$ 时)或缩小(当 $0<A<1$ 时)到原来的 A 倍(横坐标不变),就可得到 $y=A\sin x$ 的图像. 函数 $y=A\sin x(A>0)$ 的值域是 $[-A,A]$,其中最大值是 A,最小值是 $-A$. 我们把最大的正值 A 称为函数的**振幅**. 函数 $y=A\sin x$ 的周期为 2π.

二、函数 $y=\sin\omega x(\omega>0)$ 的图像

先看下面的例子.

例 2 作出函数 $y=\sin 2x$ 和 $y=\sin\frac{1}{2}x$ 的图像,并与 $y=\sin x$ 的图像作比较.

解 (1)函数 $y=\sin 2x$ 的定义域是 $(-\infty,+\infty)$.
用"五点法"来作函数在一个周期内的图像.

设 $2x=X$,则 $\sin 2x=\sin X$. 显然,当 X 取 $0,\frac{\pi}{2},\pi,\frac{3}{2}\pi,2\pi$ 时,所对应的 5 个点是函数 $y=\sin X, X\in[0,2\pi]$ 图像上的关键点.

但是 $x=\frac{X}{2}$,所以当 x 取 $0,\frac{\pi}{4},\frac{\pi}{2},\frac{3}{4}\pi,\pi$ 时,所对应的 5 个点是函数 $y=\sin 2x, x\in[0,\pi]$ 图像上的关键点. 列表如下:

$2x$	0	$\frac{\pi}{2}$	π	$\frac{3\pi}{2}$	2π
x	0	$\frac{\pi}{4}$	$\frac{\pi}{2}$	$\frac{3\pi}{4}$	π
$y=\sin 2x$	0	1	0	-1	0

描点作图(图 4-2).

由图 4-2 可以看出,对于纵坐标相同的点,函数 $y=\sin 2x$ 的横坐标是函数 $y=\sin x$ 的横坐标的 $\frac{1}{2}$ 倍,因此,把 $y=\sin x$ 图像上所有点的横坐标缩小到原来的 $\frac{1}{2}$ 倍(纵坐标不变),就可得到 $y=\sin 2x$ 的图像.显然,函数 $y=\sin 2x$ 的周期是函数 $y=\sin x$ 的周期的一半,即 $\frac{2\pi}{2}=\pi$.

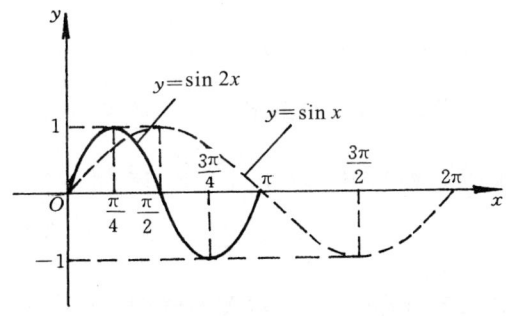

图 4-2

最后,利用函数的周期性,把图像向左、向右每次平移 π 个单位,就得到 $y=\sin 2x$ 在 $(-\infty,+\infty)$ 内的图像(图像从略).

(2) 函数 $y=\sin\frac{1}{2}x$ 的定义域是 $(-\infty,+\infty)$.

用"五点法"来作函数在一个周期内的图像.列表如下:

$\frac{1}{2}x$	0	$\frac{\pi}{2}$	π	$\frac{3\pi}{2}$	2π
x	0	π	2π	3π	4π
$y=\sin\frac{1}{2}x$	0	1	0	-1	0

描点作图(图 4-3).

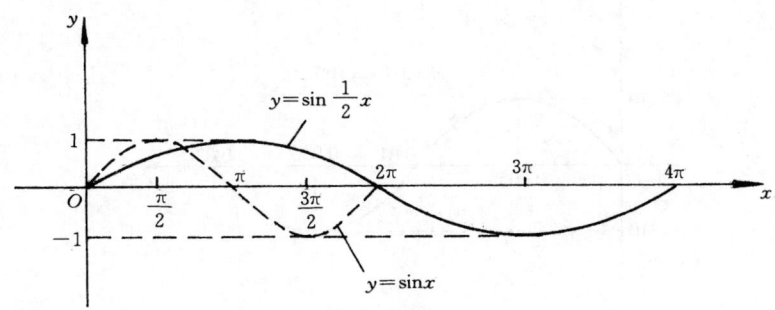

图 4-3

由图 4-3 可以看出,把函数 $y=\sin x$ 的图像上所有点的横坐标扩大到原来的 2 倍(纵坐标不变),就可得到函数 $y=\sin\frac{1}{2}x$ 的图像. 显然,函数 $y=\sin\frac{1}{2}x$ 的周期是 $y=\sin x$ 周期的 2 倍,即 $2\pi\times 2$ 或 $\frac{2\pi}{\frac{1}{2}}=4\pi$.

最后,利用函数的周期性,把图像向左、向右每次平移 4π 个单位,就得到 $y=\sin\frac{1}{2}x$ 在 $(-\infty,+\infty)$ 内的图像(图像从略).

一般地,函数 $y=\sin\omega x(\omega>0)$ 的定义域是 $(-\infty,+\infty)$,把 $y=\sin x$ 图像上所有点的横坐标缩小(当 $\omega>1$ 时)或扩大(当 $0<\omega<1$ 时)到原来的 $\frac{1}{\omega}$ 倍(纵坐标不变),就可得到函数 $y=\sin\omega x$ 的图像. 函数 $y=\sin\omega x(\omega>0)$ 的周期为 $\frac{2\pi}{\omega}$,振幅为 1.

例 3 已知正弦交流电的电压 $u(V)$ 与时间 $t(s)$ 之间的函数关系为 $u=310\sin 100\pi t$,作出这个函数在一个周期内的图像.

解 由 $u=310\sin 100\pi t$ 可知,电压 u 的最大值 $U_m=310(V)$,周期 $T=\frac{2\pi}{\omega}=\frac{2\pi}{100\pi}=\frac{1}{50}=0.02(s)$. 在一个周期内,曲线上 5 个关键点的坐标列表如下:

$100\pi t$	0	$\frac{\pi}{2}$	π	$\frac{3\pi}{2}$	2π
t	0	0.005	0.01	0.015	0.02
u	0	310	0	-310	0

描点作图(图 4-4).

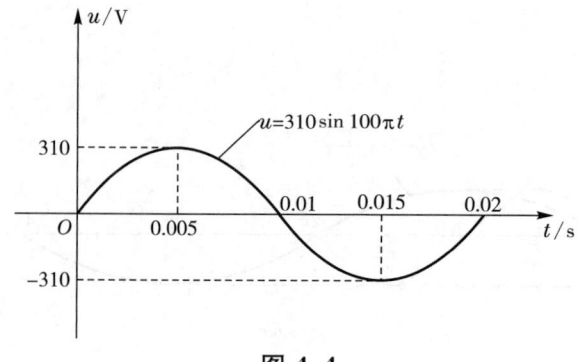

图 4-4

三、函数 $y=\sin(x+\varphi)$ 的图像

先看下面的例子.

例 4 作出函数 $y=\sin\left(x+\dfrac{\pi}{3}\right)$ 的图像,并把它与 $y=\sin x$ 的图像作比较.

解 函数 $y=\sin\left(x+\dfrac{\pi}{3}\right)$ 的定义域是 $(-\infty,+\infty)$.

用"五点法"来作这个函数在一个周期内的图像. 列表如下:

$x+\dfrac{\pi}{3}$	0	$\dfrac{\pi}{2}$	π	$\dfrac{3\pi}{2}$	2π
x	$-\dfrac{\pi}{3}$	$\dfrac{\pi}{6}$	$\dfrac{2\pi}{3}$	$\dfrac{7\pi}{6}$	$\dfrac{5\pi}{3}$
$y=\sin\left(x+\dfrac{\pi}{3}\right)$	0	1	0	-1	0

描点作图(图 4-5):

由图 4-5 可以看出,$y=\sin\left(x+\dfrac{\pi}{3}\right)$ 与 $y=\sin x$ 的振幅和周期分别相同,只是图像在坐标系中的位置不同. 对于纵坐标相同的点,$y=\sin\left(x+\dfrac{\pi}{3}\right)$ 的横坐标比 $y=\sin x$ 的横坐标值小 $\dfrac{\pi}{3}$. 因此,把 $y=\sin x$ 图像上所有点向左平移 $\dfrac{\pi}{3}$ 个单位,就可得到 $y=\sin\left(x+\dfrac{\pi}{3}\right)$ 的图像.

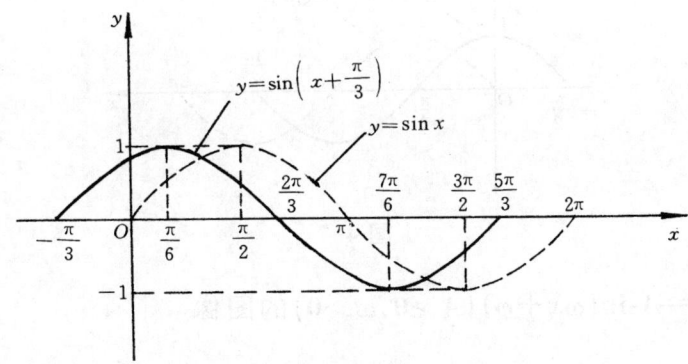

图 4-5

利用函数的周期性,把图像向左、向右每次平移 2π 个单位,就得到 $y=\sin\left(x+\dfrac{\pi}{3}\right)$ 在 $(-\infty,+\infty)$ 内的图像(图像从略).

类似地,如果把 $y=\sin x$ 在 $[0,2\pi]$ 上的图像上所有点向右平移 $\dfrac{\pi}{6}$ 个单位,就可得到 $y=\sin\left(x-\dfrac{\pi}{6}\right)$ 的图像(图 4-6),其振幅为 1,周期为 2π.

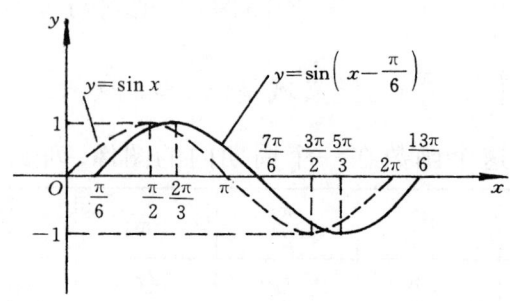

图 4-6

一般地,函数 $y=\sin(x+\varphi)$ 的定义域是 $(-\infty,+\infty)$. 把 $y=\sin x$ 图像上的所有点向左(当 $\varphi>0$ 时)或向右(当 $\varphi<0$ 时)平移 $|\varphi|$ 个单位,就可得到 $y=\sin(x+\varphi)$ 的图像,其振幅为 1,周期为 2π.

例 5 利用 $\cos x=\sin\left(\dfrac{\pi}{2}+x\right)$ 的关系作出 $y=\cos x$ 在一个周期上的图像.

解 因为 $y=\cos x=\sin\left(\dfrac{\pi}{2}+x\right)$,所以把 $y=\sin x$ 在 $[0,2\pi]$ 上的图像上所有点向左平移 $\dfrac{\pi}{2}$ 个单位,就可得到 $y=\cos x$ 在 $\left[-\dfrac{\pi}{2},\dfrac{3}{2}\pi\right]$ 上的图像(图 4-7).

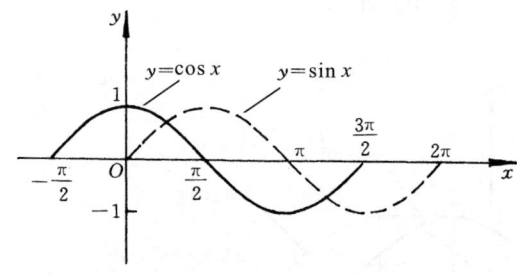

图 4-7

四、函数 $y=A\sin(\omega x+\varphi)\ (A>0,\omega>0)$ 的图像

综上所述,可知曲线 $y=A\sin x$,$y=\sin\omega x$ 和 $y=\sin(x+\varphi)$ 都可以由正弦曲线 $y=\sin x$ 分别经过振幅和周期的变换以及起点的平移而得到. 如果把这些步骤综合起来,就能得到函数 $y=A\sin(\omega x+\varphi)$ 的图像.

例 6 作函数 $y=3\sin\left(2x-\dfrac{\pi}{4}\right)$ 在一个周期内的图像.

解 作图过程如下(本题中各图像都是指一个周期内的图像):

(1) 把 $y=\sin x$ 图像上所有点的横坐标缩小到原来的 $\dfrac{1}{2}$ 倍(纵坐标不变),得到 $y=\sin 2x$ 的图像.

(2) 因为 $2x-\dfrac{\pi}{4}=0$ 时,$x=\dfrac{\pi}{8}$,所以把 $y=\sin 2x$ 图像上所有点向右平移 $\dfrac{\pi}{8}$ 个单位,得到 $y=\sin\left(2x-\dfrac{\pi}{4}\right)$ 的图像.

(3) 把 $y=\sin\left(2x-\dfrac{\pi}{4}\right)$ 图像上所有点的纵坐标扩大到原来的 3 倍(横坐标不变),从而得到函数 $y=3\sin\left(2x-\dfrac{\pi}{4}\right)$ 的图像(图 4-8).

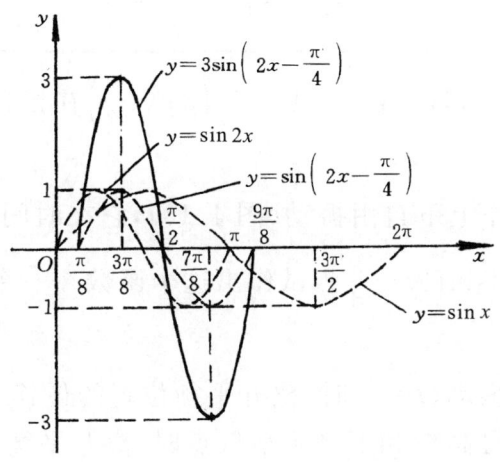

图 4-8

因为函数 $y=A\sin(\omega x+\varphi)$ 的图像可以由函数 $y=\sin x$ 经过各种变换而得到,所以它又称为**正弦型曲线**.这类曲线也可根据它的振幅、周期、起点的特征,用"五点法"直接作出.它的振幅是 A,周期是 $T=\dfrac{2\pi}{\omega}$.当 $\omega x+\varphi=0$ 时,$x=-\dfrac{\varphi}{\omega}$;当 $\omega x+\varphi=2\pi$ 时,$x=\dfrac{-\varphi+2\pi}{\omega}=-\dfrac{\varphi}{\omega}+T$.所以函数图像在区间 $\left[-\dfrac{\varphi}{\omega},-\dfrac{\varphi}{\omega}+T\right]$ 上的 5 个关键点的坐标是 $\left(-\dfrac{\varphi}{\omega},0\right)$,$\left(-\dfrac{\varphi}{\omega}+\dfrac{T}{4},A\right)$,$\left(-\dfrac{\varphi}{\omega}+\dfrac{T}{2},0\right)$,$\left(-\dfrac{\varphi}{\omega}+\dfrac{3}{4}T,-A\right)$,$\left(-\dfrac{\varphi}{\omega}+T,0\right)$.

例7 作函数 $y=100\sin\left(3x+\dfrac{\pi}{6}\right)$ 在一个周期内的图像.

解 函数的振幅 $A=100$,周期 $T=\dfrac{2}{3}\pi$. 因为当 $3x+\dfrac{\pi}{6}=0$ 时,$x=-\dfrac{\pi}{18}$,所以函数图像在区间 $\left[-\dfrac{\pi}{18},-\dfrac{\pi}{18}+\dfrac{2}{3}\pi\right]$,即 $\left[-\dfrac{\pi}{18},\dfrac{11}{18}\pi\right]$ 上的起点为 $\left(-\dfrac{\pi}{18},0\right)$,终点为 $\left(\dfrac{11}{18}\pi,0\right)$,其余 3 个关键点的横坐标为

$$-\dfrac{\pi}{18}+\dfrac{1}{4}\times\dfrac{2}{3}\pi=\dfrac{\pi}{9}, \quad -\dfrac{\pi}{18}+\dfrac{1}{2}\times\dfrac{2}{3}\pi=\dfrac{5}{18}\pi, \quad -\dfrac{\pi}{18}+\dfrac{3}{4}\times\dfrac{2}{3}\pi=\dfrac{4}{9}\pi.$$

5 个关键点的坐标列表如下:

x	$-\dfrac{\pi}{18}$	$\dfrac{\pi}{9}$	$\dfrac{5\pi}{18}$	$\dfrac{4\pi}{9}$	$\dfrac{11\pi}{18}$
y	0	100	0	-100	0

利用描点作图,就可得到函数 $y=100\sin\left(3x+\dfrac{\pi}{6}\right)$ 在区间 $\left[-\dfrac{\pi}{18},\dfrac{11}{18}\pi\right]$ 上的图像(图 4-9).

例8 已知小球作上下自由振动(图 4-10),它在时间 $t(\text{s})$ 内离开平衡位置的位移 $S(\text{cm})$ 为 $S=4\sin\left(2t+\dfrac{\pi}{3}\right)$,试作出这个函数在一个周期内的图像,并回答以下问题:

(1) 小球在开始振动($t=0$)时,离开平衡位置的位移是多少?

(2) 小球上升到最高点和下降到最低点时,离开平衡位置的位移是多少?

(3) 小球多长时间重复振动一次?

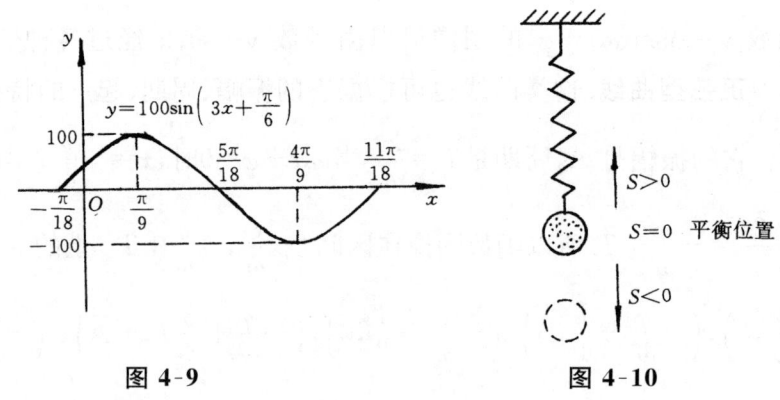

图 4-9　　　　图 4-10

解 根据已知条件,得出振幅为 4,周期为 π,5 个关键点的坐标如下表所示:

t	$-\dfrac{\pi}{6}$	$\dfrac{\pi}{12}$	$\dfrac{\pi}{3}$	$\dfrac{7\pi}{12}$	$\dfrac{5\pi}{6}$
S	0	4	0	-4	0

描点作图,即得函数 $S = 4\sin\left(2t + \dfrac{\pi}{3}\right)$ 在 $\left[-\dfrac{\pi}{6}, \dfrac{5}{6}\pi\right]$ 上的图像(图 4-11).

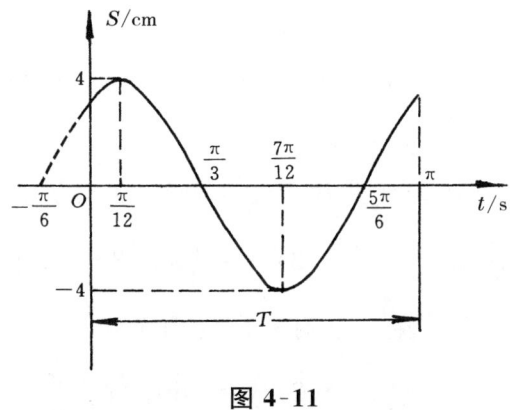

图 4-11

(1) 当 $t = 0$ 时,$S = 2\sqrt{3}$,即小球开始振动时离开平衡位置的位移是 $2\sqrt{3}$ cm.

(2) 函数的振幅为 4,即小球上升到最高点和下降到最低点时,离开平衡位置的位移是 4 cm.

(3) 函数的周期为 π,即每经过 π s,小球重复振动一次.

例 9 求函数 $y = 2\sin x \cos x - \cos 2x$ 的周期和振幅. 当 x 取何值时,y 有最大值和最小值?最大值和最小值各是多少?

解 因为
$$y = 2\sin x \cos x - \cos 2x = \sin 2x - \cos 2x$$
$$= \sqrt{2}\left(\dfrac{1}{\sqrt{2}}\sin 2x - \dfrac{1}{\sqrt{2}}\cos 2x\right)$$
$$= \sqrt{2}\left(\cos\dfrac{\pi}{4}\sin 2x - \sin\dfrac{\pi}{4}\cos 2x\right)$$
$$= \sqrt{2}\sin\left(2x - \dfrac{\pi}{4}\right).$$

所以函数的周期 $T = \dfrac{2\pi}{2} = \pi$,振幅为 $\sqrt{2}$,起点为 $\left(\dfrac{\pi}{8}, 0\right)$.

当 $x = \dfrac{\pi}{8} + \dfrac{1}{4} \times \pi + k\pi = \dfrac{3}{8}\pi + k\pi$ ($k \in \mathbf{Z}$) 时,y 有最大值 $\sqrt{2}$.

当 $x = \dfrac{\pi}{8} + \dfrac{3}{4} \times \pi + k\pi = \dfrac{7}{8}\pi + k\pi$ ($k \in \mathbf{Z}$) 时,y 有最小值 $-\sqrt{2}$.

习题 4-3（A）组

1. 填空题．

(1) 把函数 $y=4\sin x$ 的图像上所有点的横坐标缩小到原来的 $\frac{1}{4}$ 倍（纵坐标不变），可得到函数 _____ 的图像；

(2) 函数 $y=3\sin\left(2x-\frac{\pi}{6}\right)$ 的图像可由函数 $y=3\sin 2x$ 的图像向 _____ 平移 _____ 个单位而得到．

2. 不画图，说明下列函数的图像怎样由正弦函数 $y=\sin x$ 变化而得到：

(1) $y=8\sin\left(\frac{1}{4}x-\frac{\pi}{8}\right)$；　　(2) $y=\frac{1}{3}\sin\left(3x+\frac{\pi}{7}\right)$．

3. 用"五点法"作出下列函数在一个周期内的图像：

(1) $y=4\sin 2x$；　　(2) $y=3\sin\left(2x-\frac{\pi}{6}\right)$．

4. 求函数 $y=4\sin\left(\frac{1}{2}x+\frac{\pi}{3}\right)$ 的振幅、周期、起点坐标．当 x 取什么值时，函数有最大值、最小值？最大值、最小值各是多少？

习题 4-3（B）组

1. 作函数 $y=2\sin\left(2x+\frac{\pi}{4}\right)-1$ 在一个周期内的图像．

2. 已知正弦交流电的电压 $U(\text{V})$ 与时间 $t(\text{s})$ 之间的函数关系为 $U=310\sin 200\pi t$，作出这个函数在一个周期内的图像，并在前半个周期内讨论电压的增减情况．

3. 如图 4-12 所示，挂在弹簧上的小球上下振动，它在 t s 时相对于平衡位置的高度 $h(\text{cm})$ 由下列关系式决定：

$$h=2\sin\left(t+\frac{\pi}{4}\right).$$

(1) 作出这个函数在一个周期内的图像；
(2) 回答下列问题：
　① 小球开始振动（$t=0$）时，离开平衡位置的位移有多大？
　② 小球上升到最高点和下降到最低点时，离开平衡位置的位移有多大？
　③ 小球多长时间重复振动一次？

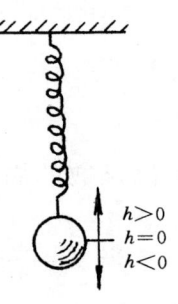

图 4-12

4. 求函数 $y = \sin x + \cos x$ 的振幅和周期. 当 x 取何值时, y 有最大值和最小值? 最大值和最小值各是多少?

5. 求如图 4-13 所示的正弦型曲线的函数关系式.

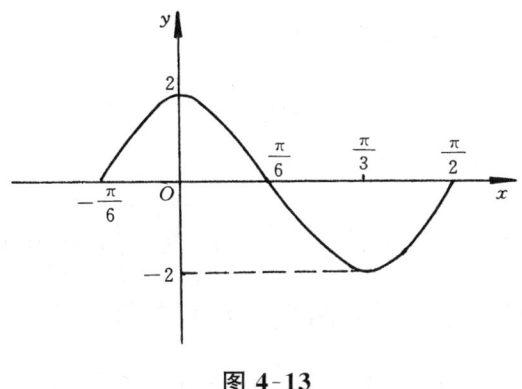

扫一扫, 获取参考答案

图 4-13

4.4 解斜三角形

由已知三角形的 6 个元素 (三边、三角) 中的 3 个元素 (其中至少有一条边), 求另外 3 个元素的过程称为**解三角形**. 在初中, 我们已学过了直角三角形的边角关系和直角三角形的解法, 但在生产实践和工程技术中, 还会遇到解斜三角形 (锐角三角形或钝角三角形) 的问题, 为此我们需要研究斜三角形的解法.

一、正弦定理

我们先在直角坐标系内讨论三角形的面积公式.

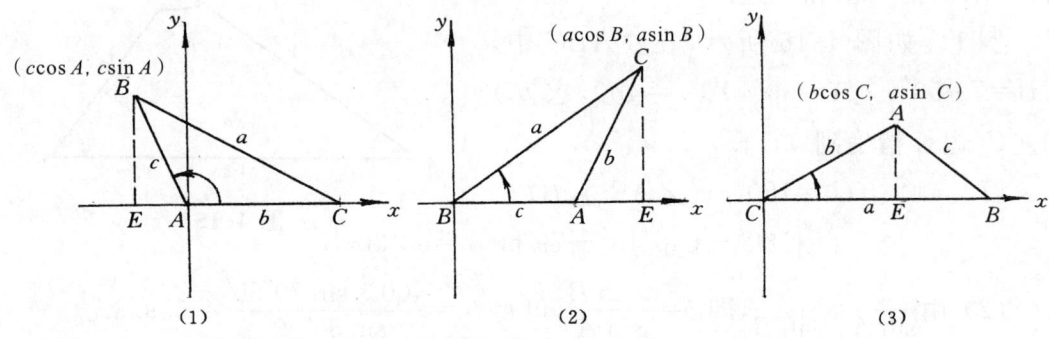

图 4-14

如图 4-14(1) 所示, 以 $\triangle ABC$ 的顶点 A 为原点, 边 AC 所在的射线为 x 轴的正半轴, 建立直角坐标系. 由任意角三角函数的定义可知, 顶点 B 的坐标

是 $(c\cos A, c\sin A)$，而 AC 边上的高 EB 就是 B 点的纵坐标 $c\sin A$，因此 △ABC 的面积为

$$S_\triangle = \frac{1}{2} AC \cdot EB = \frac{1}{2} bc \cdot \sin A.$$

由图 4-14(2)、(3)，同样可以推得

$$S_\triangle = \frac{1}{2} ca \cdot \sin B, \quad S_\triangle = \frac{1}{2} ab \cdot \sin C.$$

由此，我们得到三角形的面积公式为

$$\boxed{S_\triangle = \frac{1}{2} bc \cdot \sin A = \frac{1}{2} ac \cdot \sin B = \frac{1}{2} ab \cdot \sin C.} \tag{4-7}$$

也就是说，三角形的面积等于任意两边与它们夹角正弦的积的一半.

将等式 $\frac{1}{2} bc \cdot \sin A = \frac{1}{2} ac \cdot \sin B = \frac{1}{2} ab \cdot \sin C$ 各边都除以 $\frac{1}{2} abc$，可得

$$\frac{\sin A}{a} = \frac{\sin B}{b} = \frac{\sin C}{c}.$$

由此，我们得到任意三角形的边和角之间关系的一个重要定理如下：

定理 在一个三角形中，各边和它所对角的正弦的比相等，即

$$\boxed{\frac{a}{\sin A} = \frac{b}{\sin B} = \frac{c}{\sin C}.} \tag{4-8}$$

这个定理称为**正弦定理**，定理中的三角形是任意三角形.

利用正弦定理可以解决下面两类解斜三角形的问题：

(1) 已知三角形的两角和任一边，求其他两边和一角.

(2) 已知三角形的两边和其中一边的对角，求其他两角和一边.

例 1 如图 4-15 所示，在 △ABC 中，$\angle B = 79°50'$，$\angle A = 36°40'$，$a = 400$，求 b, c 和 $\angle C$（边长精确到 0.1）.

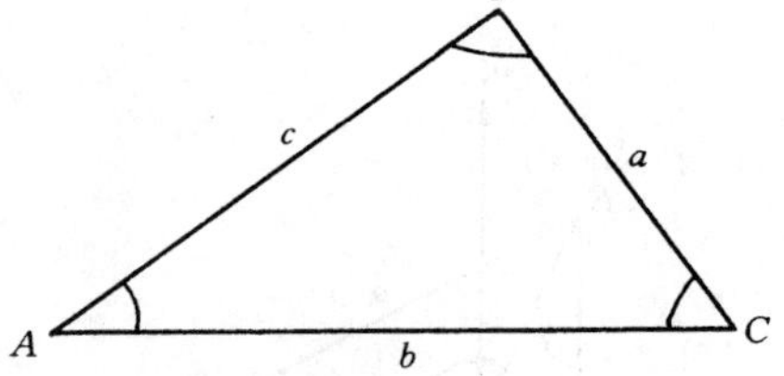

解 (1) $\angle C = 180° - (\angle A + \angle B)$
$= 180° - (36°40' + 79°50') = 63°30'$.

图 4-15

(2) 由 $\frac{a}{\sin A} = \frac{b}{\sin B}$，即 $b = \frac{a\sin B}{\sin A}$，可得 $b = \frac{400 \times \sin 79°50'}{\sin 36°40'} \approx 659.3$.

(3) 由 $\frac{a}{\sin A} = \frac{c}{\sin C}$，即 $c = \frac{a\sin C}{\sin A}$，可得 $c = \frac{400 \times \sin 63°30'}{\sin 36°40'} \approx 599.5$.

注意：在求得 b 边后，当然也可以应用 $c = \frac{b\sin C}{\sin B}$ 来求 c 边，但是由于求 b 边

时可能已有误差，那么根据 b 来求 c 时就要受到这个误差的影响.因此,在解三角形时,应当尽可能由已知元素求未知元素.

例 2　在 $\triangle ABC$ 中,已知 $\angle B=45°$, $AB=2\sqrt{3}$, $AC=2\sqrt{2}$,求 $\angle C$, $\angle A$ 和 BC（边长精确到 0.001）.

解　(1) 由正弦定理得

$$\sin C = \frac{AB \cdot \sin B}{AC} = \frac{2\sqrt{3} \cdot \sin 45°}{2\sqrt{2}} = \frac{\sqrt{3}}{2},$$

所以　$\angle C = \arcsin\dfrac{\sqrt{3}}{2} = 60°$ 或 $120°$,

即如图 4-16 所示,存在两种情况:

$$\angle C_1 = 60°, \quad \angle C_2 = 120°.$$

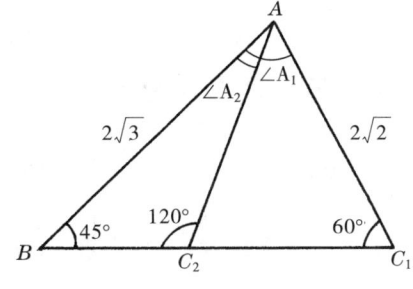

图 4-16

(2) $\angle A_1 = 180° - (\angle B + \angle C_1) = 180° - (45° + 60°) = 75°$,

$\angle A_2 = 180° - (\angle B + \angle C_2) = 180° - (45° + 120°) = 15°$.

(3) 由正弦定理可得

$$BC_1 = \frac{AB \cdot \sin A_1}{\sin C_1} = \frac{2\sqrt{3}\sin 75°}{\sin 60°} \approx 3.864,$$

$$BC_2 = \frac{AB \cdot \sin A_2}{\sin C_2} = \frac{2\sqrt{3}\sin 15°}{\sin 120°} \approx 1.035.$$

例 3　在 $\triangle ABC$ 中,已知 $a=60$, $b=50$, $\angle A=38°$,求 $\angle B$ 和 c（边长精确到 0.1）.

解　(1) 已知 $b<a$,所以 $\angle B < \angle A$,故 $\angle B$ 为锐角,

$$\sin B = \frac{b\sin A}{a} = \frac{50 \times \sin 38°}{60} \approx 0.5131,$$

$$\angle B = \arcsin 0.5131 \approx 30°52'.$$

(2) 因为 $\angle C = 180° - \angle A - \angle B = 111°8'$,

所以

$$c = \frac{a\sin C}{\sin A} = \frac{60\sin 111°8'}{\sin 38°} \approx 90.9.$$

例 4　在 $\triangle ABC$ 中,已知 $a=12$, $b=18$, $\angle A=150°$,解此三角形.

解　已知 $\angle A=150°$ 为钝角,那么 a 应是最大边,但 $b>a$,所以本题无解.

由上面的例子可知,在已知两边和其中一边的对角解三角形时,有两解、一解和无解 3 种情况.

二、余弦定理

根据任意三角形的边和角之间关系,可以证得另一个重要定理——余弦定理.

定理 三角形任意一边的平方等于其他两边的平方和减去这两边与它们夹角的余弦之积的两倍,即

$$a^2 = b^2 + c^2 - 2bc\cos A,$$
$$b^2 = a^2 + c^2 - 2ac\cos B,$$
$$c^2 = a^2 + b^2 - 2ab\cos C.$$
(4-9)

它的另一种形式为

$$\cos A = \frac{b^2+c^2-a^2}{2bc},$$
$$\cos B = \frac{a^2+c^2-b^2}{2ac},$$
$$\cos C = \frac{a^2+b^2-c^2}{2ab}.$$
(4-10)

(证明略).

利用余弦定理可以解决下面两类解斜三角形问题:

(1)已知三角形的两边和它们的夹角,求第三边和其他两角.

(2)已知三角形的三边,求三个角.

例 5 在 $\triangle ABC$ 中,已知 $a=48, c=63, \angle B=60°$,求 b 及 $\angle A, \angle C$.

解 (1)由余弦定理可得

$$b^2 = a^2 + c^2 - 2ac\cos B = 48^2 + 63^2 - 2 \times 48 \times 63 \times \cos 60°$$
$$= 2304 + 3969 - 3024 = 3249,$$

所以 $b=57$.

(2)先求最短边 a 所对的 $\angle A$.

由正弦定理可得

$$\sin A = \frac{a\sin B}{b} = \frac{48 \times \sin 60°}{57} \approx 0.7293,$$

所以 $\angle A = \arcsin 0.7293 \approx 46°49'$.

(3) $\angle C = 180° - (\angle A + \angle B) = 180° - (46°49' + 60°) = 73°11'$.

例 6 在 $\triangle ABC$ 中,已知 $a=\sqrt{6}, b=2, c=\sqrt{3}+1$,求 $\angle A, \angle B, \angle C$.

解 由余弦定理可得

$$\cos A = \frac{b^2+c^2-a^2}{2bc} = \frac{2^2+(\sqrt{3}+1)^2-(\sqrt{6})^2}{2\times 2 \times(\sqrt{3}+1)} = \frac{1}{2},$$

所以 $\angle A = \arccos\frac{1}{2} = 60°$. 同理可得 $\angle B = 45°$.

则 $\angle C = 180° - (\angle A + \angle B) = 180° - (60° + 45°) = 75°$.

下面举例说明如何应用正弦定理、余弦定理解决一些实际问题.

例 7 为了在一条河上建一座桥,施工前在河两岸打上两个桥位桩 A,B(图 4-17). 为精确测算出 A,B 两点间的距离,测量人员在岸边定出基线 BC,测得 $BC=78.35$ m,$\angle B=69°43'$,$\angle C=41°12'$,求 AB 的长(精确到 0.01 m).

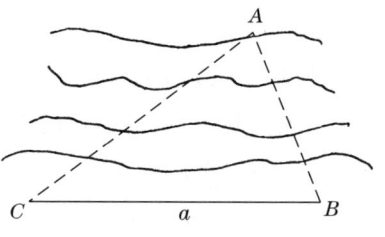

图 4-17

解 在 $\triangle ABC$ 中,已知 $a=78.35$,$\angle B=69°43'$,$\angle C=41°12'$.

$$\angle A=180°-(\angle B+\angle C)=180°-(69°43'+41°12')=69°5'.$$

由正弦定理,可得

$$c=\frac{a\sin C}{\sin A}=\frac{78.35\times \sin 41°12'}{\sin 69°5'}\approx 55.25.$$

答 桥位桩 A,B 间的距离约为 55.25 m.

例 8 图 4-18 是曲柄连杆机构的示意图,当曲柄 CB 绕 C 点旋转时,通过连杆 AB 的传递,使活塞沿直线往复运动. 当曲柄在 CB_0 位置时,曲柄和连杆成一条直线. 这时,连杆的端点 A 在 A_0 处. 设连杆 AB 长 340 mm,曲柄 CB 长 85 mm,求曲柄自 CB_0 按顺时针方向旋转 $80°$时,活塞移动的距离(即连杆的端点 A 移动的距离 A_0A)(精确到 1 mm).

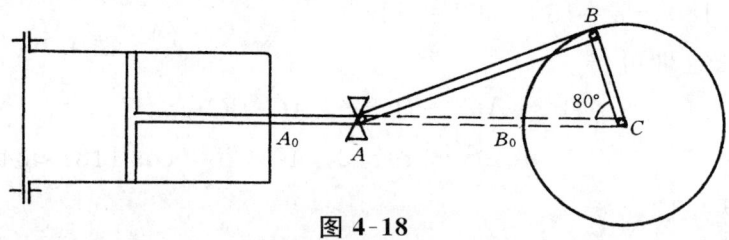

图 4-18

解 因为 $A_0A=A_0C-AC$,而 $A_0C=AB+BC=340+85=425$,所以需先求出 AC 的长.

在 $\triangle ABC$ 中,$\dfrac{BC}{\sin A}=\dfrac{AB}{\sin C}$,于是 $\sin A=\dfrac{BC\sin C}{AB}=\dfrac{85\sin 80°}{340}\approx 0.2462.$

因为 $BC<AB$,所以 $\angle A$ 为锐角,

故 $\angle A=\arcsin 0.2462=14°15'$,

$\angle B=180°-(\angle A+\angle C)=180°-(14°15'+80°)=85°45'.$

再由 $AC=\dfrac{AB\sin B}{\sin C}$,得

$$AC=\frac{340\sin 85°45'}{\sin 80°}=\frac{340\times 0.9973}{0.9848}\approx 344.3.$$

因此，$A_0A = A_0C - AC = 425 - 344.3 = 80.7 \approx 81$.

答 曲柄自 CB_0 按顺时针方向旋转 $80°$ 时，活塞移动的距离约为 81 mm.

例 9 A、B 两点彼此不能直达，也不能望见，为了测得这两点间的距离，选择能直达两点的 C 点，如图 4-19 所示，测得 CA 为 140 m，CB 为 195 m，$\angle ACB = 66°20'$，求 A，B 两点间的距离（精确到 1 m）.

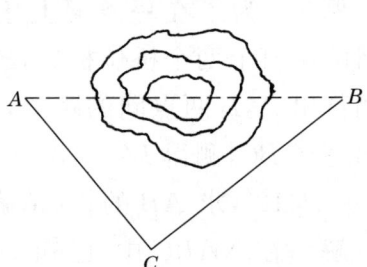

图 4-19

解 由余弦定理可得
$$AB^2 = AC^2 + BC^2 - 2AC \cdot BC \cdot \cos C$$
$$= 140^2 + 195^2 - 2 \times 140 \times 195 \times \cos 66°20'$$
$$\approx 35707.7,$$
所以 $AB \approx 189$.

答 A，B 两点间的距离约为 189 m.

例 10 如图 4-20 所示，已知两个力作用于一点 $F_1 = 28$ N，$F_2 = 40$ N，两力方向的夹角为 $\alpha = 62°$，求合力 F 的大小及合力 F 与 F_2 的夹角 θ.

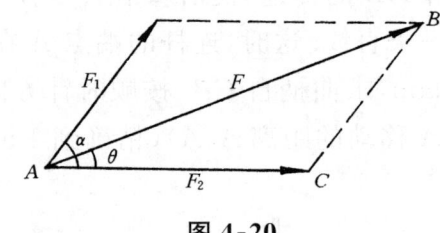

图 4-20

解 求合力 F 就是解以 F_1，F 和 F_2 为边的三角形 ABC.

由 $\angle C = 180° - \alpha = 180° - 62° = 118°$，
所以根据余弦定理可得

$$AB^2 = AC^2 + BC^2 - 2AC \cdot BC \cdot \cos C$$
$$= 40^2 + 28^2 - 2 \times 40 \times 28 \times \cos 118° \approx 3435.6,$$

所以 $AB \approx 59$.

由余弦定理可得

$$\cos \theta = \frac{AB^2 + AC^2 - BC^2}{2AB \cdot AC} = \frac{59^2 + 40^2 - 28^2}{2 \times 59 \times 40} \approx 0.9104,$$

所以 $\theta = \arccos 0.9104 \approx 24°26'$.

答 合力 F 的大小约为 59 N，力 F 与 F_2 的夹角约为 $24°26'$.

习题 4-4(A)组

1. 根据下列条件解三角形（边长保留 4 位有效数字）：
   (1) 已知 $\angle B = 30°$，$\angle C = 120°$，$a = 10$，求 b 及 c；
   (2) 已知 $a = 48$，$c = 63$，$\angle C = 60°$，求 $\angle B$ 及 b.

2. 根据下列条件解三角形（边长保留 4 位有效数字）：

   (1) 已知 $\angle A=60°, b=1, c=\sqrt{3}-1$，求 $\angle B$ 及 a；

   (2) 已知 $a=\sqrt{6}, b=2, c=\sqrt{3}+1$，求 $\angle A$ 及 $\angle B$.

3. 已知三角形的两个角分别等于 $45°15'$ 和 $58°46'$，它们所夹的边长为 15.38 mm，求最短边的边长和三角形的面积（结果保留 4 位有效数字）.

4. A, B 两棵树分别在河的两岸（图 4-21），在河的一岸测得 BC 长为 100 m，$\angle B=74°, \angle C=44°$，求两棵树之间的距离（结果保留 4 位有效数字）.

5. 一船以 32 n mile/h 的速度向正北航行（图 4-22），起初灯塔 S 在船的北偏东 $30°$，半小时后灯塔在船的北偏东 $45°$. 求此时船和灯塔的距离（结果保留 4 位有效数字）.

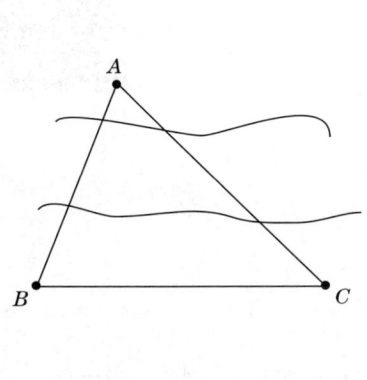

图 4-21

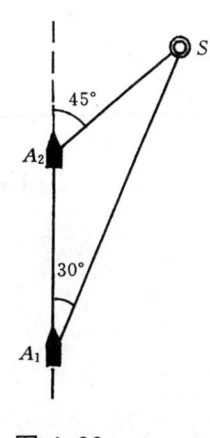

图 4-22

习题 4-4(B)组

1. 根据下列条件解三角形（边长保留 4 位有效数字）：

   (1) 已知 $\angle A=60°, a=\sqrt{3}, c=2$，求 $\angle B$ 及 b；

   (2) 已知 $\angle A=30°, a=3, b=4$，求 $\angle B$ 及 c；

   (3) 已知 $b=1.229, a=0.437, \angle C=31°3'$，求 $\angle A$ 及 c；

   (4) 已知 $a=20, b=29, c=21$，求 $\angle B$ 及 $\angle C$.

2. 要测量底部不能到达的一建筑物的高 AB（图 4-23），可以从与建筑物底在同一水平直线上的 C', F' 两处测其仰角. 已知 $\alpha=49°28', \beta=35°12'$，$C'$ 与 F' 间的距离为 11.12 m，测角仪器高 $CC'=FF'=1.52$ m，求建筑物的高（结果保留 4 位有效数字）.

3. 为了开凿隧道，要测量隧道口 D, E 间的距离. 为此在山的一侧选取适当的点 C（图 4-24），测得 $CA=482.8$ m，$CB=631.5$ m，$\angle ACB=56°18'$，又测得

A,B 两点到隧道口的距离分别为 $AD=80.12$ m,$BE=40.24$ m(A,D,E,B 在一直线上),计算隧道 DE 的长度(结果保留 4 位有效数字).

4. 一个气球在地面上 A,B 两点之间的上空,并且和 A,B 在同一个铅直面内.现从 A 点测得气球的仰角是 α,从 B 点测得气球的仰角是 β.已知 $AB=a$ m,求气球的高度.

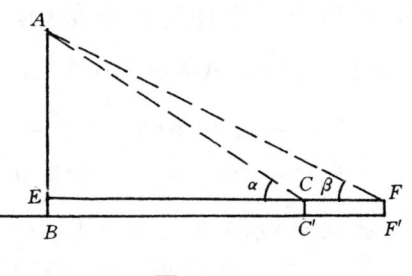

图 4-23

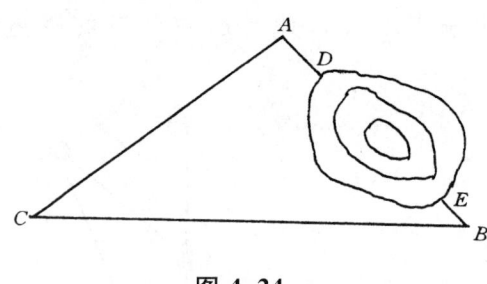

图 4-24

扫一扫,获取参考答案

复习题 4

1. 选择题.

(1) 若 $0°<\alpha<90°,0°<\beta<90°$,且 $\tan\alpha=\dfrac{1}{7},\tan\beta=\dfrac{3}{4}$,则 $\alpha+\beta=$( ).

  A. $\dfrac{\pi}{6}$ B. $\dfrac{\pi}{4}$ C. $\dfrac{\pi}{3}$ D. $\dfrac{\pi}{2}$

(2) $\sin 15°-\cos 15°$ 的值是( ).

  A. $\dfrac{\sqrt{6}}{2}$ B. $-\dfrac{\sqrt{6}}{2}$ C. $\dfrac{\sqrt{2}}{2}$ D. $-\dfrac{\sqrt{2}}{2}$

(3) $\dfrac{1}{\sin 10°}-\dfrac{\sqrt{3}}{\cos 10°}$ 的值是( ).

  A. 4   B. 2   C. $\dfrac{4}{5}$ D. $-\dfrac{4}{5}$

(4) 已知 $1-\cos\alpha=\dfrac{6}{5}\sin\dfrac{\alpha}{2}$,则 $\cos\alpha$ 的值为( ).

  A. $\dfrac{7}{25}$ B. $-\dfrac{7}{25}$ C. 4   D. $\dfrac{1}{4}$

(5) 如果 x 是锐角,那么 $\sin x+\cos x$ 的取值范围是( ).

  A. $[1,\sqrt{2}]$ B. $(1,\sqrt{2}]$ C. $[0,1]$ D. $(0,1]$

(6) 函数 $y = \sin 2x \cdot \cos 2x$ 是（   ）.

　　A. 周期为 $\frac{\pi}{2}$ 的奇函数；　　　　　　B. 周期为 $\frac{\pi}{2}$ 的偶函数；

　　C. 周期为 $\frac{\pi}{4}$ 的奇函数；　　　　　　D. 周期为 $\frac{\pi}{4}$ 的偶函数.

(7) 若 △ABC 中，∠A：∠B：∠C＝1：2：3，则对应的三条边之比为（   ）.

　　A. 1：2：3　　　B. 3：4：5　　　C. $1:\sqrt{2}:\sqrt{3}$　　　D. $1:\sqrt{3}:2$

(8) 在 △ABC 中，已知 ∠A＝35°, a＝20, b＝40, 那么由此条件确定的三角形有（   ）.

　　A. 一解　　　　B. 两解　　　　C. 无解　　　　D. 不确定

2. 填空题.

　(1) $\cos 78° \cos 42° - \sin 78° \sin 42° =$ ＿＿＿＿＿＿.

　(2) $\cos \frac{\pi}{12} \cdot \sin \frac{5\pi}{12} + \sin \frac{\pi}{12} \cdot \cos \frac{5\pi}{12} =$ ＿＿＿＿＿＿.

　(3) $\cos^2 165° - \sin^2 165° =$ ＿＿＿＿＿＿.

　(4) 函数 $y = 4\sin(3x + \frac{\pi}{4})$ 的周期是＿＿＿＿＿＿，当 $x =$ ＿＿＿＿＿＿时，函数取得最大值；当 $x =$ ＿＿＿＿＿＿时，函数取得最小值.

　(5) 函数 $y = \sin 2x - 2\cos^2 x$ 的最大值是＿＿＿＿＿＿.

　(6) △ABC 中，$a = \sqrt{3}$, $b = 3$, $\angle A = \frac{\pi}{6}$，则 ∠B＝＿＿＿＿＿＿.

3. 化简下列各式：

　(1) $\sin(30° + \alpha) - \sin(30° - \alpha)$；

　(2) $\cos(\frac{\pi}{4} + \theta) + \cos(\frac{\pi}{4} - \theta)$.

4. 化简下列各式：

　(1) $\sin \frac{\theta}{4} \cos \frac{\theta}{4}$；　　(2) $\frac{1 - \tan^2 \alpha}{1 + \tan^2 \alpha}$；　　(3) $\frac{2\tan \frac{\alpha}{2}}{1 + \tan^2 \frac{\alpha}{2}}$.

5. 计算.

　(1) $\tan 15° + \frac{1}{\tan 15°}$；　　(2) $\sin 15° \cdot \sin 75° \cdot \cos 30°$.

6. 已知 $\sin \frac{\theta}{2} = 0.8$，且 $\frac{\pi}{2} < \theta < \pi$，求 $\sin \theta$ 和 $\cos \theta$ 的值.

7. 证明下列恒等式：

   (1) $\tan 20° + \tan 40° + \sqrt{3} \cdot \tan 20° \cdot \tan 40° = \sqrt{3}$；

   (2) $\dfrac{1+\sin 4\theta - \cos 4\theta}{1+\sin 4\theta + \cos 4\theta} = \tan 2\theta$.

8. 用"五点法"作下列函数在一个周期内的图像：

   (1) $y = 2\sin x$；　　　(2) $y = 4\sin\left(2x + \dfrac{\pi}{6}\right)$.

9. 求函数 $y = \cos 4x + \sqrt{3}\sin 4x$ 的振幅、周期. 当 x 取何值时，y 有最大值和最小值？最大值、最小值各是多少？

10. 如图 4-25 所示为交流电的电流强度 i(A)在一个周期内的变化情况，求 i 与 t 的函数关系式.

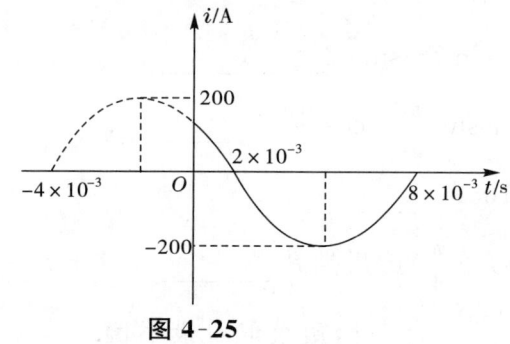

图 4-25

11. 根据下列条件解三角形（边长精确到 0.01）：

    (1) $b = 12, \angle A = 30°, \angle B = 120°$；
    (2) $a = 2, b = 1, \angle C = 32°$；
    (3) $a = 25, b = 13, \angle A = 60°$；
    (4) $a = 2, b = 3, c = 4$.

12. 已知三角形的三边长分别为 $4, 5, \sqrt{61}$，求这个三角形最大内角的度数.

13. 建在山上的电视发射塔高 50 m，在山下地面 C 处测得塔底 B 的仰角是 $40°$，塔顶 A 的仰角是 $70°$，求小山的高 BD（图 4-26）（精确到 0.01 m）.

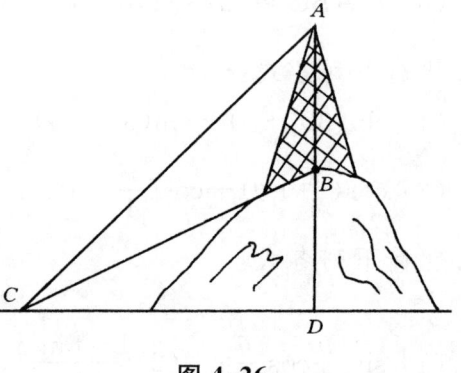

图 4-26

14. 在 $\triangle ABC$ 中，已知 $\angle B = 60°$，$AB = 4$，$S_{\triangle ABC} = \sqrt{3}$，求 AC 和 BC 的长（精确到 0.01）.

扫一扫，获取参考答案

中国现代数学的奠基人之———华罗庚

华罗庚(1910—1985)教授是中国现代数学的奠基人之一,出生于江苏金坛,他在家乡读完了初中二年级,然后进入上海中华职业学校,完成了两年制专业前一年半的课程.迫于家境贫寒,华罗庚15岁时就辍学回到家乡,协助父亲经营他的家庭小店.父亲对他专心于学习很不高兴,然而他却凭着顽强的毅力自学成才.

1930年,19岁的华罗庚因在上海《科学》杂志上发表论文《苏家驹之代数方程不能成立的理由》而引起清华大学数学系主任熊庆来教授的重视.熊庆来教授力排众议,邀请华罗庚到北京工作.华罗庚于1931年来到清华大学数学系,先后担任管理员、助教、讲师,1936年赴英国剑桥大学进修,1938年回国,任国立西南联合大学数学系教授,1946年赴美,曾任美国普林斯顿高等研究院研究员和普林斯顿大学教授.新中国成立后,华罗庚于1950年放弃美国的优越条件回国,历任清华大学教授,中国科学院数学研究所所长,中国科学技术大学数学系主任、副校长,中国科学院数理化部委员、学部副主任,中国科学院副院长等职,还先后被选为美国科学院外籍院士、第三世界科学院院士和德国巴伐利亚科学院院士.

华罗庚的数学研究方法有清晰而直接的特点,他的数学知识的深度和他的天才、他的广泛的兴趣给人很深的印象.他的主要兴趣是改进整个领域,并试图推广他研究得出的每一个结果.华罗庚的数学研究涉及的面很广,包括解析数论、典型群、矩阵几何学、自守函数与复变函数论等,他关于完整三角和的研究成果被国际数学界称为"华氏定理".华罗庚还十分重视科学的普及工作,著有10余部科普作品(包括《从杨辉三角谈起》《统筹方法平话》《优选法平话》等).从50年代末期起,他致力于数学理论与生产实践相结合的研究和实践,经他提炼的"优选法"和"统筹法"被广泛应用于生产实际.他共发表了200多篇学术论文,出版了10余部专著.1939—1965年,他所发表的著作和论文被权威刊物《数学评论》(Mathematical Review)评论过105次.华罗庚教授的研究工作极大地丰富了数学文库.

在外国数学家的眼中,华罗庚"对自己祖国的献身是无条件的和坚定不移的","他一直是中华人民共和国第一流的科学巨人之一".阿特勒·塞尔伯格评价华罗庚:"很难想象,如是他未曾回国,中国数学会怎么样."正是华罗庚和其他数学家的努力,使得"中国最早得到世界绝对第一流研究成果的是在数学领域"(杨振宁教授语).

第4章单元自测

1. 填空题.

   (1) 已知 $2\sin\alpha + \cos\alpha = 0$,则 $\tan 2\alpha =$ _____.

   (2) $\sin\dfrac{\pi}{12} - \cos\dfrac{\pi}{12} =$ _____.

   (3) 正弦型函数 $y = 3\sin\left(2x - \dfrac{\pi}{4}\right)$ 的最大值为 _____,最小值为 _____,周期为 _____.

2. 选择题.

   (1) 下列各式中正确的是( ).

   A. $\sin(180° + 37°) = \sin 37°$ B. $\cos(180° + 216°) = -\cos 216°$

   C. $\cos(540° + 216°) = \cos 216°$ D. $\tan(540° + 13°) = -\tan 13°$

   (2) $\cos 75° - \cos 15°$ 的值是( ).

   A. $\dfrac{\sqrt{6}}{2}$ B. $-\dfrac{\sqrt{6}}{2}$ C. $-\dfrac{\sqrt{2}}{2}$ D. $\dfrac{\sqrt{2}}{2}$

   (3) $\sqrt{1 - \sin 38°} = ($).

   A. $\sqrt{2}\cos 19°$ B. $2\cos 19°$

   C. $\cos 19° - \sin 19°$ D. $\sin 19° - \cos 19°$

   (4) 函数 $y = \sin x + \cos x$ 的值域是( ).

   A. $[-2, 2]$ B. $[-\sqrt{2}, \sqrt{2}]$ C. $[-1, 1]$ D. $\left[-\dfrac{\sqrt{2}}{2}, \dfrac{\sqrt{2}}{2}\right]$

3. 已知 $\sin A = \dfrac{3}{5}$,$\cos(A+B) = -\dfrac{2}{3}$,$\angle A$,$\angle B$ 为锐角,求 $\sin B$.

4. 已知 $0 < \alpha < 2\pi$,且 $\dfrac{1 - \cos 2\alpha}{\sin 2\alpha} = \sqrt{3}$,求 α.

5. $\triangle ABC$ 中,已知 $\tan A = \dfrac{1}{2}$,$\tan B = \dfrac{1}{3}$,求 $\tan C$.

6. 已知交流电的电流 $i = 50\sin\left(100\pi t - \dfrac{\pi}{3}\right)$.

   (1) 求振幅、周期、频率和最大值及最小值;

   (2) 当 $t = 0, \dfrac{1}{200}, \dfrac{1}{50}$ 时,求电流 i 的大小;

   (3) 用"五点法"画出一个周期内的图像.

7. 若 $\triangle ABC$ 的面积为 $\sqrt{3}$,$\angle B = 60°$,$b = 4$,求 a, c 边长.

8. 在 $\triangle ABC$ 中,已知 $c = 4$,$\angle A = 45°$,$\angle B = 60°$,求 $\angle C$ 和边 a, b 以及三角形的面积.

扫一扫,获取参考答案

第 5 章

概率初步

排列、组合及概率在日常生活中有着广泛的应用,同时排列、组合也是学习概率统计等数学知识的基础.本章将介绍排列、组合的概念、计算公式及概率的初步知识.

5.1 两个基本原理

我们先看下面的例子:

从甲地直达乙地,可以乘火车,也可以乘汽车,还可以乘轮船.一天中,火车有 4 班次,汽车有 5 班次,轮船有 3 班次,如图 5-1 所示.那么,一天中乘坐这些交通工具从甲地直达乙地共有多少种不同的走法?

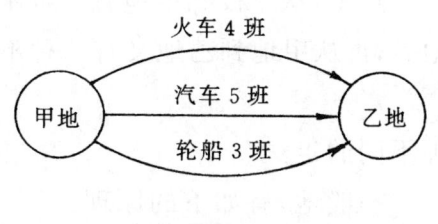

图 5-1

因为一天中乘火车有 4 种走法,乘汽车有 5 种走法,乘轮船有 3 种走法.每一种走法都可以从甲地到乙地,因此,一天中乘坐这些交通工具从甲地直达乙地共有

$$4+5+3=12$$

种不同的走法.

一般地,有如下的原理:

分类计数原理 做一件事情有 n 类办法,在第一类办法中有 m_1 种不同的方法;在第二类办法中有 m_2 种不同的方法;$\cdots$;在第 n 类办法中有 m_n 种不同的方法.那么,完成这件事共有

$$N=m_1+m_2+\cdots+m_n$$

种不同的方法.

例1 在读书活动中,一个学生要从2本科技书、2本政治书、3本文艺书里任选一本,共有多少种不同的选法.

解 由题意可知,该学生选书的方法有三类:一类是从2本科技书中任选一本,有2种不同的选法;另一类是从2本政治书中任选一本,有2种不同的选法;还有一类是从3本文艺书中任选一本,有3种不同的选法.根据分类计数原理共有

$$2+2+3=7$$

种不同的选法.

我们再看下面的例子:

某人从学校经过甲地到达乙地,如图5-2所示,学校到甲地有3种不同的走法,甲地到乙地有2种不同的走法.从学校到乙地共有多少种不同的走法?

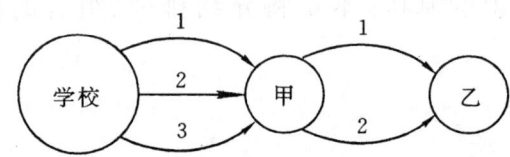

图 5-2

这里,从学校到甲地有3种不同的走法,按这3种走法中每一种走法到达甲地后,再从甲地到乙地又有2种不同的走法.因此,从学校经过甲地到乙地共有

$$3\times 2=6$$

种不同的走法.

一般地,有如下的原理:

分步计数原理 做一件事情需要分 n 个步骤,第一步有 m_1 种不同的方法,第二步有 m_2 种不同的方法,$\cdots$,第 n 步有 m_n 种不同的方法.那么,完成这件事共有

$$N=m_1\times m_2\times \cdots \times m_n$$

种不同的方法.

例2 由数字1,2,3,4,5可以组成多少个三位数(各位上的数字允许重复)?

解 要组成一个三位数可以分三步完成:第一步确定百位上的数字,从5个数字中任选一个数字,共有5种选法;第二步确定十位上的数字,由于数字允许重复,仍有5种选法;同理,第三步确定个位上的数字也有5种选法.根据分步计数原理,得到组成的三位数的个数是

$$N=5\times 5\times 5=5^3=125.$$

例3 一个口袋内装有 5 个小球,另一个口袋内装有 4 个小球,所有小球的颜色都不相同.

(1) 从两个口袋中任取一个小球,有多少种取法?

(2) 从两个口袋中各取一个小球,有多少种取法?

解 (1) 从两个口袋中任取一个小球,有两类取法:第一类办法是从装有 5 个小球的口袋中任取一个,共有 5 种取法;第二类办法是从装有 4 个小球的口袋中任取一个,共有 4 种取法.根据分类计数原理,得到不同的取法的种数是 $N = m_1 + m_2 = 5 + 4 = 9$.

(2) 从两个口袋中各取一个小球,可以分两步完成:第一步在装有 5 个小球的口袋中取一个,有 5 种取法;第二步从装有 4 个小球的口袋中取一个,有 4 种取法.根据分步计数原理,得到不同的取法种数是 $N = m_1 \times m_2 = 5 \times 4 = 20$.

习题 5-1(A 组)

1. 填空题(图 5-3).

   (1) $A \to F \to E$ 有_____种方法.

   (2) $A \to C$ 有_____种方法.

   (3) $A \to E$ 有_____种方法.

   (4) $A \to B \to C \to D$ 有_____种方法.

   (5) $A \to D$ 有_____种方法.

2. $(a_1 + a_2 + a_3)(b_1 + b_2 + b_3 + b_4)(c_1 + c_2 + c_3 + c_4)$ 展开后共有多少项?

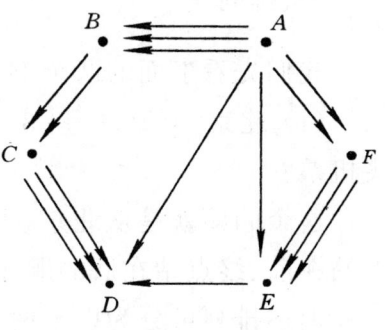

图 5-3

3. 书架上层放有 6 本不同的数学书,下层放有 4 本不同的语文书.

   (1) 从中任取一本,有多少种不同的取法?

   (2) 从中任取数学书和语文书各一本,有多少种不同的取法?

4. 有红、黄、绿 3 种颜色的信号弹,按不同的颜色顺序向天空连发 3 枪,一共可发出多少种不同的信号?

习题 5-1(B 组)

1. 填空题.

   (1) 某多功能活动室中有不同的照明灯 8 盏,不同的装饰灯 12 盏.如果只开一盏灯,有_____种方法;如果两类灯各开一盏,有_____种方法.

(2) 某班级有 4 个小组,分别有 m_1, m_2, m_3, m_4 名同学.现从中任选一人参加校学生会工作,有_____种不同的选法;如果从每个组各选出一人参加班委会工作,有_____种不同的选法.

(3) 设计某杂志封面,其图案可从 6 种不同的画稿中任取一种,其文字可从 5 种不同的字体中任取 1 种,则此封面共有不同的设计方案_____种.

2. 同时抛掷 3 枚可辨正反面的硬币,可能出现的不同的结果共有多少种?

3. 有 4 个不同兵种,他们在冬季和夏季的军服各不相同,共需要准备多少种不同的军服?

4. 有 8 个不同的零件,每次取 1 个,连续取 3 次.
(1) 每次取出不放回,有几种取法?
(2) 每次取出再放回,有几种取法?

扫一扫,获取参考答案

5.2 排 列

一、排列

我们先看下面的两个例子.

(1) 北京、上海、广州 3 个民航站之间的直达航线,需要准备多少种不同的飞机票?

这个问题就是从北京、上海、广州 3 个民航站中,每次取出 2 个站,按照起点站在前、终点站在后的顺序排列,求一共有多少种不同的排法.

上述排列可分为以下两个步骤:

① 在 3 个站中任选一个作为起点站,共有 3 种选法;

② 在剩下的 2 个站中选取一个作为终点站,共有 2 种选法.

根据分步计数原理,上述排列共有 $3 \times 2 = 6$ 种,也就是说,需要准备以下 6 种不同的飞机票:

北京—上海,北京—广州,上海—广州,上海—北京,广州—北京,广州—上海.

(2) 从分别写有数字 7,8,9 的 3 张卡片中抽取 2 张,可以组成多少个不同的两位数?

上述两位数的组成可分两步:

① 从 7,8,9 中任选一个作为十位数字,共有 3 种选法.

② 从剩下的 2 个数字中任选一个作为个位数字,共有 2 种选法.

根据分步计数原理,组成上述两位数的方法共有 $3 \times 2 = 6$ 种,也就是说,可以组成以下 6 个不同的两位数.

|7| | {|7|8| |7|9| |8| | {|8|7| |8|9| |9| | {|9|7| |9|8|

若我们把被选取的对象称为元素,则上面的两个问题都可以归结为同一个问题:从 3 个不同的元素中任取 2 个,然后按照一定的顺序排成一列,求一共有多少种不同的排法.

一般地,有下面的定义:

定义 从 n 个不同元素中任取 m($m \leqslant n$)个元素,按照一定的顺序排成一列,称为从 n 个不同元素中取出 m 个元素的一个**排列**.

由排列的定义可知,如果两个排列相同,那么这两个排列的元素完全相同,而且排列的顺序也必定完全相同. 如果所取的元素不完全相同,它们就是两个不同的排列,如问题(1)中的飞机票"北京—上海"和"北京—广州". 而问题(2)中的两位数"78"和"87"虽然元素相同,但排列次序不同,也是两个不同的排列.

当 $m < n$ 时,所得的排列称为**选排列**.

当 $m = n$ 时,所得的排列称为**全排列**.

二、排列种数的计算公式

从 n 个不同的元素中每次取出 m 个不同的元素进行排列,所有不同的排列个数称为从 n 个不同的元素中每次取出 m 个不同元素的**排列种数**,记为 P_n^m. 当 $m = n$ 时,称为**全排列种数**,记为 P_n^n,也可简记为 P_n.

例如,从 8 个不同的元素中每次取出 3 个的排列种数表示为 P_8^3,又如上面两个例子中的排列种数均为 P_3^2.

下面我们来研究排列种数的计算公式.

先看一个例子:若从 1,2,3,4 这 4 个数字中选出 3 个数字排列组成一个没重复数字的三位数,则其排列数为 P_4^3. 我们知道,三位数由个位、十位和百位组成. 先从这 4 个数字中任选一个放在百位,有 4 种选法;再从剩下的 3 个数字中任选一个放在十位上,有 3 种选法;最后从剩下的 2 个数字中任选一个放在个位上,有 2 种选法. 根据分步计数原理,共有 $4 \times 3 \times 2$ 种选法. 也就是说,$P_4^3 = 4 \times 3 \times 2$.

现在推广到一般情况.

假定有排好顺序的 m 个空位,如图 5-4 所示. 从 n 个不同元素 $a_1, a_2, \cdots, a_n$ 中任选 m 个去填空,一个空位填一个元素,每一种填法均可得到一个排列;反过来,任一排列总可以由一种填法得到.因此,所有不同的填法种数就是排列种数 P_n^m.

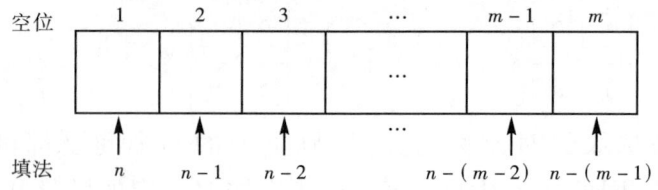

图 5-4

完成这件事可以这样考虑:第一个空位可以从 n 个不同元素中任选一个填入,共有 n 种填法;第二个空位只能从剩下的 $n-1$ 个元素中任选一个填入,共有 $n-1$ 种填法;以此类推,第 m 个空位可以从余下的 $n-(m-1)$ 个元素中任选一个填入,共有 $n-m+1$ 种填法.根据分步计数原理,便可得到排列种数的计算公式为

$$P_n^m = n(n-1)(n-2)\cdots(n-m+1). \qquad (5-1)$$

也就是说,从 n 个不同的元素中每次取出 m 个元素的排列种数 P_n^m 等于从 n 开始的 m 个连续递减的自然数的乘积.例如,$P_8^3 = 8 \times 7 \times 6 = 336$.

当 $m=n$ 时,全排列种数

$$P_n = n(n-1)\cdots(n-n+1) = n(n-1)\cdots 3 \cdot 2 \cdot 1.$$

为了以后使用方便,我们把连乘积 $n(n-1)\cdots 3 \cdot 2 \cdot 1$ 简记作 $n!$,读作"**n 阶乘**".因此,全排列种数的计算公式为

$$P_n = n(n-1)\cdots 3 \cdot 2 \cdot 1 = n!. \qquad (5-2)$$

也就是说,n 个不同元素的全排列种数 P_n 等于自然数 1 到 n 的连乘积.例如,$P_6 = 6! = 6 \times 5 \times 4 \times 3 \times 2 \times 1 = 720$,$P_8 = 8! = 8 \times 7 \times 6 \times 5 \times 4 \times 3 \times 2 \times 1 = 40320$.

规定:$0! = 1$.

排列种数公式还可以写成

$$P_n^m = \frac{n!}{(n-m)!}. \qquad (5-3)$$

下面我们通过例 1 介绍使用计算器求 P_n^m 和 $n!$ 的操作过程.

例 1 利用 CASIO fx-82ES PLUS 型计算器计算:
(1) P_6^3.   (2) $4!$.

解 (1) 输入 6,依次按 $\boxed{\text{SHIFT}}$ 键和 $\boxed{\text{nPr}}$ 键,然后输入 3,按 $\boxed{=}$ 键,显示 120,即 $P_6^3 = 120$.

(2) 输入 4，依次按 SHIFT 键、$x!$ 键和 = 键，显示 24，即 $4!=24$.

例 2 从分别写有数字 2,3,4 的 3 张卡片中任取 2 张，可以组成多少个没有重复数字的两位数？

解 此问题可以理解为从数字 2,3,4 中任取 2 个不同的数字，在十位和个位这 2 个位置，按照一定的顺序排成一列。每一个排列对应一个两位数，有多少个不同的排列就有多少个不同的两位数，其排列方式有

$$P_3^2 = 3 \times 2 = 6（种），$$

即总共可以组成 6 个没有重复数字的两位数。

试一试：写出例 2 中 6 个不同的两位数。

例 3 5 名同学排成一排照相，有多少种不同的排法？

解 所有 5 名同学排成一排就是一个全排列，其不同的排法有

$$P_5 = 5! = 5 \times 4 \times 3 \times 2 \times 1 = 120（种）.$$

例 4 某段铁路上有 20 个车站，共需准备多少种普通客票？

解 因为每一张车票对应着 2 个车站的一个排列，因此，需要准备的车票种数就是从 20 个车站中任取 2 个的排列种数，即

$$P_{20}^2 = 20 \times 19 = 380（种）.$$

例 5 从 5 种不同颜色的旗子中任取一面、两面或三面，按不同次序挂在旗杆上表示信号，一共可以组成几种不同的信号？

解 用 1 面旗子表示信号，共有 P_5^1 种；用 2 面旗子表示信号，共有 P_5^2 种；用 3 面旗子表示信号，共有 P_5^3 种。根据分类计数原理，所求信号种数是

$$P_5^1 + P_5^2 + P_5^3 = 5 + 5 \times 4 + 5 \times 4 \times 3 = 85（种）.$$

例 6 用 0 到 9 这 10 个数字，可以组成多少个没有重复数字的三位数？

解法一 由于百位上的数字不能是 0，所以不能直接用 P_{10}^3 计算。为解决这个问题，可以分成 2 个步骤去考虑：先排百位上的数字，再排十位和个位上的数字。

百位上的数字只能从除 0 以外的 1 到 9 这几个数字中任选一个，有 P_9^1 种；十位和个数上的数字，可以从剩下的 9 个数字中任选 2 个，有 P_9^2 种。如图 5-5 所示，根据分步计数原理，所求的三位数个数是

$$P_9^1 P_9^2 = 9 \times 9 \times 8 = 648.$$

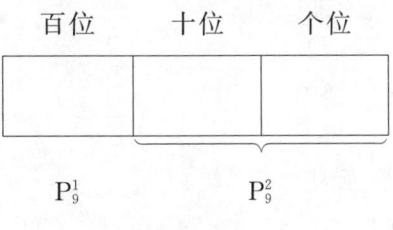

图 5-5

解法二 从 0 到 9 这 10 个数字中任取 3 个数字的排列种数，减去以 0 为首位的排列种数，就是用这 10 个数字组成没有重复数字的三位数的个数。

从 0 到 9 这 10 个数字中任取 3 个数字的排列种数是 P_{10}^3,其中以 0 为首位的排列种数是 P_9^2.因此,所求三位数的个数是

$$P_{10}^3 - P_9^2 = 10 \times 9 \times 8 - 9 \times 8 = 648.$$

解法三 如图 5-6 所示,符合条件的三位数可以分为 3 类:每一位数字都不是 0 的三位数,P_9^3 个;个位数字是 0 的三位数,P_9^2 个;十位数字是 0 的三位数,P_9^2 个.根据分类计数原理,符合条件的三位数个数是

$$P_9^3 + P_9^2 + P_9^2 = 648.$$

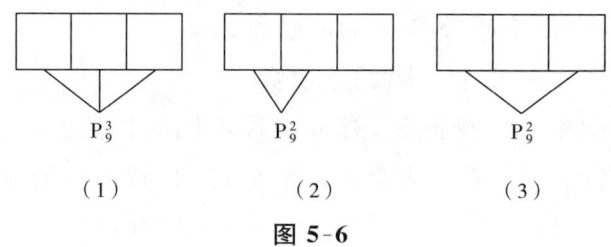

图 5-6

三、重复排列

上面讨论的从 n 个不同的元素中所取的 m 个元素是不相同的,即元素没有重复出现,但在很多问题中,会遇到元素重复出现的情形.例如,上例中的三位数若去掉没有重复数字条件,则 112,113,333,… 也都是符合条件的三位数.又如,从 0 到 9 这 10 个数字中任取 7 个数字组成电话号码,如 3411111,3822334,… 都是允许重复选取数字的排列.

元素可以重复选取的排列称为**重复排列**.

例 7 以 3412 为前 4 个数字的八位数字电话号码有多少个?

解 符合题意的电话号码形式为"3412××××",后 4 个数字由 0 到 9 组成.由于数字可以重复,因此,电话号码的后 4 个数字中的每一个数字都有 10 种取法.根据分步计数原理,符合题意的电话号码的个数是

$$10 \times 10 \times 10 \times 10 = 10^4 = 10000.$$

习题 5-2(A 组)

1. 填空题.

    (1) $0! = $ _____.   (2) $4! = $ _____.   (3) $P_6^3 = $ _____.

2. 写出从 4 个元素 a,b,c,d 中任取 2 个元素的所有排列.

3. 已知 $\dfrac{P_n^7 - P_n^5}{P_n^5} = 89$,求 n.

4. 一条道路沿线共有 30 个车站,需要准备多少种车票?

5. 有 3 名运动员报名参加 2 项比赛,每人限报一项且每项限报一人,共有多少种不同的报名法?

6. 6 名同学排成一排照相,有多少种排法?

7. 用 1,2,3,4,5 可以组成多少个没有重复数字的四位数?

习题 5-2(B 组)

1. 用 0,1,2,3,4 可以组成多少个没有重复数字的三位数?

2. 已知 $P_{2n}^3 = 2P_n^4$,求 n.

3. 把 3 封信投入 4 个邮筒内(可多封信放入一个邮筒),共有多少种投法?

4. 某零件加工需由 5 个工种完成.
 (1) 共有多少种加工顺序?
 (2) 若其中一个工种必须最先开始,有多少种不同的加工顺序?
 (3) 若其中一个工种不能排在最后,有多少种不同的加工顺序?

扫一扫,获取参考答案

5.3 组 合

一、组合

我们先看下面的例子.

(1) 在北京、上海、广州 3 个民航站之间的直达航线上,有多少种不同的票价?

这个问题与上节中求飞机票种数的问题不同. 飞机票的种数与起点站和终点站的顺序有关,但飞机票的票价与起点站和终点站的顺序无关,只与起点站和终点站之间的距离有关. 例如,从北京到广州和从广州到北京的距离是一样的,所以飞机票的票价是一样的. 因此,当 3 个站的距离两两不等时,票价的种数只有票的种数的一半,即 $\frac{1}{2}P_3^2 = 3$ 种,分别为

① 北京 ⟷ 上海 ② 上海 ⟷ 广州 ③ 广州 ⟷ 北京

(2) 有 3 张分别写有数字 7,8,9 的卡片,每次任取 2 张,将数字相加,可以得到多少个不同的和数?

这个问题与上节求两位数的问题不同,和数只与卡片上数字的大小有关,

与它们的顺序无关.因此,和数的个数只有两位数个数的一半,即 $\frac{1}{2}P_3^2=3$ 种,分别为

$$7+8=15,\ 7+9=16,\ 8+9=17.$$

上节中 2 个例子,是从 3 个不同元素中任取 2 个,然后按照一定的顺序排列,求一共有多少种不同的排法,这是排列问题;而本节的这 2 个例子,是从 3 个不同的元素中任取 2 个并成一组,不考虑元素的顺序,求一共有多少个不同的组合,这就是本节要研究的组合问题.

定义 从 n 个不同元素中任取 m ($m \leqslant n$) 个元素并成一组,称为从 n 个不同元素中取出 m 个元素的一个**组合**.

由排列和组合的定义可知,排列与组合的根本差异在于所取出的 m 个元素是否与顺序有关.例如,对取出的元素 a,b,如果考虑顺序,则 ab 和 ba 是 2 种不同的排列;如果不考虑顺序,则它们是同一种组合.

二、组合种数的计算公式

从 n 个不同元素中取出 m 个元素的所有组合的个数,称为从 n 个不同元素中取出 m 个元素的**组合种数**,用符号 C_n^m 表示.

例如,从 8 个不同元素中取出 5 个元素的组合种数表示为 C_8^5;从 7 个不同的元素中取出 4 个元素的组合种数表示为 C_7^4.

下面我们从组合种数 C_n^m 与排列种数 P_n^m 的关系入手,找出组合种数的计算公式.

例如,从 4 个不同元素 a,b,c,d 中取出 3 个元素的排列与组合的关系如图 5-7 所示.

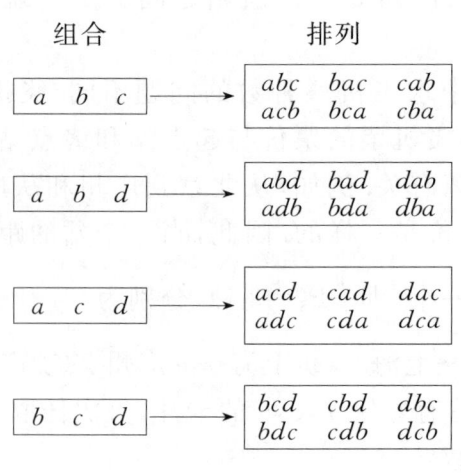

图 5-7

从表中可以看出,对于每一个组合都有 6 个不同的排列.因此,求从 4 个不同元素中取出 3 个元素的排列种数(P_4^3),可以按以下两步来考虑:

(1) 从 4 个不同元素中取出 3 个元素作组合,有 C_4^3 种.

(2) 对每一个组合中的 3 个不同元素作全排列,各有 P_3 种.

根据分步计数原理,得

$$P_4^3 = C_4^3 \cdot P_3.$$

因此,

$$C_4^3 = \frac{P_4^3}{P_3}.$$

一般地,求从 n 个不同元素中取出 m 个元素的排列种数 P_n^m,可以按以下两步来考虑:

(1) 先求出从这 n 个不同的元素中取出 m 个元素的组合种数 C_n^m.

(2) 求每一个组合中 m 个元素的全排列种数 P_m.

根据分步计数原理,得

$$P_n^m = C_n^m \cdot P_m.$$

因此,

$$\boxed{C_n^m = \frac{P_n^m}{P_m} = \frac{n(n-1)\cdots(n-m+1)}{m!}.} \tag{5-4}$$

这就是组合种数的计算公式. 这里 $m, n \in \mathbf{N}^*$,且 $m \leqslant n$.

因为

$$P_n^m = \frac{n!}{(n-m)!},$$

所以上面的组合种数公式还可以写成

$$\boxed{C_n^m = \frac{n!}{m!(n-m)!}.} \tag{5-5}$$

例1 计算 C_{10}^4 及 C_7^3.

解 $C_{10}^4 = \dfrac{10 \times 9 \times 8 \times 7}{4 \times 3 \times 2 \times 1} = 210$,

$C_7^3 = \dfrac{7 \times 6 \times 5}{3 \times 2 \times 1} = 35.$

例2 利用 CASIO fx-82ES PLUS 型计算器计算 C_6^3.

解 输入 6,依次按 $\boxed{\text{SHIFT}}$ 键和 $\boxed{nCr}$ 键,然后输入 3,按 $\boxed{=}$ 键,显示 20,即

$$C_6^3 = 20.$$

三、组合种数的性质

性质 1 $C_n^m = C_n^{n-m}$.

这个性质可以由组合的定义得出. 从 n 个不同元素中取出 m 个元素后,剩下 $n-m$ 个元素. 也就是说,从 n 个不同元素中取出 m 个元素的每一个组合,都对应着从 n 个不同元素中取出 $n-m$ 个元素的唯一的一个组合;反过来也是一样. 因此,从 n 个不同元素中取出 m 个元素的组合种数 C_n^m,等于从 n 个不同元素中取出 $n-m$ 个元素的组合种数 C_n^{n-m},即

$$C_n^m = C_n^{n-m}.$$

当 $m > \dfrac{n}{2}$ 时,利用上面的性质,计算起来比较方便,例如

$$C_{200}^{198} = C_{200}^{2} = \dfrac{200 \times 199}{2 \times 1} = 19900.$$

注意:为了使这个公式在 $n=m$ 时也成立,我们规定

$$C_n^0 = 1.$$

性质 2 $C_n^m + C_n^{m-1} = C_{n+1}^m$.

这个性质可以由组合的定义与分类计数原理得出. 从 $a_1, a_2, \cdots, a_{n+1}$ 这 $n+1$ 个不同元素中取出 m 个的组合种数是 C_{n+1}^m. 这些组合可以分成 2 类,一类含有 a_1,一类不含有 a_1. 含有 a_1 的组合是从 $a_2, a_3, \cdots, a_{n+1}$ 这 n 个元素中取出 $m-1$ 个元素与 a_1 组成的,共有 C_n^{m-1} 种;不含 a_1 的组合是从 $a_2, a_3, \cdots, a_{n+1}$ 这 n 个元素中取出 m 个元素组成的,共有 C_n^m 种. 根据分类计数原理,得

$$C_n^m + C_n^{m-1} = C_{n+1}^m.$$

例 3 求证:$C_5^5 + C_6^5 + C_7^5 = C_8^6$.

证 根据性质 2,得

$$C_5^5 + C_6^5 + C_7^5 = C_6^6 + C_6^5 + C_7^5 = C_7^6 + C_7^5 = C_8^6.$$

例 4 平面内有 9 个点,其中任意 3 个点不在同一直线上,以每 3 个点为顶点画一个三角形,一共可画多少个三角形?

解 以平面内 9 个点中的每 3 个点为顶点画三角形,可画三角形的个数就是从 9 个不同的元素中取出 3 个元素的组合种数,即

$$C_9^3 = \dfrac{9 \times 8 \times 7}{3 \times 2 \times 1} = 84.$$

例 5 在产品检验时,常从产品中抽出一部分进行检查,现在从 100 件产品中任意抽出 3 件.

(1) 一共有多少种不同的抽法?

(2) 如果 100 件产品中有 2 件次品,抽出的 3 件中恰好有 1 件是次品的抽法有多少种?

(3) 如果 100 件产品中有 2 件次品,抽出的 3 件中至少有 1 件是次品的抽法有多少种?

解 (1) 所求的不同抽法种数,就是从 100 件产品中取出 3 件的组合种数:
$$C_{100}^3 = \frac{100 \times 99 \times 98}{3 \times 2 \times 1} = 161700.$$

(2) 从 2 件次品中抽出 1 件次品的抽法有 C_2^1 种,从 98 件合格品中抽出 2 件合格品的抽法有 C_{98}^2 种,因此抽出的 3 件中恰好有 1 件是次品的抽法的种数是
$$C_2^1 \cdot C_{98}^2 = 2 \times 4753 = 9506.$$

(3) 从 100 件产品中抽出 3 个,一共有 C_{100}^3 种抽法. 在这些抽法里,除掉抽出的 3 件全部是合格品的抽法 C_{98}^3 种,剩下的便是抽出的 3 件中至少有 1 件是次品的抽法的种数,即
$$C_{100}^3 - C_{98}^3 = 161700 - 152096 = 9604.$$

例 6 从 0,2,4,6 中取出 3 个数字,从 1,3,5,7 中取出 2 个数字,共能组成多少个没有重复数字且大于 65000 的五位数?

解 根据约束条件"大于 65000 的五位数",可知这样的五位数只有 7××××、65×××、67××× 三种类型.

(1) 7×××× 型五位数的个数是
$$N_1 = (C_4^3 C_3^1) \cdot P_4.$$

(2) 65××× 型五位数的个数是
$$N_2 = (C_3^2 C_3^1) \cdot P_3.$$

(3) 67××× 型五位数的个数是
$$N_3 = (C_3^2 C_3^1) \cdot P_3.$$

根据分类计数原理,符合题意的五位数的个数是
$$N = N_1 + N_2 + N_3 = 396.$$

习题 5-3(A 组)

1. 写出从 5 个元素 a,b,c,d,e 中任取 2 个元素的所有组合.

2. 计算.

(1) C_6^2.　　(2) C_8^3.　　(3) C_{100}^{97}.　　(4) $C_7^3 - C_6^2$.

3. 从 3,5,7,11 这 4 个质数中任取 2 个相乘,可以得到多少个不相等的积?

4. 由 5 个不同元素组成的一个集合,可以有多少个不同的真子集?

5. 圆周上有 6 个点,以任意 3 个点为顶点画圆的内接三角形,一共可以画多少个三角形?

习题 5-3(B 组)

1. 已知 10 件产品中有 3 件是次品,从中任取 4 件.
(1) 若没有一件是次品,共有几种取法?
(2) 若恰好有一件是次品,共有几种取法?
(3) 若至少有一件是次品,共有几种取法?
(4) 若最多有一件是次品,共有几种取法?

2. 已知 $C_{n+1}^{n-1} - C_n^{n-2} + C_{n-1}^{n-3} = 16$,求 n 的值.

3. 一旅店现有空房 3 间,分别为三人间、双人间和单人间,若有 6 位客人要入住.问共有多少种不同的安排方法?

扫一扫,获取参考答案

5.4 二项式定理

一、二项式定理

初中时,我们已经知道
$$(a+b)^2 = a^2 + 2ab + b^2,$$
$$(a+b)^3 = a^3 + 3a^2b + 3ab^2 + b^3.$$
但对于 $(a+b)^4$,$(a+b)^5$ 的展开式,若用多项式乘法法则展开,十分麻烦. 由于 $(a+b)^3 = a^3 + 3a^2b + 3ab^2 + b^3 = C_3^0 a^3 + C_3^1 a^2 b + C_3^2 ab^2 + C_3^3 b^3$,根据 $(a+b)^3$ 的展开式可以推出
$$(a+b)^4 = C_4^0 a^4 + C_4^1 a^3 b + C_4^2 a^2 b^2 + C_4^3 ab^3 + C_4^4 b^4.$$
一般地,有

$$(a+b)^n = C_n^0 a^n + C_n^1 a^{n-1}b + C_n^2 a^{n-2}b^2 + \cdots$$
$$+ C_n^r a^{n-r}b^r + \cdots + C_n^{n-1} ab^{n-1} + C_n^n b^n.$$

(5-6)

这个公式所表示的定理称为**二项式定理**,右边的多项式称为 $(a+b)^n$ 的**二项展开式**. 其中 $C_n^r (r=0,1,\cdots,n)$ 称为**二项式系数**,$C_n^r a^{n-r}b^r$ 称为二项展开式

的**通项**，用 T_{r+1} 表示，即通项为展开式的第 $r+1$ 项：

$$T_{r+1} = C_n^r a^{n-r} b^r. \tag{5-7}$$

例 1 展开 $\left(1+\dfrac{1}{x}\right)^4$.

解 $\left(1+\dfrac{1}{x}\right)^4 = C_4^0 \cdot 1^4 + C_4^1 \cdot 1^3 \cdot \left(\dfrac{1}{x}\right)^1 + C_4^2 \cdot 1^2 \cdot \left(\dfrac{1}{x}\right)^2 + C_4^3 \cdot 1 \cdot \left(\dfrac{1}{x}\right)^3 + C_4^4 \left(\dfrac{1}{x}\right)^4$

$= 1 + 4\left(\dfrac{1}{x}\right) + 6\left(\dfrac{1}{x}\right)^2 + 4\left(\dfrac{1}{x}\right)^3 + \left(\dfrac{1}{x}\right)^4$

$= 1 + \dfrac{4}{x} + \dfrac{6}{x^2} + \dfrac{4}{x^3} + \dfrac{1}{x^4}.$

例 2 求 $\left(x-\dfrac{1}{x}\right)^9$ 展开式中 x^3 的系数.

解 展开式的通项是

$$T_{r+1} = C_9^r x^{9-r} \left(-\dfrac{1}{x}\right)^r = (-1)^r C_9^r x^{9-2r}.$$

根据题意，得

$$9 - 2r = 3,$$

$$r = 3.$$

因此，x^3 的系数是

$$(-1)^3 C_9^3 = -84.$$

例 3 已知 $\left(x\sqrt{x}+\dfrac{2}{\sqrt[3]{x}}\right)^n$ 的展开式的前 3 项系数和为 129，求展开式中含 x 的项.

解 因为展开式前 3 项的系数分别为 $1, C_n^1 \cdot 2$ 和 $C_n^2 \cdot 2^2$，所以有

$$1 + 2C_n^1 + 4C_n^2 = 129,$$

即

$$1 + 2n + 4\dfrac{n(n-1)}{2} = 129.$$

整理得 $n^2 = 64,$

解得 $n = 8$（$n = -8$ 舍去）.

设含 x 的项为第 $r+1$ 项，则

$$T_{r+1} = C_8^r (x\sqrt{x})^{8-r} \left(\dfrac{2}{\sqrt[3]{x}}\right)^r = C_8^r 2^r x^{\frac{3(8-r)}{2}-\frac{r}{3}}.$$

令 $\dfrac{3(8-r)}{2} - \dfrac{r}{3} = 1,$

解得 $r = 6.$

则含 x 的项为

$$T_7 = C_8^6 \left(x\sqrt{x}\right)^2 \left(\frac{2}{\sqrt[3]{x}}\right)^6 = 1792x.$$

二、二项展开式的性质

我们把 $(a+b)^0, (a+b)^1, (a+b)^2, (a+b)^3, \cdots$ 展开式各项的系数单独列出来，可以排列成如图 5-8 所示的形式.

```
(a+b)⁰ ·············              1
(a+b)¹ ·············            1   1
(a+b)² ·············          1   2   1
(a+b)³ ·············        1   3   3   1
(a+b)⁴ ·············      1   4   6   4   1
(a+b)⁵ ·············    1   5  10  10   5   1
(a+b)⁶ ·············  1   6  15  20  15   6   1
```

图 5-8

这个类似三角形排列的数表为**二项式系数表**. 早在我国南宋时期，数学家杨辉于 1261 年所著《详解九章算法》一书中对此就有记载，因此，常称它为**杨辉三角**. 通过对数表的观察，我们可以看到：数表中每一行两端都是 1，其余每个数都等于它"肩上" 2 个数的和. 它直观地揭示了具有不同幂指数的二项展开式中各项系数之间的关系. 同时，由杨辉三角还可以看出二项展开式有如下的一些性质：

（1）二项展开式共有 $n+1$ 项.

（2）二项展开式中，与首末两端"等距离"的两项的二项式系数相等，即

$$C_n^0 = C_n^n, C_n^1 = C_n^{n-1}, \cdots, C_n^i = C_n^{n-i}, \cdots.$$

（3）若二项式的幂指数是偶数，则展开式有奇数项，且中间一项 $T_{\frac{n}{2}+1}$ 的二项式系数最大.

（4）若二项式的幂指数是奇数，则展开式有偶数项，中间两项 $T_{\frac{n+1}{2}}$ 与 $T_{\frac{n+1}{2}+1}$ 的二项式系数相等且最大.

例 4 求 $(1-x)^8$ 展开式中二项式系数最大的项.

解 因为二项式的幂指数是偶数，所以此二项展开式中间一项的二项式系数最大，即

$$T_{\frac{8}{2}+1} = T_5 = C_8^4 (-x)^4 = 70x^4$$

为所求.

习题 5-4(A 组)

1. 填空题.
   (1) $(a+b)^n$ 二项展开式共有_____项.
   (2) $(1-x)^8$ 的展开式其中间的一项是第_____项,第 8 项的系数是_____,含有 x^3 的项的系数是_____.

2. 展开下列各式：
   (1) $(x+1)^6$.   (2) $\left(\dfrac{x}{3}+\dfrac{1}{x}\right)^5$.   (3) $(2a-3b)^4$.

3. 求 $(x^3+2x)^7$ 的展开式的第 4 项的二项式系数,并求第 4 项的系数.

4. 求 $\left(\sqrt[3]{a}-\dfrac{1}{\sqrt{a}}\right)^{15}$ 展开式中不含 a 的项.

5. 已知 $\left(a+\dfrac{1}{a}\right)^n$ 的展开式中,第 4 项系数与第 5 项系数之比为 $1:2$,求指数 n 及第 $n-3$ 项.

习题 5-4(B 组)

1. 填空题.
   (1) $\left(1-\dfrac{x}{2}\right)^{10}$ 的展开式中第 6 项是_____.
   (2) $(1+2x)^5$ 的展开式中系数最大的项是第_____项.
   (3) $\left(\sqrt{x}+\dfrac{2}{\sqrt{x}}\right)^6$ 的展开式中的常数项为_____.
   (4) 若 $(1+x)^n$ 的展开式中第 3 项和第 5 项的系数相等,则 $n=$_____.

2. 若 $\left(2x^3-\dfrac{1}{x^2}\right)^n$ 的展开式中存在常数项,试求 n 的最小正整数,并写出此常数项.

3. 已知 $\left(x+\dfrac{1}{\sqrt{x}}\right)^n$ 的展开式中前 3 项的系数之和为 46,求该展开式中的常数项.

扫一扫,获取参考答案

5.5 随机事件

一、随机现象与随机试验

在生产实践和日常生活中,我们常遇到 2 类不同的现象:确定性现象和随机现象.

所谓确定性现象,是指在一定条件下,必然会产生某一种结果的现象.例如,在标准大气压下,纯水加热到 100 ℃ 必然沸腾.

随机现象是指在一定条件下产生多种可能结果,但究竟产生哪一种结果事先不能肯定的现象.例如,投掷一枚质地均匀的硬币,如果规定某一面为正面,则正面可能向上,也可能向下;某战士进行一次射击,可能中靶,也可能不中靶.

随机现象的特点:一方面,事先不能预知其产生的结果,具有偶然性;另一方面,在相同的条件下进行大量的重复试验,会呈现某种规律性.这种规律性叫作**统计规律性**.例如,在相同的条件下,多次重复掷一枚质地均匀的硬币,就会发现"正面朝上"出现的频率"接近"$\frac{1}{2}$,且随着实验次数的增加,这种"接近"的程度更高.

我们把对随机现象的一次观察叫作一次**随机试验**(简称**试验**).随机试验有以下特点:

(1) 试验可以在相同条件下重复进行.

(2) 每次试验可能出现的结果不止一个,但所有可能的结果都是确定的.

(3) 每次试验的结果都是事先不能确定的.

二、随机事件

在一定的条件下,对随机现象进行试验的每一种可能的结果叫作**随机事件**(简称**事件**),通常用大写字母 A,B,C,$\cdots$ 来表示.例如,某战士进行一次射击是一次试验,可能出现的结果,如"不中""命中 1 环""命中 2 环""命中 10 环""至少命中 5 环"等,都是事件.

在描述一个事件时,通常采用加大括号的方式.例如,掷一枚质地均匀的硬币,用 A 表示出现"正面向上"的事件,则

$$A = \{正面向上\}.$$

在一定的条件下,必然发生的事件叫作**必然事件**,记为 Ω.例如,在标准大气压下,把纯水加热到 100℃,则事件"水沸腾"为必然事件.

在一定的条件下,不可能发生的事件称为**不可能事件**,记为 $\varnothing$.例如,在只有 2 件次品的 100 件产品中任取 3 件,则事件"全是次品"是不可能事件.

为了方便讨论,我们将必然事件和不可能事件也看作随机事件.

在试验和观察中不能再分的最简单的随机事件叫作**基本事件**.可以用基本事件来描绘的随机事件叫作**复合事件**.例如,掷一个骰子,事件 $A = \{$出现的点数小于 $3\}$,$A_1 = \{$出现的点数为 $1\}$,$A_2 = \{$出现的点数为 $2\}$,$A_3 = \{$出

现的点数为 3}，A_4 = {出现的点数为 4}，A_5 = {出现的点数为 5}，A_6 = {出现的点数为 6}. 在这里 A_1，A_2，A_3，A_4，A_5，A_6 都是基本事件. 由于"出现的点数小于 3"包括"出现的点数为 1"和"出现的点数为 2"两种情况，事件 A 可以用事件 A_1 和 A_2 来进行描绘. 即事件 A 总是伴随着事件 A_1 或事件 A_2 的发生. 所以，事件 A 是复合事件.

三、事件间的关系及运算

1. 事件间的关系

如果事件 B 发生必然导致事件 A 发生，则称**事件 A 包含事件 B**，记作 $B \subseteq A$ 或 $A \supseteq B$，如图 5-9 所示. 如果 $A \subseteq B$，同时 $B \subseteq A$，则称**事件 A 和事件 B 相等**，记为 $A = B$.

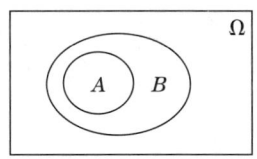

图 5-9

例 1 抽查一批产品，设事件 A = {最多有一件是不合格品}，B = {没有不合格产品}，C = {恰有一件不合格产品}，试写出上述事件之间的包含关系.

解 由于事件 B 或事件 C 发生都能导致事件 A 发生，所以有 $B \subseteq A$，$C \subseteq A$.

2. 事件的运算

(1) 并. 在试验中，事件 A 与事件 B 至少有一个发生的事件称为**事件 A 与事件 B 的并**，记作 $A \cup B$，如图 5-10 所示.

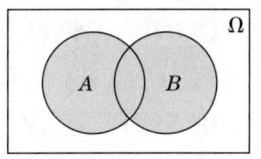

图 5-10

n 个事件 A_1，A_2，A_3，…，A_n 在试验中至少有一个发生的事件称为该 n **个事件的并**，记作

$$C = A_1 \cup A_2 \cup A_3 \cup \cdots \cup A_n.$$

例 2 若袋中有大小、形状相同的 2 个白球和 3 个红球，随机取出 2 个，设 A = {恰有 1 个白球}，B = {2 个都是白球}，则

$$A \cup B = \{\text{至少有 1 个白球}\}.$$

(2) 交. 在试验中，事件 A 与事件 B 同时发生的事件称为**事件 A 与事件 B 的交**，记作 $A \cap B$（或 AB），如图 5-11 所示.

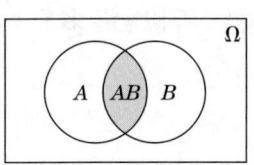

图 5-11

n 个事件 A_1，A_2，A_3，…，A_n 在试验中同时发生的事件称为该 n **个事件的交**，记作 $C = A_1 A_2 A_3 \cdots A_n$.

例3 如果某零件的验收标准为长度、直径都合格,设事件 $A=\{$零件直径合格$\}$, $B=\{$零件长度合格$\}$, $C=\{$零件合格$\}$,则
$$C=AB（\text{或} C=A\cap B）.$$

在一次试验中,若事件 A 与 B 不能同时发生,则称为**事件 A 与 B 互不相容**,或称**事件 A 与 B 互斥**,记作 $A\cap B=\varnothing$（或 $AB=\varnothing$）,如图 5-12 所示.

在一次试验中,如果 n 个事件 $A_1, A_2, A_3, \cdots, A_n$ 中的任何两个事件都不能同时发生,则称**事件 $A_1, A_2, A_3, \cdots, A_n$ 为两两互不相容**.

在例 1 中,$B=\{$没有不合格产品$\}$ 和 $C=\{$恰有一件不合格产品$\}$ 是互不相容的.

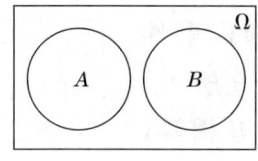

图 5-12

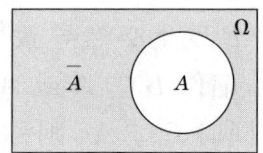

图 5-13

(3) 逆. 若事件 A 与 B 满足 $AB=\varnothing$ 且 $A\cup B=\Omega$,则称 **A 与 B 互逆**,或称 **A 与 B 互为对立事件**. 通常用 $\overline{A}$ 表示 A 的对立事件,如图 5-13 所示.

例4 指出下列各事件的对立事件:

(1) 在掷一枚硬币的试验中,$A=\{$正面朝上$\}$.

(2) 在含有 3 个次品、97 个正品的 100 个产品中抽取 5 个产品,$B=\{$至少有一个次品$\}$.

(3) 甲、乙两队进行乒乓球比赛,$C=\{$甲胜$\}$.

解 (1) $\overline{A}=\{$反面向上$\}$. (2) $\overline{B}=\{$全是正品$\}$. (3) $\overline{C}=\{$乙胜$\}$.

例5 甲、乙、丙三人同时进行射击,设 $A=\{$甲中靶$\}$, $B=\{$乙中靶$\}$, $C=\{$丙中靶$\}$,试用事件 A,B,C 的关系来表示下列事件:

(1) 三人都中靶. (2) 至少有一人中靶. (3) 最多有两人中靶.

解 (1) $\{$三人都中靶$\}=ABC$. (2) $\{$至少有一人中靶$\}=A\cup B\cup C$.

(3) "最多有两人中靶"表示有两人中靶、有一人中靶或都不中靶,所以 $\{$最多有两人中靶$\}=AB\overline{C}\cup A\overline{B}C\cup \overline{A}BC\cup A\overline{B}\,\overline{C}\cup \overline{A}B\overline{C}\cup \overline{A}\,\overline{B}C\cup \overline{A}\,\overline{B}\,\overline{C}$.

这个问题也可以这样来考虑,"最多有两人中靶"是"三人都中靶"的对立事件,所以 $\{$最多有两人中靶$\}=\overline{ABC}$.

习题 5-5(A 组)

1. 指出下列事件中哪些是必然事件,哪些是不可能事件,哪些是随机事件.

(1) $A=\{$一副 52 张扑克牌中随机抽出一张是黑桃$\}$.

(2) $B=\{$没有水分,水稻种子发芽$\}$.
(3) $C=\{$掷一个骰子,出现的点数小于 7$\}$.
(4) $D=\{$明天下雨$\}$.

2. 掷一个骰子,观察出现的点数,指出下列事件中的基本事件和复合事件.
   (1) $A=\{$点数是 1$\}$.　(2) $B=\{$点数是 3$\}$.
   (3) $C=\{$点数是 5$\}$.　(4) $D=\{$点数是奇数$\}$.

3. 从 1,2,3 中任选 2 个数组成集合,写出全体基本事件.

4. 指出下列各组事件之间的包含关系.
   (1) $A=\{$击中飞机$\}$,$B=\{$击落飞机$\}$.
   (2) $C=\{$某圆柱形产品的长度合格$\}$,$D=\{$某圆柱形产品合格$\}$.

习题 5-5(B 组)

1. 掷一个骰子,观察出现的点数,设事件 $A=\{$不超过 3 点$\}$,$B=\{$6 点$\}$,$C=\{$不小于 4 点$\}$,$D=\{$不超过 5 点$\}$,$E=\{$4 点$\}$.试问:哪些事件是互逆事件? 哪些事件是互不相容事件?

2. 从含有 5 件正品和 4 件次品的产品中任抽取 2 件产品,每次取 1 件,取后不放回,连续取 2 次.设 $A=\{$抽出的第一件是正品$\}$,$B=\{$抽出的第二件是正品$\}$,试用 A,B 的并、交、逆表示下列事件.
   (1) $\{$抽出的 2 件都是正品$\}$.
   (2) $\{$抽出的 2 件至少有一件是正品$\}$.
   (3) $\{$第一件是正品,第二件是次品$\}$.
   (4) $\{$抽出的两件都是次品$\}$.

扫一扫,获取参考答案

5.6　频率与概率

随机事件在一次试验中发生与否是随机的,但随机性中含有规律性.认识了这种随机性中的规律性,我们就能比较准确地预测随机事件发生的可能性大小.为了找到某事件发生的规律性,我们先对事件发生的频率进行研究.

一、频率的概念

在 n 次重复试验中,事件 A 发生的次数 m 叫作事件 A 发生的**频数**,事

件 A 的频数在试验的总次数中所占的比例 $\dfrac{m}{n}$ 叫作事件 A 发生的**频率**，记为 $f_n(A)$，即

$$f_n(A) = \dfrac{m}{n}.$$

在抛掷一枚硬币的试验中，观察事件 $A=\{$出现正面向上$\}$ 发生的频率. 当试验的次数较少时，很难找到什么规律，但是，如果试验次数增多，情况就不同了. 前人抛掷硬币试验的一些结果如表 5-1 所示.

表 5-1

实验者	抛掷次数(n)	出现正面的次数(m)	A 发生的频率(m/n)
蒲丰	4040	2048	0.5069
皮尔逊	12000	6019	0.5016
皮尔逊	24000	12012	0.5005
维尼	30000	14994	0.4998

从表 5-1 中可以看出，当抛掷次数 n 很大时，事件 A 发生的频率总落在 0.5 附近. 这说明事件 A 发生的频率具有相对稳定性，常数 0.5 就是事件 A 发生的频率的稳定值，可以用它来描述事件 A 发生的可能性大小，从而认识事件 A 发生的规律.

二、概率的统计定义

一般地，当试验次数充分大时，如果事件 A 发生的频率 $\dfrac{m}{n}$ 总稳定在某个常数附近，那么就把这个常数叫作事件 A 发生的**概率**，记作 $P(A)$.

因为在 n 次重复试验中，事件 A 发生的次数 m 总是满足 $0 \leqslant m \leqslant n$，所以 $0 \leqslant \dfrac{m}{n} \leqslant 1$. 由此得出事件的概率具有下列性质：

(1) 对于必然事件 Ω，$P(\Omega) = 1$.
(2) 对于不可能事件 $\varnothing$，$P(\varnothing) = 0$.
(3) $0 \leqslant P(A) \leqslant 1$.
(4) 若 $A \cap B = \varnothing$，则 $P(A \cup B) = P(A) + P(B)$（概率加法公式）.

我们通常是通过频率的计算来估计概率，并利用事件 A 的概率 $P(A)$ 来描述试验中事件 A 发生的可能性大小.

例1 连续抽检了某车间一周内的产品,结果如表 5-2 所示(精确到 0.001).

表 5-2

时间	星期一	星期二	星期三	星期四	星期五	星期六	星期日
生产产品总数(n)	60	150	600	900	1200	1800	2400
次品数(m)	7	19	52	100	109	169	248
频率($\frac{m}{n}$)	0.117	0.127	0.087	0.111		0.094	0.103

求:(1) 星期五该厂生产的产品是次品的频率为多少?

(2) 本周内该厂生产的产品是次品的概率为多少?

解 (1) 星期五该厂生产的产品是次品的频率为

$$\frac{m}{n} = \frac{109}{1200} \approx 0.091.$$

(2) 从表 5-2 中可以看出,生产产品是次品的频率稳定在 0.100 左右. 所以,本周内生产的产品是次品的概率为 0.100.

例2 在某次射击比赛中,小明命中的环数大于等于 9 环的概率为 0.2,大于等于 8 环且小于 9 环的概率为 0.4,大于等于 7 环且小于 8 环的概率为 0.3,命中 7 环以下的概率为 0.1. 求小明在这次比赛中,命中的环数大于等于 8 环的概率为多少?

解 设 $A = \{$命中的环数大于等于 9 环$\}$,$B = \{$命中的环数大于等于 8 环且小于 9 环$\}$,则

$$A \cup B = \{命中的环数大于等于 8 环\}.$$

由题意知,$P(A) = 0.2$,$P(B) = 0.4$. 因为 $A \cap B = \varnothing$,所以由概率加法公式得

$$P(A \cup B) = P(A) + P(B) = 0.2 + 0.4 = 0.6.$$

即小明在这次比赛中,命中的环数大于等于 8 环的概率为 0.6.

三、概率的古典定义

我们从频率的稳定性引出了概率的统计定义,用频率来估算事件的概率,提供了找出事件概率近似值的一般方法. 必须通过大量重复试验才能得到稳定的常数(概率),这是比较困难的. 但在某些特殊情况下,对事件及其相互关系进行分析对比,就可以直接计算出它的概率.

一般地,如果随机试验具有如下的特征,则称这类随机试验模型为**古典概型**:(1) 全部基本事件的个数是有限的. (2) 每一个基本事件发生的可能性是相等的.

例如,抛掷一枚质地均匀的硬币,全部基本事件有两个:"正面向上"和"反面向上". 在一次试验中,每个基本事件发生的可能性大小是相等的,都是 $\frac{1}{2}$. 这就属于古典概型.

古典概型求概率的问题可以转化成计数问题. 在古典概型中,若基本事件的总数为 n,事件 A 包含的基本事件个数为 m,则事件 A 发生的概率为

$$P(A) = \frac{m}{n}.$$

例3 抛掷一颗骰子,求下列事件的概率:
(1) 出现的点数是 5; (2) 出现的点数是奇数;
(3) 出现的点数大于 1 且小于等于 5.

解 这是古典概型问题. 抛掷一颗骰子可能出现的点数分别为 1,2,3,4,5,6,对应 6 个基本事件,而这些基本事件发生的可能性是相等的. 基本事件总数 $n = 6$.

设 $A = \{$出现的点数是 5$\}$,$B = \{$出现的点数是奇数$\}$,$C = \{$出现的点数大于 1 且小于等于 5$\}$,这些事件包含的基本事件个数分别为 $m_A = 1$,$m_B = 3$,$m_C = 4$.

(1) $P(A) = \frac{m_A}{n} = \frac{1}{6}$. (2) $P(B) = \frac{m_B}{n} = \frac{3}{6} = \frac{1}{2}$.

(3) $P(C) = \frac{m_C}{n} = \frac{4}{6} = \frac{2}{3}$.

想一想:连续两次抛掷一枚质地均匀的硬币,基本事件有哪些?每个基本事件发生的可能性各有多大?只出现一次正面向上的概率是多少?

特别地,若事件 A 与事件 B 是互逆事件,则 $A \cup B$ 为必然事件,且 $A \cap B$ 为不可能事件. 由 $P(A \cup B) = 1$ 及概率加法公式得

$$P(B) = 1 - P(A),$$

即

$$P(\overline{A}) = 1 - P(A).$$

利用上述公式,可以简化概率的计算.

例4 如果从不包括大、小王的 52 张扑克牌中随机抽取一张,那么取得红心的概率是 $\frac{1}{4}$,取得方块的概率是 $\frac{1}{4}$. 问:

(1) 取得红色牌的概率是多少?
(2) 取得黑色牌的概率是多少?

解 设 $A = \{$抽取一张是红心$\}$,$B = \{$抽取一张是方块$\}$,$C = \{$抽取一张是红色牌$\}$,则 $\overline{C} = \{$抽取一张是黑色牌$\}$,

$$C = A \cup B.$$

(1) 由题意知,$P(A)=\dfrac{1}{4}$,$P(B)=\dfrac{1}{4}$. 因为 $A\cap B=\varnothing$,所以,由概率加法公式得

$$P(C)=P(A\cup B)=P(A)+P(B)=\dfrac{1}{4}+\dfrac{1}{4}=\dfrac{1}{2}.$$

(2) $P(\overline{C})=1-P(C)=1-\dfrac{1}{2}=\dfrac{1}{2}.$

例 5 从含有 2 件正品 a,b 和 1 件次品 c 的 3 件产品中每次任取一件,每次取出后不放回,连续取两次,求取出的 2 件恰好有 1 件次品的概率.

解 每次取后不放回地连续取 2 次,基本事件是从 3 件产品中取 2 件的排列. 它们分别是

$$(a,b),(b,a),(a,c),(c,a),(b,c),(c,b),$$

其中括号内左边的字母表示第一次取出的产品,右边的字母表示第二次取出的产品. 基本事件总数为 $n=6$. 由于每一件产品被取到的机会是均等的,因此这些基本事件的出现是等可能的.

设 $A=\{$取出的 2 件恰好有 1 件次品$\}$,则 A 由以下 4 个基本事件组成:

$$(a,c),(c,a),(b,c),(c,b).$$

故 $m_A=4$,所以

$$P(A)=\dfrac{m_A}{n}=\dfrac{4}{6}=\dfrac{2}{3}.$$

习题 5-6(A 组)

1. 一个骰子掷一次得到 2 点的概率是 $\dfrac{1}{6}$,下列说法对吗?说说你的理由.

(1) 这说明一个骰子掷 6 次会出现一次 2 点;

(2) 这说明一个骰子掷 60000 次,大约有 10000 次出现 2 点.

2. 为了解经营人员对工商执法人员的满意程度,某市工商局进行了 5 次"问卷调查",结果如表 5-3 所示.

表 5-3

被调查人数 n	500	502	504	496	510
满意人数 m	375	376	378	372	384
满意频率 $\dfrac{m}{n}$					

(1) 计算表中的各个频率；

(2) 求经营人员对工商执法人员满意的概率.(保留 2 位小数)

3. 在 10 张奖券中,有 1 张一等奖、2 张二等奖,从中抽取 1 张,求中奖的概率.

4. 在数学考试中,小明的分数在 90 分及以上的概率是 0.18,分数大于等于 60 且小于 90 的概率是 0.75,小明考试及格(分数大于等于 60)的概率是多少？不及格的概率是多少？

5. 如果某人在某种比赛(这种比赛不会出现平局的情况)中获胜的概率是 0.3,那么他输的概率是多少？

习题 5-6(B 组)

1. 抛掷 2 颗骰子,求：

(1) 出现 2 个 4 点的概率；　(2) 出现点数之和为 7 的概率；

(3) 最容易出现的点数和是多少？

2. 从含有 2 件正品和 1 件次品的 3 件产品中任取 2 件,求取出的 2 件恰好有 1 件次品的概率.

扫一扫，获取参考答案

5.7　随机变量及其分布

随机变量在概率统计的研究中起着极其重要的作用,本节将学习随机变量的概念,研究离散型随机变量的概率分布及数字特征问题,然后介绍几个重要的随机变量分布.

一、随机变量的概念

我们知道,对随机现象进行试验的每一种可能的结果称为随机事件.随机事件是可以量化的.例如：

(1) 一次射击的"命中环数"可以用变量 X 来表示. X 取不同的值时,就代表有不同的事件发生. 例如,"$X=0$"表示事件"中 0 环"；"$X=1$"表示事件"中 1 环".

(2) 某工厂生产的电灯泡的寿命(单位:h)可以用变量 Y 来表示,Y 的可能取值是任何一个非负实数.例如,"$4000<Y<5000$"表示事件"电灯泡的寿命大于 4000 h 且小于 5000 h".

有些随机事件虽然没有数量特征,但可以通过"赋值"的方法来量化表示. 例如,掷一枚硬币,可以用"$\xi=1$"表示"正面向上",用"$\xi=0$"表示"正面向下".

若随机试验的各种结果(随机事件)都能用一个变量的取值(或取值范围)来表示,则称这个变量为**随机变量**.随机变量常用大写英文字母 X,Y 等或希腊字母 ξ,η 等来表示.

用随机变量来描述随机事件,具有以下两个特点:

(1) 偶然性.在一次试验前,不能预言变量取什么值.

(2) 规律性.由于大量重复试验呈现出统计规律性,即每个事件的概率是确定的,所以随机变量取某一数值或某一范围的值的概率也是确定的.

随机变量按照其取值状态的不同,主要可分为两类:离散型随机变量和连续型随机变量.

如果随机变量的可取值可以一一列举(有限个或无限个),则称这类随机变量为**离散型随机变量**.如果随机变量的可取值不能一一列出,而是连续地充满某个区间,则称这类随机变量为**连续型随机变量**.

例如,上述例(1)中所述的变量 X 就是离散型随机变量,例(2)中所述的变量 Y 就是连续型随机变量.

设随机变量为 X,如果随机事件 $A=\{X\leqslant x\}$,$B=\{X=k\}$,其概率分别记为

$$P(A)=P(X\leqslant x),\ P(B)=P(X=k).$$

在引入随机变量的概念后,只知道它的可取值的范围还不够,更重要的是要了解它取各种可能值(或取值范围)的概率是多大,即要研究随机变量的概率分布.

下面就离散型随机变量讨论其概率分布和数学特征.

二、离散型随机变量的概率分布

设离散型随机变量 X 的所有可能的取值 $x_1,x_2,\cdots,x_n$ 的概率为 $P(X=x_1)=p_1, P(X=x_2)=p_2,\cdots$,则 $P(X=x_n)=p_n$ 称为**离散型随机变量 X 的分布列(或概率分布)**.分布列可简写成

$$P(X=x_k)=p_k\ (k=1,2,\cdots,n),$$

也可以用列表(表 5-4)的方式表示.

表 5-4

X	x_1	x_2	$\cdots$	x_n
P	p_1	p_2	$\cdots$	p_n

根据概率的性质,不难得出离散型随机变量的分布列有如下两条性质:

(1) $p_k\geqslant 0$ ($k=1,2,\cdots,n$).

（2）随机变量取遍所有可能值时，相应的概率之和等于1，即 $\sum_{k=1}^{n} p_k = 1$.

例1 设袋中有7个相同的球，球上标号分别为1,2,2,2,3,3,4. 现从袋中任取一球，取出的球上的标号用 X 表示，求随机变量 X 的概率分布.

解 随机变量 X 的取值范围为 $\{1,2,3,4\}$，并且

$$P(X=1) = \frac{1}{7}, P(X=2) = \frac{3}{7}, P(X=3) = \frac{2}{7}, P(X=4) = \frac{1}{7}.$$

故随机变量 X 的概率分布（即分布列）可列表如下：

表 5-5

X	1	2	3	4
P	$\frac{1}{7}$	$\frac{3}{7}$	$\frac{2}{7}$	$\frac{1}{7}$

利用分布列和概率的性质，可以计算由离散型随机变量表示的事件的概率.

例2 在例1中，设事件 $A = \{$取出的球上的标号大于1且小于等于3$\}$，根据随机变量 X 的分布列，求事件 A 的概率 $P(A)$.

解 $P(A) = P(1 < X \leqslant 3) = P(X=2) + P(X=3) = \frac{3}{7} + \frac{2}{7} = \frac{5}{7}$.

例3 设离散型随机变量 X 的分布列如表5-6所示，求：
（1）常数 a； （2）$P(1 \leqslant X \leqslant 2)$ 及 $P(X > 0)$.

表 5-6

X	0	1	2	3
P	$\frac{1}{2}$	$\frac{1}{4}$	$\frac{1}{8}$	a

解 （1）根据分布列的性质，有 $\frac{1}{2} + \frac{1}{4} + \frac{1}{8} + a = 1$，解得 $a = \frac{1}{8}$.

（2）$P(1 \leqslant X \leqslant 2) = P(X=1) + P(X=2) = \frac{1}{4} + \frac{1}{8} = \frac{3}{8}$,

$$P(X > 0) = 1 - P(X \leqslant 0) = 1 - P(X=0) = 1 - \frac{1}{2} = \frac{1}{2}.$$

三、随机变量的数字特征

在很多生产实际问题中并不需要求得随机变量的概率分布，只需要找出某些反映随机变量概率特征的数值（称其为**随机变量的数字特征**）. 下面将讨论两种常用的数字特征——**均值**（也称为**数学期望**）和**方差**.

1. 随机变量的均值

先看下面的实际问题.

例 4 为了测定一堆种子的平均发芽时间(单位:d),从中任取 100 粒种子进行发芽试验.设每粒种子的发芽时间是随机变量 X,下表(表 5-7)按发芽时间列出了这 100 粒种子的发芽情况.

表 5-7

发芽时间 X	1	2	3	4	5	6	7	总数
发芽种子数	20	34	22	11	9	3	1	100
频率	20/100	34/100	22/100	11/100	9/100	3/100	1/100	1

问:这 100 粒种子的平均发芽时间是多少?

解 由上表所列情况,可求得这 100 粒种子发芽时间的平均值为

$$\frac{1\times 20+2\times 34+3\times 22+4\times 11+5\times 9+6\times 3+7\times 1}{100}=2.68(\text{d}).$$

上式可改写为

$$1\times\frac{20}{100}+2\times\frac{34}{100}+3\times\frac{22}{100}+4\times\frac{11}{100}+5\times\frac{9}{100}+6\times\frac{3}{100}+7\times\frac{1}{100}=2.68(\text{d}).$$

式中 $1,2,3,\cdots,7$ 是发芽时间的可取值.

由此可见,所求的 100 粒种子发芽时间的平均值是由发芽时间的每一个可取值乘上它对应的频率,然后相加得到.如果在这堆种子里,另取 100 粒种子做试验,发芽时间的平均值就不一定是 2.68 d.所以,不能用 2.68 d 作为这堆种子发芽时间的平均值.由于在平均值的计算中,频率发生了变化,平均值也发生变化,而频率总是稳定在概率附近,因此用概率来代替频率,所得的平均值就能比较精确地表示这堆种子发芽的平均时间.这就启发我们用随机变量的可取值与相应概率乘积的和来描述平均值.

定义 1 如果离散型随机变量 X 的分布列如表 5-8 所示,则

$$x_1 p_1+x_2 p_2+\cdots+x_n p_n=\sum_{k=1}^{n}x_k p_k$$

称为离散型随机变量 X 的**均值**(或**数学期望**),记为 $E(X)$.

表 5-8

X	x_1	x_2	$\cdots$	x_n
P	p_1	p_2	$\cdots$	p_n

可以证明,随机变量的均值具有下面的性质:

(1) $E(C)=C.$

(2) $E(kX+C)=kE(X)+C$.

其中, k,C 为常数, X 为随机变量.

例 5 A,B 两台自动机床生产同一种标准件各 1000 件,所出的次品数分别用 X,Y 表示. 经过一段时间的考察,得出 X,Y 的分布列分别如表 5-9 和表 5-10 所示. 哪一台机床质量好些?

表 5-9

X	0	1	2	3
P	0.7	0.1	0.1	0.1

表 5-10

Y	0	1	2	3
P	0.4	0.3	0.2	0.1

解 因为 $E(X)=0\times0.7+1\times0.1+2\times0.1+3\times0.1=0.6$,

$E(Y)=0\times0.4+1\times0.3+2\times0.2+3\times0.1=1$,

所以 $E(X)<E(Y)$.

上式说明,自动机床 A 在 1000 件产品中所出次品数的均值较低. 从这个意义上来说,自动机床 A 的质量较高.

2. 随机变量的方差

在许多实际问题中,仅考虑随机变量的均值是不够的,还要考虑随机变量取值与其均值的偏离程度. 例如,甲、乙两个平行班级在一次数学考试中的平均分都为 75 分,就平均分这一个指标来判断成绩好坏是不够的,我们还要了解每个班的成绩是否存在"两极分化"现象,即要考察各班每位同学的成绩与该班平均分的偏离程度:偏离越大,说明"两极分化"现象越严重;偏离越小,说明该班学生的成绩基本上都"集中"在平均分附近,这也是一种比较理想的状态. 方差是描述随机变量取值集中(或分散)程度的一个数字特征:方差小,取值集中;方差大,取值分散.

定义 2 设 X 为随机变量,如果随机变量 $[X-E(X)]^2$ 的均值 $E[X-E(X)]^2$ 存在,则称 $E[X-E(X)]^2$ 为 X 的方差,记作 $D(X)$,即

$$D(X)=E[X-E(X)]^2.$$

可以证明,随机变量 X 的方差具有下面的性质:

(1) $D(C)=0$.

(2) $D(kX+C)=k^2D(X)$.

(3) $D(X)=E(X^2)-[E(X)]^2$.

其中, k,C 为常数.

如果离散型随机变量 X 的分布列如表 5-11 所示,则

$$D(X)=E[X-E(X)]^2=\sum_{k=1}^{n}[x_k-E(X)]^2 p_k$$

或 $$D(X)=E(X^2)-[E(X)]^2=\sum_{k=1}^{n}x_k^2 p_k-\left(\sum_{k=1}^{n}x_k p_k\right)^2.$$

表 5-11

X	x_1	x_2	$\cdots$	x_n
P	p_1	p_2	$\cdots$	p_n

例 6 甲、乙两人进行射击比赛,击中靶心得 2 分,击中靶环得 1 分,脱靶得 0 分.设在一次射击中,甲、乙两人射击的得分分别为随机变量 X,Y.已知它们的分布列分别如表 5-12 和表 5-13 所示,试评定他们射击成绩的好坏.

表 5-12

X	0	1	2
P	0.2	0.1	0.7

表 5-13

Y	0	1	2
P	0.1	0.3	0.6

解 先计算他们所得分数的均值:
$$E(X)=0\times0.2+1\times0.1+2\times0.7=1.5;$$
$$E(Y)=0\times0.1+1\times0.3+2\times0.6=1.5.$$
这说明两人平均得分相同,下面求方差:
$$E(X^2)=0^2\times0.2+1^2\times0.1+2^2\times0.7=2.9,$$
$$E(Y^2)=0^2\times0.1+1^2\times0.3+2^2\times0.6=2.7,$$
$$D(X)=E(X^2)-[E(X)]^2=2.9-1.5^2=0.65,$$
$$D(Y)=E(Y^2)-[E(Y)]^2=2.7-1.5^2=0.45.$$
由于 $D(X)>D(Y)$,说明乙的水平较甲稳定.

四、几个重要的随机变量分布

1. 两点分布

在实践中,我们经常会遇到只出现两种结果的随机试验.例如,在产品抽样检验中,不是抽到正品,就是抽到次品;射手在一次射击中,不是击中,就是击不中.这种只出现两个结果的试验,称为**伯努利试验**.

如果随机变量 X 的分布列如表 5-14 所示,其中 $p+q=1, p>0, q>0$,则称 X 服从两点分布或 0—1 分布,记为 $X\sim B(1,p)$.

表 5-14

X	0	1
P	q	p

0—1 分布适用于一次试验仅有两个结果的随机现象.例如,描述射手在一次射击中击中与否的随机变量 X 是服从 0—1 分布的.此外,描述一次运行中

电力超载与否、一次投篮命中与否、抽一件产品合格与否等的随机变量都服从 0—1 分布.

2. 二项分布

如果独立地重复进行 n 次伯努利试验,每次试验的结果都服从 0—1 分布,即在每次试验中,事件 A 出现的概率都是 p,不出现的概率都是 $q=1-p$,则称这种试验为 **n 重伯努利试验**(简称 **n 次独立试验**). 一般地,在 n 次独立重复试验中事件 A 出现 k 次的概率为

$$p_n(k)=C_n^k p^k(1-p)^{n-k}\quad(k=0,1,2,\cdots,n).$$

如果随机变量 X 的分布列为

$$P(X=k)=C_n^k p^k(1-p)^{n-k}\quad(k=0,1,2,\cdots,n),$$

其中 $0<p<1$,则称 X **服从参数为 n,p 的二项分布**,记为 $X\sim B(n,p)$.

显然,当 $n=1$ 时,即为 0—1 分布,所以 0—1 分布是二项分布的特例.

二项分布适用于 n 次独立重复试验,特别在产品的抽样检验中有着广泛的应用.

例 7 某射手对同一目标进行 10 次独立射击,每次击中的概率都是 0.8,求:

(1)该射手命中次数 X 的分布列;

(2)恰好命中 3 次的概率;

(3)至少命中 9 次的概率.

解 (1)根据题意可知,X 的可能取值为 $0,1,2,\cdots,10$,命中次数 X 的分布列为:

$$P(X=k)=C_{10}^k \cdot 0.8^k \cdot 0.2^{10-k}\quad(k=0,1,2,\cdots,10).$$

由结果可看出,X 服从二项分布,即 $X\sim B(10,0.8)$.

(2)$P(X=3)=C_{10}^3 \cdot 0.8^3 \cdot 0.2^{10-3}\approx 0.000786$.

(3)$P(X\geqslant 9)=P(X=9)+P(X=10)$

$\qquad =C_{10}^9 \cdot 0.8^9 \cdot 0.2^{10-9}+C_{10}^{10} \cdot 0.8^{10} \cdot 0.2^{10-10}$

$\qquad \approx 0.3758$.

3. 正态分布

正态分布是概率论中最重要的一种分布. 在自然现象和社会现象中,大量的随机变量都服从或近似服从正态分布. 例如:测量某零件的误差,炮弹弹着点的分布,纤维的纤度和强力,某地区成年男子的身高、体重,农作物的产量,小麦的穗长、株高,某班数学课程学生的考试成绩等. 为了方便介绍正态分布,

先引入函数(称为**密度函数**)

$$f(x) = \frac{1}{\sigma\sqrt{2\pi}} e^{-\frac{(x-\mu)^2}{2\sigma^2}} \ (-\infty < x < +\infty), \text{其中} -\infty < \mu < +\infty, \sigma > 0.$$

这种函数的图像如图 5-14 和图 5-15 所示,它是一条钟形曲线,叫作**正态密度曲线**(简称**正态曲线**).

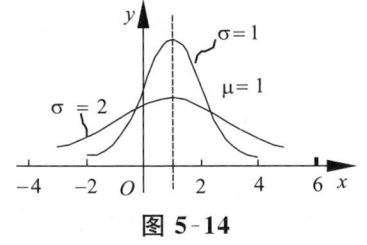

图 5-14

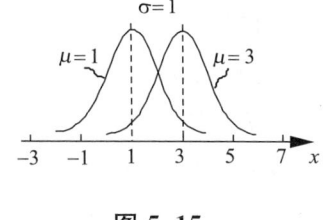

图 5-15

正态曲线有以下特点:

(1) 当 $x < \mu$ 时,随 x 增大,曲线上升;当 $x > \mu$ 时,随 x 增大,曲线下降;当曲线向左右两边无限延伸时,曲线以 x 轴为渐近线.

(2) 正态曲线关于直线 $x = \mu$ 对称.

(3) σ 越大,正态曲线越扁平;σ 越小,正态曲线越尖陡.

(4) 在正态曲线下方和 x 轴上方范围内的区域面积为 1.

若 X 是一个连续型随机变量,且对任意区间 $(a, b]$,$P(a < X \leqslant b)$ 恰好是正态密度曲线下方和 X 轴上 $(a, b]$ 上方所围成的阴影部分图形的面积(图 5-16),我们就称随机变量 X 服从**参数为 μ, σ** 的**正态分布**,记为 $X \sim N(\mu, \sigma^2)$.

需要说明的是,若 $X \sim N(\mu, \sigma^2)$,则 μ 为随机变量 X 的均值,σ^2 为随机变量 X 的方差,它们分别反映 X 取值的平均大小和稳定程度.

当 $\mu = 0, \sigma = 1$ 时,正态分布称为标准正态分布,记为 $N(0, 1)$,它的密度函数 $\varphi(x) = \frac{1}{\sqrt{2\pi}} e^{-\frac{x^2}{2}} \ (-\infty < x < +\infty)$ 的图像如图 5-17 所示.

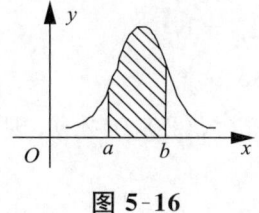

图 5-16

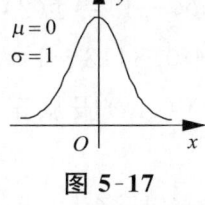

图 5-17

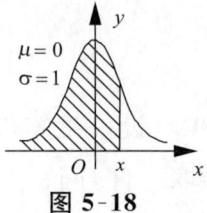

图 5-18

对于标准正态分布,设 $\Phi(x) = P(X \leqslant x)$(称为**标准正态分布函数**),对于任意 x,定义其函数值等于如图 5-18 所示的开口的阴影部分图形的面积.由于标准正态分布的密度函数图像关于 y 轴对称(图 5-18),故对任何 $x < 0$,有 $\Phi(x) = 1 - \Phi(-x)$.

注:对于连续型随机变量 X,有 $P(X<b)=P(X\leqslant b)$,$P(X>a)=P(X\geqslant a)$,
$$P(a<X<b)=P(a\leqslant X<b)=P(a\leqslant X\leqslant b)=P(a<X\leqslant b)$$
$$=P(X\leqslant b)-P(X\leqslant a).$$

对于标准正态分布,人们编制了标准正态分布函数的数值表(见附录2),可供查阅标准正态分布函数的函数值.

例8 若随机变量 $X\sim N(0,1)$,查标准正态分布表(附录2),求:

(1) $P(X\leqslant 1.52)$;　　　　(2) $P(X>1.52)$;

(3) $P(0.57<X\leqslant 2.3)$;　　(4) $P(X\leqslant -1.49)$.

解 (1) $P(X\leqslant 1.52)=\Phi(1.52)=0.9357$.

(2) $P(X>1.52)=1-P(X\leqslant 1.52)=1-\Phi(1.52)=1-0.9357=0.0643$.

(3) $P(0.57<X\leqslant 2.3)=P(X\leqslant 2.3)-P(X\leqslant 0.57)=\Phi(2.3)-\Phi(0.57)$
$$=0.9893-0.7157=0.2736.$$

(4) $P(X\leqslant -1.49)=\Phi(-1.49)=1-\Phi(1.49)=1-0.9319=0.0681$.

定理1 若 $X\sim N(\mu,\sigma^2)$,则 $Y=\dfrac{X-\mu}{\sigma}\sim N(0,1)$.

定理2 若 $X\sim N(0,1)$,则 $Y=\sigma X+\mu\sim N(\mu,\sigma^2)$.

根据上述定理,对于一般正态分布 $X\sim N(\mu,\sigma^2)$,概率计算可由下式得到:
$$P(a<X<b)=P\left(\frac{a-\mu}{\sigma}<\frac{X-\mu}{\sigma}<\frac{b-\mu}{\sigma}\right)=\Phi\left(\frac{b-\mu}{\sigma}\right)-\Phi\left(\frac{a-\mu}{\sigma}\right).$$

例9 设 $X\sim N(5,3^2)$,求:(1) $P(X\leqslant 10)$;(2) $P(2<X<11)$.

解 (1) $P(X\leqslant 10)=P\left(\dfrac{X-5}{3}\leqslant\dfrac{10-5}{3}\right)=P\left(\dfrac{X-5}{3}\leqslant 1.67\right)$
$$=\Phi(1.67)=0.952.$$

(2) $P(2<X<11)=P\left(\dfrac{2-5}{3}<\dfrac{X-5}{3}<\dfrac{11-5}{3}\right)=P\left(-1<\dfrac{X-5}{3}<2\right)$
$$=\Phi(2)-\Phi(-1)=\Phi(2)+\Phi(1)-1$$
$$=0.9772+0.8413-1=0.8185$$

例10 设一批零件的长度 X(cm)服从正态分布 $N(20,0.2^2)$,现从这批零件中任取一件,问:

(1) 误差不超过 0.3 cm 的概率是多大?

(2) 能以 0.95 的概率保证零件的误差不超过多少厘米?

解 (1) 所指误差是指零件的长度 X 与其均值 $\mu=20$ 之差即 $|X-20|$.

由题意知,$X\sim N(20,0.2^2)$,所以 $\dfrac{X-20}{0.2}\sim N(0,1)$.

$$P(|X-20|\leqslant 0.3)=P\left(\left|\frac{X-20}{0.2}\right|\leqslant\frac{0.3}{0.2}\right)=P\left(\left|\frac{X-20}{0.2}\right|\leqslant 1.5\right)$$
$$=2\Phi(1.5)-1=2\times 0.9332-1=0.8664.$$

即误差不超过 0.3 cm 的概率是 0.8664.

(2) 依题意,求 ε,使 $P(|X-20|\leqslant\varepsilon)=0.95$.

因为 $P(|X-20|\leqslant\varepsilon)=P\left(\left|\frac{X-20}{0.2}\right|\leqslant\frac{\varepsilon}{0.2}\right)=2\Phi\left(\frac{\varepsilon}{0.2}\right)-1=0.95$,

故 $\Phi\left(\frac{\varepsilon}{0.2}\right)=0.975$. 查标准正态分布数值表可知,$\frac{\varepsilon}{0.2}=1.96$,得 $\varepsilon=0.392$. 即能以 0.95 的概率保证零件的误差不超过 0.392 cm.

例 11 设 $X\sim N(\mu,\sigma^2)$,求 $P(|X-\mu|<\sigma)$,$P(|X-\mu|<2\sigma)$ 和 $P(|X-\mu|<3\sigma)$.

解 $P(|X-\mu|<\sigma)=P\left(\left|\frac{X-\mu}{\sigma}\right|<1\right)=2\Phi(1)-1=0.6826$,

$$P(|X-\mu|<2\sigma)=P\left(\left|\frac{X-\mu}{\sigma}\right|<2\right)=2\Phi(2)-1=0.9544,$$

$$P(|X-\mu|<3\sigma)=P\left(\left|\frac{X-\mu}{\sigma}\right|<3\right)=2\Phi(3)-1=0.9974.$$

此例说明 X 的取值几乎全部集中在 $[\mu-3\sigma,\mu+3\sigma]$ 区间内,超出这个范围的可能性不超过 0.3%,这在统计学上称为"3σ"准则,其意义在于,当我们对某一现象进行观察时,如果出现了"3σ"(即落在区间 $[\mu-3\sigma,\mu+3\sigma]$)以外的值,可以认为它是异常值,应予以剔除.

习题 5-7（A 组）

1. 判断以下两表（表 5-15、表 5-16）对应值能否作为离散型随机变量的分布列.

表 5-15

X	-1	0	1	2
P	$\frac{1}{2}$	$\frac{1}{4}$	$\frac{1}{8}$	$\frac{1}{16}$

表 5-16

Y	-1	1	2
P	$\frac{1}{2}$	$\frac{1}{3}$	$\frac{1}{6}$

2. 设随机变量 X 的分布列如表 5-17 所示,求:

(1) a 的值;　　(2) $P(0.6<X\leqslant 2.5)$;　　(3) $P(2\leqslant X\leqslant 3)$.

表 5-17

X	-1	2	3
P	$\frac{1}{4}$	a	$\frac{1}{4}$

3. 设随机变量 X 的分布列如表 5-18 所示，求 $E(X)$ 及 $D(X)$.

表 5-18

X	1	2	3
P	0.4	0.2	0.4

4. 设 X 的分布列如表 5-19 所示，求：(1) $E(X^2)$；(2) $E(5X-3)$；(3) $D(5X-3)$.

表 5-19

X	-2	0	2
P	0.2	0.3	0.5

5. 掷一枚硬币，规定"$X=1$"表示"正面向上"，"$X=0$"表示"正面向下"，问随机变量 X 服从哪种分布？写出其分布列．

6. 若 $X \sim B(3, 0.8)$，写出随机变量 X 的分布列，并求 $P(X<2)$．

7. 设 $X \sim N(0,1)$，已知 $\Phi(2)=0.9772$，求 $P(X>2)$ 及 $P(0<X<2)$．

8. 某商场经营的某品牌面粉的质量（单位：kg）服从正态分布 $N(10, 0.1^2)$，现任选一袋这种面粉，求其质量为 9.8～10.2 kg 的概率．

习题 5-7（B 组）

1. 从 5 名男生和 3 名女生中任选 2 名同学去参加义务劳动，求所选 2 人中男生人数 X 的概率分布．

2. 某厂生产的某种产品不合格率为 10%，假设每生产一件不合格品亏损 2 元，每生产一件合格品获利 10 元，求每件产品的平均利润．

3. 某超市要将单价分别为 30 元/kg，32 元/kg 和 40 元/kg 的三种散装饼干按照 4∶3∶1 的比例进行混合销售，怎样才能做到对饼干的合理定价？

4. 已知 10 个产品中有 3 个次品，求任取 3 个产品中的次品数的均值和方差．

5. 某工厂制造的某机械零件尺寸 X 服从正态分布 $N\left(4, \dfrac{1}{9}\right)$．

在一次正常的试验中，取 1000 个零件，其中尺寸不属于区间 (3,5] 的零件大约有多少个？

扫一扫，获取参考答案

复习题 5

1. 选择题.

(1) 假期中 8 位同学相互写一封信,总共要写( )封信.
A. 16　　　　B. 28　　　　C. 48　　　　D. 56

(2) 假期中 8 位同学通过电话互致问候,总共要打( )个电话.
A. 16　　　　B. 28　　　　C. 48　　　　D. 56

(3) $\left(2\sqrt{x}-\dfrac{1}{\sqrt{x}}\right)^6$ 的展开式中的常数项是( ).
A. -20　　　B. -160　　　C. 160　　　D. 20

(4) 一个口袋内装有大小和形状都相同的一个黄球和一个红球."从中任意摸出一个球是红球"的事件是( ).
A. 必然事件　　　　　　B. 不可能事件
C. 随机事件　　　　　　D. 不能确定是哪一类

(5) 下列说法中正确的是( ).
A. 任何事件的概率都是大于 0 且小于 1 的
B. 频率是客观存在的,与试验次数无关
C. 概率是随机的,在试验前不能确定
D. 随着试验次数的增加,频率一般会越来越接近概率

(6) 掷一枚骰子,则掷得奇数点的概率是( ).
A. $\dfrac{1}{6}$　　　B. $\dfrac{1}{2}$　　　C. $\dfrac{1}{3}$　　　D. $\dfrac{1}{4}$

(7) 设每次试验成功的概率为 $p(0<p<1)$,则在 3 次重复试验中至少失败一次的概率为( ).
A. p^3　　B. $(1-p)^3$　　C. $1-p^3$　　D. $(1-p)^3+3p(1-p)^2+3p^2(1-p)$

2. 填空题.

(1) 从甲地到乙地,可以乘火车、汽车或飞机. 如果已知每天火车有 7 个班次,汽车有 20 个班次,飞机有 2 个班次,则每天从甲地到乙地不同的走法应根据_____计数原理计算,共有_____种不同的走法.

(2) 从甲地到乙地,每天有火车 26 个班次,从乙地到丙地每天有火车 8 个班次,则乘火车从甲地出发经乙地停留后再到丙地,不同的走法应根据_____计数原理计算,共有_____种不同的走法.

(3) 用 2,3,5,7 可以组成_____个没有重复数字的三位数.

(4) 从 4 名女同学、6 名男同学中任选 3 名参加演讲比赛,如果至少有一名女同学参加,则有_____种不同的选法.

(5) $(x^3+2x)^7$ 的展开式中第 4 项的二项式系数为_____,第 4 项的系数为_____.

(6) 我国西部一个地区的年降水量在各个区间内的概率如下(表 5-20):

表 5-20

年降水量/mm	[100, 150)	[150, 200)	[200, 250)	[250, 300]
概率	0.21	0.16	0.13	0.12

年降水量在 [200, 300](mm) 范围内的概率是_____.

(7) 设离散型随机变量 X 的所有可能取值为 0,1,2,相应的概率分别为 0.5,0.3,0.2,则 $E(X)=$_____,$D(X)=$_____.

3. 从 5 本不同的书中选 3 本送给 3 位同学,每人各 1 本,共有多少种不同的送法?

4. 学校开设了 6 门任意选修课,要求每个学生从中选修 3 门,共有多少种不同的选法?

5. 5 名同学排成一排照相,求:

(1) 甲不站在中间有多少种不同的排法?

(2) 甲不站在两边有多少种不同的排法?

6. 从 10 名学生中抽 3 人组成一个课外学习小组,并在这 3 人的小组中指定 1 人担任组长,问共有多少种不同的安排方法?

7. 一个口袋内装有形状、大小相同的 3 个红球和 2 个黄球,每次取出 1 个,取后不放回,连续取 2 次,求取出的 2 个球恰好是一红、一黄的概率.

8. 从 1,2,3,4 中任取 2 个数,问:

(1) 取出的 2 个数中一个是奇数、一个是偶数的概率是多少?

(2) 取出的 2 个数之和为偶数的概率是多少?

9. 某人正在进行打靶训练,若"命中 10 环"的概率是 0.20,"命中 9 环"的概率为 0.45,求"至少命中 9 环"的概率及"命中 9 环以下"的概率.

10. 某射手射击所得的环数 X 的分布列如下(表 5-21),如果射击成绩在 8 环以上(含 8 环)为优秀,试求该射手射击成绩优秀的概率.

表 5-21

X	4	5	6	7	8	9	10
P	0.02	0.04	0.06	0.09	0.24	0.33	0.22

11. 某篮球运动员每次投篮的命中率为 0.8,设 10 次投篮投中的次数为随机变量 X.

(1) X 服从哪种分布?

(2) 求 $P(X=8)$.

扫一扫,获取参考答案

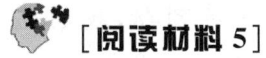

生活中的概率问题

概率知识与我们的实际生活息息相关.无论是股市涨跌,还是发生某类事故的可能性,但凡捉摸不定、需要用"运气"来解释的事件,都可用概率模型进行定量分析.

我们经常听到这样的议论,"天气预报说昨天降水概率是90%,结果昨天连一点雨都没有下,天气预报也太不准确了".学了概率之后,你肯定会对这样的议论作出正确的评价.

再例如,假定有甲、乙两个乒乓球运动员参加比赛,已知甲的实力强于乙.现有两个备选的竞赛规则:3局2胜制、5局3胜制.试问哪一种竞赛规则对甲有利?我们可以通过计算概率知道,5局3胜制规则对甲有利.

彩票人们经济生活中的一个热点话题.然而彩票中奖的概率是很低的.有笑话说,全世界的数学家都不会去买彩票,因为他们知道,在买彩票的路上被汽车撞死的概率都要远高于中大奖的概率.所以,购买彩票者应怀有平常心,不能把它当成纯粹的投资,更不能把它当成发财之路.作为一名学生,我们要学好自己的专业知识,为以后进入社会做准备,而不是妄想通过买彩票成为百万富翁.

在日常生活中,我们每天都能看到许多新闻报道和广告.某减肥药的广告称其减肥的有效率为75%.见到这样的广告你会怎么想?你会提出下面的问题吗?这个数据是如何得到的?该药在多少人身上做过试验?假定该药仅在4个人身上做过试验,得到有效率为75%的结论肯定是不可信的.

生活中有些事件发生的可能性很小,我们称之为**小概率事件**.一般认为概率值小于0.05的事件为小概率事件.对小概率事件,人们往往不太重视.关于小概率事件,有两个结论可用于指导我们的生活.第一,小概率事件在一次试验中是几乎不发生的,这个结论也称为实际推断原理.如果概率很小的事件在一次试验中竟然发生了,那我们有理由怀疑假设前提的正确性.第二,从概率论观点看,即使极小概率的事件,如果重复很多次,也会有很大概率发生.

概率应用得最多的还是日常生活中的决策.我们经常会面对各方面的长期、中期和短期决策.未来是不可知的,没有人能知道我们的决策一定会造成什么的结果,我们只能根据常识和经验,估计每个决策造成的可能结果及其可能性大小,进而选择最可能符合我们期望的决策.由于我们的生活及我们所处的社会十分复杂,我们的决策大多数时候是比较短视的,长远的结果与我们的预期存在较大差距.为使我们的决策导致的长远结果尽可能靠近预期,我们就需要应用概率知识.掌握概率知识能使我们成为生活中的庄家,每次"赌"虽然是随机的,我们有可能"输",但长期"赌"下来,我们一定"赢"得多.

第5章单元自测

1. 选择题.

(1) 由数字 1,2,3,4 和 5 组成没有重复数字的 4 位数的个数是( ).
　　A. C_5^4　　　　B. P_5^4　　　　C. 4^5　　　　D. 5^4

(2) 由数字 0,1,2,3 和 4 组成没有重复数字的 5 位数的个数是( ).
　　A. P_5　　　　B. $4P_4$　　　　C. $4P_3$　　　　D. 5^4-4^4

(3) 6 个队参加排球单循环赛,赛法有( )种.
　　A. C_6^2　　　　B. P_6^2　　　　C. $2C_6^2$　　　　D. $C_6^2 C_4^2 C_2^2$

(4) 100 件产品中 96 件是合格品,4 件是次品,从中任意抽取 5 件,恰好有 2 件次品的抽法有( )种.
　　A. P_4^2　　　　B. $C_4^2 C_{96}^3$　　　　C. $P_4^2 C_{96}^3$　　　　D. $C_4^2 P_{96}^3$

(5) 由数字 0,1,2,3,4 和 5 组成两端是奇数的没有重复数字的六位数的个数有( ).
　　A. $P_3(P_4-P_3)$　　　　B. $P_3^2 P_4$　　　　C. P_6-2P_5　　　　D. $C_3^2 P_4$

2. 7 本不同的书摆在书架上的上、下两层,上层 4 本,下层 3 本,有多少种不同摆法?

3. 已知 10 件产品中有 4 件次品,任意抽出 4 件.
(1) 若没有一件是次品,有多少种不同的抽法?
(2) 若恰好有 1 件是次品,有多少种不同的抽法?
(3) 若至少有 1 件是次品,有多少种不同的抽法?
(4) 若最多有 1 件是次品,有多少种不同的抽法?

4. 战士 10 人,分成 2 个巡逻队,每队 5 人.
(1) 只需要一队出发,有多少种组成方法?
(2) 两队同时出发巡逻,有多少种组成方法?

5. 求 $\left(\dfrac{x^2}{2}-\dfrac{3}{x}\right)^8$ 的展开式中含 x^{10} 的项.

6. 某批产品进行了 6 次质量检查,其结果如表 5-22 所示.

表 5-22

抽取的产品数 n	50	100	200	500	1000	2000
合格数 m	45	92	194	470	954	1902
合格频率 $\dfrac{m}{n}$						

(1) 计算表中的合格频率;
(2) 从这批产品中随机抽取一个,抽中的产品为合格品的概率是多少?(保留 2 位小数)

7. 某面试考场设有 50 张考签,编号为 1,2,…,50.应试时,考生任抽一张考签答题.求:
   (1) 抽到 10 号考签的概率; (2) 抽到前 5 号考签的概率.

8. 从含有 4 件次品的 10 件产品中任意抽出 4 件产品,抽出 4 件中至少有 1 件是次品的概率是多少?

9. 设甲、乙两名工人生产同一种产品且日产量相等,出现次品的数量分别为随机变量 X,Y,其分布列分别如下表(表 5-23 和表 5-24)所示,试问哪个工人的技术好?

   表 5-23

X	0	1	2	3
P	0.4	0.3	0.2	0.1

   表 5-24

Y	0	1	2	3
P	0.3	0.5	0.1	0.1

10. 设某种电池的寿命为随机变量 X,且 $X \sim N(300, 35^2)$(单位:h).
    (1) 电池寿命在 250 h 以上的概率;
    (2) 用寿命在 230 h 以内者为次品,求该电池的次品率.

11. 测量某距离的误差 $X \sim N(0, 20^2)$(单位:m),求一次测量的误差绝对值不超过 30 m 的概率.

扫一扫,获取参考答案

第 6 章

统计初步

统计学是一门研究随机现象,以推断为特征的方法论科学,"由部分推及全体"的思想贯穿于统计学的始终. 它是通过搜集、整理、分析反映事物总体信息的数字资料,并以此为依据,对总体特征进行推断的原理和方法. 统计在现代化管理和社会生活中应用十分广泛. 本章我们将学习统计学的一些基本知识及基本方法.

6.1 总体、样本与抽样

一、总体与样本

在统计学中,我们把所研究对象的全体称为**总体**,组成总体的每个对象称为**个体**.

例如,研究某班学生上学期数学期末考试成绩时,该班所有学生的数学期末考试成绩是总体,每一个学生的数学期末考试成绩就是个体.

要了解总体的情况,最好是能对总体中的每个个体逐个进行试验,但是,这样做实际上往往是不可能或不允许的. 一方面,总体的容量太大,无法逐个试验. 例如,电视台为了调查某个节目的收视率,不会(也不可能)调查全国所有家庭. 另一方面,有些试验具有破坏性,不允许逐个进行测定. 例如,要测定一批炮弹的射程就不能逐个测定. 经常采用的办法是,随机地从总体中抽取一部分个体,对这些个体进行试验,然后根据试验结果来推测总体的性质. 被抽出来的个体的集合叫作总体的**样本**,样本所含个体的数目叫作**样本容量**.

例 1 某地区为了掌握 7 岁儿童身高状况,随机抽取 200 名儿童测试身高,请指出其中的总体、个体、样本与样本容量.

解 该地区所有7岁儿童的身高是总体,每一个7岁儿童的身高是个体,被抽取的200名7岁儿童的身高是样本,样本容量是200.

二、抽样

用样本估计总体时,样本抽取得是否恰当,直接关系到总体特性估计的准确程度.因此,抽样时要保证每一个个体都可能被抽到,且每一个个体被抽到的机会是均等的.我们将满足这样条件的抽样叫作**随机抽样**.在进行抽样时,如何做才能满足抽样的随机性和个体被抽取机会的均等性?统计工作者设计了许多方法.下面介绍几种常用的随机抽样方法.

1. 简单随机抽样

简单随机抽样有两种选取个体的方法:放回和不放回.我们这里研究的是不放回抽样.一般地,设一个总体含有 N 个个体,从中逐个不放回地抽取 n 个个体作为样本($n \leqslant N$),如果每次抽取时总体内的各个个体被抽到的机会都相等,就把这种抽样方法叫作**简单随机抽样**.最常用的简单随机抽样方法有两种:抽签法和随机数法.

(1) **抽签法**(也称**抓阄法**)就是对总体中的 N 个个体进行编号,并将号码写在号签上,将号签放在一个容器中,搅拌均匀后,每次从中抽取一个号签,连续抽取 n 次,就得到一个容量为 n 的样本.

(2) **随机数法**就是利用随机数表、随机数骰子或计算机产生的随机数进行抽样.

产生随机数的方法很多,利用计算器(或计算机)可以方便地产生随机数.以 CASIO fx-82ES PLUS 函数型计算器,利用 $\boxed{\cdot}$ 键的第二功能可产生随机数.具体步骤:设置精确度并将计算器显示设置为小数状态,依次按 $\boxed{\text{SHIFT}}$ 键、$\boxed{\text{MODE}}$ 键和数字键 $\boxed{2}$,然后连续按键 $\boxed{\text{SHIFT}}$ 键和 $\boxed{\text{Ran}\#}$ 键,以后每按一次 $\boxed{=}$ 键,就能随机得到 0~1 之间的一个纯小数.

采用随机数法抽样的步骤如下:

(1) 编号:将总体中的 N 个个体编号.

(2) 选号:指定随机号的范围,利用计算器产生 n 个有效的随机号(范围之外或重复的号无效),得到一个容量为 n 的样本.

例2 某班有50名同学,学号为1~50,试利用随机数法从中抽取10名同学去参加义务劳动.

解 将计算器的精确度设为 0.01. 取小数点后面的两位数作为抽取的学号,如果超过 50 就舍去,重复的也舍去. 这样,用计算器得到随机数

0.08,0.03,0.75,0.53,0.13,0.10,0.44,0.78,0.12,0.79,

0.38,0.78,0.74,0.97,0.19,0.90,0.87,0.21,0.53,0.50.

所以,抽到的同学的学号是 8,3,13,10,44,12,38,19,21,50.

2. 系统抽样

当总体所含的个体较多时,可将总体分成均衡的几个部分,然后按照预先制定的规则,从每一部分中抽取一定数目的个体. 这种抽样叫作**系统抽样**.

一般地,假设要从容量为 N 的总体中抽取容量为 n 的样本,我们可以按下列步骤进行系统抽样:

(1) 先将总体的 N 个个体编号.

(2) 确定分段间隔 k,对编号进行分段. 当 $\dfrac{N}{n}$(n 是样本容量)是整数时,取 $k=\dfrac{N}{n}$. 当 $\dfrac{N}{n}$ 不是整数时,可随机地从总体中剔除一些个体,使其为整数.

(3) 在第一段用简单随机抽样确定第一个个体编号 $l(l\leqslant k)$.

(4) 按照一定的规则抽取样本. 通常是将 l 加上间隔 k 得到第二个个体编号 $(l+k)$,再加上间隔 k 得到第三个个体编号 $(l+2k)$,以此类推,直到获取整个样本.

例 3 某校为了解 2021 级新生的身体发育情况,利用系统抽样从 1000 名新生中抽取一个容量为 50 的样本. 请你来完成这个抽样.

解 将这 1000 名学生从 1 开始编号. 由于 $1000\div 50=20$,所以取每段间隔为 20. 从号码为 1~20 的第一个间隔中随机地抽取一个号码,假如抽到的是 16 号,从第 16 号开始,每隔 20 个号码抽取一个,得到容量为 50 的样本,其编号分别为

16,36,56,76,…,996.

3. 分层抽样

当总体是由有明显差异的几个部分组成时,可将总体按差异情况分成互不重叠的几个部分——层,然后按各层个体总数所占的比例来进行抽样,将各层取出的个体合在一起作为样本,这种抽样方法叫作**分层抽样**.

对分层抽样的每一层进行抽样时,可采用简单随机抽样或系统抽样.

例 4 某学校要调查新生的平均身高,由经验可知,男生一般比女生高.假设该校有 1000 名新生,其中男生 650 名、女生 350 名,现要从 1000 名新生中利用分层抽样抽出一个容量为 40 的样本.请你来完成这个抽样.

解 由于男、女生的身高存在差异,故本题中的总体是由有明显差异的两个部分(男生和女生)组成.根据样本容量与总体中的个数的比是 1∶25,可得样本中应包含男生为 $\frac{650}{25}=26$ 人,女生为 $\frac{350}{25}=14$ 人,即抽取 26 名男生和 14 名女生作为样本.在这两个部分中抽样时,采用简单随机抽样方法进行抽样(略).

分层抽样的优点是样本具有较强的代表性,而且各层抽样可灵活地选用不同的抽样方法.因此,分层抽样的方法应用比较广泛.

习题 6-1(A 组)

1. 在某班级中,随机选取 10 名同学去参加义务劳动,指出其中的总体、个体、样本与样本容量.

2. 从某校二年级的 200 名学生中抽出 50 人参加市教学质量抽样调查,分别使用抽签法和随机数法进行抽样.比较抽样过程,你觉得哪种方法更好些?

3. 某学校共有 3000 名学生,利用系统抽样,抽取一个容量为 100 人的样本,调查学生对老师教学方法的满意程度.请你来完成这个抽样.

4. 一个单位有职工 160 人,其中业务人员 96 人,管理人员 40 人,后勤服务人员 24 人.利用分层抽样,抽出一个容量为 20 人的样本,调查职工对某项工作的意见.请你来完成这个抽样.

习题 6-1(B 组)

1. 某市为了分析全市 9800 名初中毕业生的数学考试成绩,共抽取 50 本试卷,每本都是 30 份,问样本容量是多少?

2. 从 162 人中抽取一个样本容量为 16 的样本,若采用系统抽样的方法,则必须从这 162 人中剔除多少个人?

3. 某地区有农民、工人、知识分子家庭共计 2000 户,其中农民家庭 1800 户,工人家庭 100 户.现要从中抽取容量为 40 的样本,调查家庭收入情况.在整个抽样过程中,你是否认为同时用简单随机抽样、系统抽样和分层抽样方法更好些呢?说说理由.

4. 某单位有200名职工,现要从中抽取40名职工作样本,用系统抽样法,将全体职工随机按1~200编号,并按编号顺序平均分为40组(1~5号,6~10号,…,196~200号).若第5组抽出的号码为23,第8组抽出的号码应是多少?

扫一扫,获取参考答案

6.2 频率分布直方图

从一个总体得到一个包含大量数据的样本时,我们很难从一个个数字中直接看出样本所包含的信息.下面将要学习的频率分布表和频率分布直方图,则是从各个小组数据在样本容量中所占比例的角度来看数据分布的规律.它可以使我们看到整个样本数据的频率分布情况.由此可以推断和估计总体中某事件发生的概率.

我们先来看一个例子.某工厂生产内径为 25.40 mm 的钢管,为了检验产品的质量,从一批产品中任取 100 件检测,测得它们的实际尺寸如表 6-1 所示.

表 6-1

25.39	25.36	25.34	25.42	25.45	25.38	25.39	25.42	25.47	25.35
25.41	25.43	25.44	25.48	25.45	25.43	25.46	25.40	25.51	25.45
25.40	25.39	25.41	25.36	25.38	25.31	25.56	25.43	25.40	25.38
25.37	25.44	25.33	25.46	25.40	25.49	25.34	25.42	25.50	25.37
25.35	25.32	25.45	25.40	25.27	25.43	25.54	25.39	25.45	25.43
25.40	25.43	25.44	25.41	25.53	25.37	25.38	25.24	25.44	25.40
25.36	25.42	25.39	25.46	25.38	25.35	25.31	25.34	25.40	25.36
25.41	25.32	25.38	25.42	25.40	25.33	25.37	25.41	25.49	25.35
25.47	25.34	25.30	25.39	25.36	25.46	25.29	25.40	25.37	25.33
25.40	25.35	25.41	25.37	25.47	25.39	25.42	25.47	25.38	25.39

把这批产品的所有实际尺寸看成一个总体,那么这100件产品的实际尺寸就是一个容量为100的样本,下面我们来列出这组样本数据的频率分布表,并绘制频率分布直方图.

1. 计算极差(一组数据中最大值与最小值的差)

分析样本数据知,其最大值是 25.56,最小值是 25.24,所以极差为

$$25.56 - 25.24 = 0.32.$$

说明样本数据的变化范围是 0.32 mm.

2. 决定组距与组数

组距与组数的确定没有固定的标准,常常需要一个尝试和选择的过程.分组时组数应力求合适,以使数据的分布规律能够比较清楚地呈现出来.组数太多或太少,都会影响我们对数据分布情况的了解.数据分组的组数与样本容量有关:一般样本容量越大,所分组数越多.当样本容量不超过100时,按照数据的多少,常分成5~12组.

为方便起见,组距的选择应力求"取整".在本问题中,如果将组距定为 0.03,由 $\dfrac{极差}{组距} = \dfrac{0.32}{0.03} = 10\dfrac{2}{3}$,数据可分为 11 组,这个组数是合适的.于是取组距为 0.03,组数为 11.

3. 将数据分组

将第 1 组的起点定为 25.235,组距定为 0.03,可以分成以下 11 组:

$[25.235, 25.265), [25.265, 25.295), \cdots, [25.535, 25.565).$

4. 列频率分布表

如表 6-2 所示.用选举时唱票的方法,对落在各个小组内的数据进行累计,这个累计数叫作各小组的**频数**,各小组的频数除以样本总数,得到各小组的**频率**.

表 6-2

分组	频数	频率
25.235~25.265	1	0.01
25.265~25.295	2	0.02
25.295~25.325	5	0.05
25.325~25.355	12	0.12
25.355~25.385	18	0.18
25.385~25.415	25	0.25
25.415~25.445	16	0.16
25.445~25.475	13	0.13
25.475~25.505	4	0.04
25.505~25.535	2	0.02
25.535~25.565	2	0.02
合计	100	1.00

5. 绘制频率分布直方图

在直角坐标系中,横轴表示产品尺寸,纵轴表示频率/组距.绘出如图 6-1 所示的频率分布直方图.

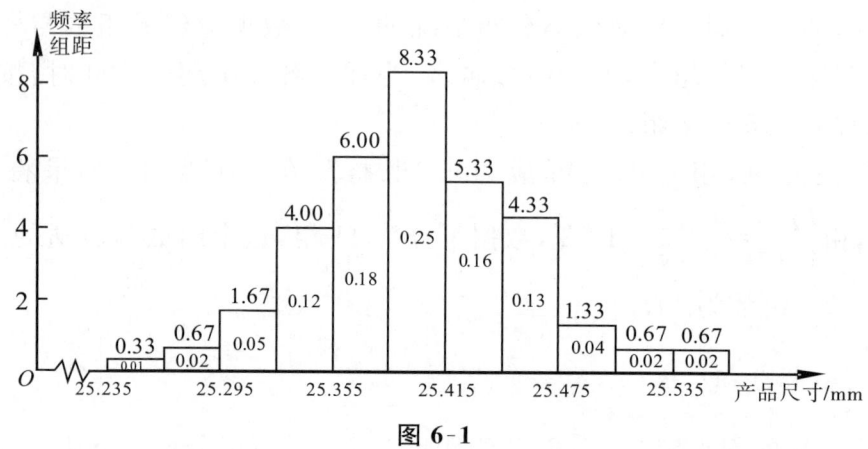

图 6-1

图 6-1 中,由于小长方形的面积=组距×$\dfrac{\text{频率}}{\text{组距}}$=频率,所以各小长方形的面积表示相应各组的频率.这样,频率分布直方图就以面积的形式反映了数据落在各个小组的频率的大小.容易知道,在频率分布直方图中,各小长方形的面积的总和等于1.

从图 6-1 中可以看到,有 25% 的产品尺寸落在区间 25.385～25.415 内,有 43% 的产品尺寸落在区间 25.355～25.415 内,有 89% 的产品尺寸落在区间 25.295～25.475 内. 也就是说,若从该工厂生产的钢管中任取一根钢管,则所取出钢管的内径尺寸落在区间 25.385～25.415 内的概率约为 0.25,落在区间 25.355～25.415 内的概率约为 0.43,落在区间 25.295～25.475 内的概率约为 0.89.

从频率分布直方图中可以清楚地看出数据分布的总体态势,但是从直方图本身得不到原始的数据内容,因为把数据绘制成直方图后,原有的具体数据信息就被抹掉了.

如上所述,用样本的频率分布估计总体的步骤如下:

（1）选择恰当的抽样方法得到样本数据.

（2）计算极差,确定组距和组数,对数据分组并列出频率分布表.

（3）绘制频率分布直方图.

（4）观察频率分布表和频率分布直方图,根据样本的频率分布,估计总体中某事件发生的概率.

习题 6-2（A 组）

1. 一个容量为 20 的样本，已知某组的频率为 0.25，求该组的频数．

2. 一个容量为 20 的样本数据，分组后，各组区间与频数如下：
   [10,20)，2；[20,30)，3；[30,40)，4；[40,50)，5；[50,60)，4；[60,70)，2．
   求样本在 [10,50) 上的频率．

3. 已知一个容量为 20 的样本数据如表 6-3 所示．

表 6-3

| 25 | 21 | 23 | 25 | 26 | 29 | 26 | 28 | 30 | 29 |
| 26 | 24 | 25 | 27 | 26 | 22 | 24 | 25 | 26 | 28 |

（1）填写表 6-4 所示的频率分布表；

表 6-4

分组	频数	频率
20.5～22.5		
22.5～24.5		
24.5～26.5		
26.5～28.5		
28.5～30.5		
合计		

（2）绘制频率分布直方图；

（3）样本数据落在区间 22.5～26.5 内的频率是多少？

习题 6-2（B 组）

1. 观察某地新生婴儿的体重，其频率分布直方图，如图 6-2 所示，求该地新生婴儿体重为 2700～3300 g 的频率．

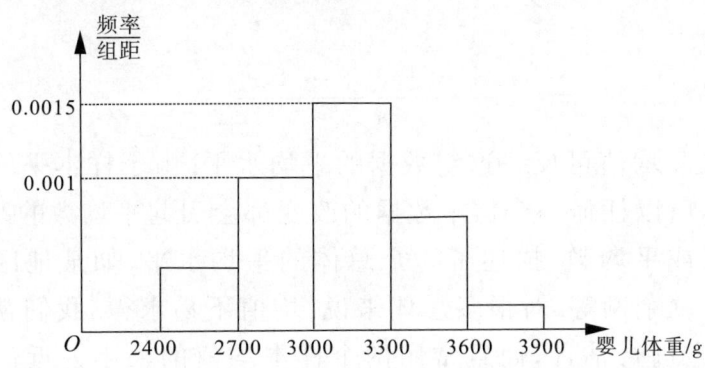

图 6-2

2. 在学校开展的综合实践活动中,某班进行了小制作评比,作品上交时间为 5 月 1 日至 30 日.评委会把同学们上交作品的件数按 5 天一组分组统计,绘制了频率分布直方图,如图 6-3 所示.已知从左至右各长方形的高的比为 2∶3∶4∶6∶4∶1,第三组的频数为 12,请解答下列问题:

(1) 本次活动共有多少件作品参加评比?

(2) 哪组上交的作品数量最多?有多少件?

(3) 经过评比,第四组和第六组分别有 10 件和 2 件作品获奖,这两组中哪一组获奖率较高?

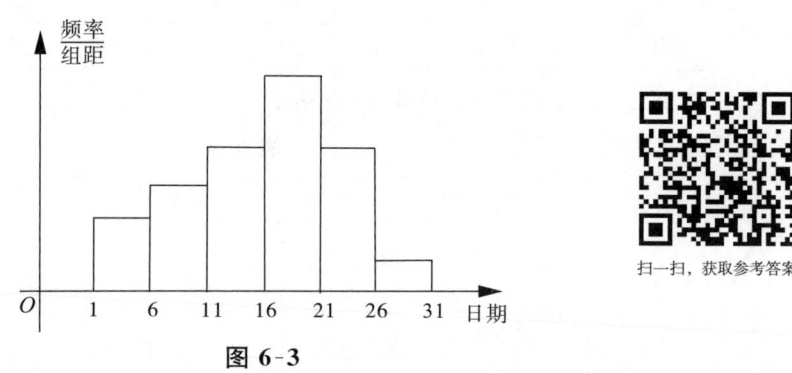

图 6-3

6.3 用样本估计总体

前面我们利用样本数据列出频率分布表并绘制频率分布直方图,从而估计总体某事件发生的概率.我们还可以用样本的均值来估计总体的平均水平,用样本的方差(标准差)来估计总体的波动性.

一、用样本的均值估计总体均值

观察某个样本,得到一组数据 $x_1, x_2, x_3, \cdots, x_n$,那么这个**样本的均值**(或**平均数**)为

$$\bar{x} = \frac{x_1 + x_2 + x_3 + \cdots + x_n}{n}.$$

其中 $\bar{x}$ 读作"x 拔".均值可反映这组数据的平均水平.由于样本平均数与每一个样本数据有关,所以任何一个样本数据的改变都会引起平均数的改变.

总体的均值(或**平均数**)描述了一个总体的平均水平,如某地区粮食平均产量、人均储蓄存款余额等.对很多总体来说,均值不易求得.我们常用容易求得的样本均值对它进行估计,而且常用两个样本均值的大小去近似地比较相应的两个总体均值的大小.

例 1 从某灯泡厂生产的一批灯泡中随机地抽取 10 只进行寿命测试,得数据如下(单位:h):

1458,1359,1562,1614,1351,1490,1478,1382,1356,1496.

这批灯泡的平均寿命约是多少?

解 如果将该厂生产的这一批灯泡寿命的全体称为总体,那么所抽测的 10 只灯泡的寿命就组成从这个总体中抽取的一个样本.我们就可以用这个样本的均值对相应的总体均值做出估计.

$$\bar{x} = \frac{1458+1359+1562+1614+1351+1490+1478+1382+1356+1496}{10}$$
$$= 1454.6(\text{h}).$$

即这 10 只灯泡的平均寿命为 1454.6 h. 于是可以由此估计,这批灯泡的平均寿命约为 1454.6 h.

例 2 要从两位射击选手中选拔一位参加射击比赛.经测试,两位选手的 10 次射击成绩(击中的环数)如表 6-5 所示.

表 6-5

射击序号	1	2	3	4	5	6	7	8	9	10
甲选手射击成绩	9.2	9.0	9.5	8.7	9.9	10.0	9.1	8.6	8.5	9.1
乙选手射击成绩	9.1	8.9	9.3	9.7	9.9	9.9	8.9	9.2	9.6	8.8

你觉得选哪位选手参加比赛合适呢?

解 将甲、乙选手这 10 次射击成绩各作为一个样本,对两位选手的射击水平进行估计.分别计算这两个样本数据的均值,得

$$\bar{x}_甲 = \frac{9.2+9.0+9.5+8.7+9.9+10.0+9.1+8.6+8.5+9.1}{10} = 9.16,$$

$$\bar{x}_乙 = \frac{9.1+8.9+9.3+9.7+9.9+9.9+8.9+9.2+9.6+8.8}{10} = 9.33.$$

显然

$$\bar{x}_甲 < \bar{x}_乙.$$

由此估计,乙的射击平均水平高于甲,所以应选择乙选手去参加比赛.

二、用样本标准差估计总体标准差

均值向我们提供了样本数据的重要信息,但是,均值有时也会使我们做出对总体的片面判断.例如,某地区的统计报表显示,该地区的年平均家庭收入是 10 万元,给人的印象是该地区的家庭收入普遍较高.但是,如果这个均值是

由 200 户贫困家庭和 20 户极富有家庭的收入计算而来的,那么,它就既不能代表贫困家庭的年收入,也不能代表极富有家庭的年收入.因为这个均值掩盖了一些极端的情况,而这些极端情况显然是不能忽视的.因此,只有均值还难以概括样本数据的实际状态.除均值外,我们还要考察样本数据的离散程度,对样本数据进行综合考察.

考察样本数据的离散程度可以用极差、方差或标准差来描述.极差反映一组数据变化的幅度.样本方差描述一组数据围绕平均值波动的大小.为了得到以样本数据的单位表示的波动幅度,通常要求出样本方差的算术平方根(样本标准差).一般地,设样本的数据为 $x_1, x_2, x_3, \cdots, x_n$,样本均值为 $\bar{x}$,定义

$$s^2 = \frac{(x_1-\bar{x})^2+(x_2-\bar{x})^2+\cdots+(x_n-\bar{x})^2}{n-1},$$

$$s = \sqrt{\frac{(x_1-\bar{x})^2+(x_2-\bar{x})^2+\cdots+(x_n-\bar{x})^2}{n-1}}.$$

其中 s^2 表示样本方差,s 表示样本标准差.

注:上述公式中分子为 $n-1$,而不是 n,因为研究成果表明利用样本方差估计总体方差时前者比后者合适.

标准差是样本数据到均值的一种平均距离.标准差越大,数据的离散程度越大;标准差越小,数据的离散程度越小.同样,总体标准差反映总体的离散程度.因为总体标准差较难求得,我们通常用样本标准差去估计总体标准差.通过比较两个样本的标准差,对相应的两个总体的标准差进行近似比较.

例 3 要从甲、乙两名跳远运动员中选拔一名去参加国际比赛.选拔标准:先看他们跳远的平均成绩,若两人的平均成绩相差无几,就要看他们成绩的稳定程度.在对两人进行 15 次测验比赛后,得到数据(单位:cm)如表 6-6 所示.

表 6-6

| 甲 | 729 | 744 | 752 | 721 | 755 | 731 | 743 | 757 | 741 | 768 | 764 | 736 | 778 | 761 | 773 |
| 乙 | 752 | 745 | 753 | 729 | 743 | 767 | 755 | 750 | 744 | 752 | 747 | 760 | 748 | 745 | 769 |

如何根据上述数据决定人选呢?

解 (1) 先分别求甲、乙两名跳远运动员的平均成绩.

$\bar{x}_{甲} = (729+744+752+721+755+731+743+757+741+768+764+$
$\qquad 736+778+761+773)/15 = 750.2$,

$\bar{x}_{乙} = (752+745+753+729+743+767+755+750+744+752+747+$
$\qquad 760+748+745+769)/15 = 750.6$.

比较两个样本均值,可以看出两人测验的平均成绩相差无几.因此,需要进一步比较两人成绩的稳定程度.

(2) 下面分别计算甲、乙两名跳远运动员的成绩的标准差.

$$s_\text{甲} = \sqrt{\frac{(729-750.2)^2+(744-750.2)^2+\cdots+(773-750.2)^2}{14}} \approx 16.98,$$

$$s_\text{乙} = \sqrt{\frac{(752-750.6)^2+(745-750.6)^2+\cdots+(769-750.6)^2}{14}} \approx 9.91.$$

由于 $s_\text{甲}$ 明显大于 $s_\text{乙}$,可以估计,乙运动员的成绩比甲运动员的成绩稳定一些,所以可选定乙运动员去参加比赛.

需要指出的是,现实中的总体所包含的个体数往往很多,难以求出总体的均值与标准差.即使是对于同一个总体,所取样本改变,相应的样本频率分布与均值、标准差等都会发生改变,这就会影响到我们对总体情况的估计.如果样本的代表性差,那么对总体所做出的估计就会产生偏差;样本没有代表性时,对总体做出错误估计的可能性就非常大.在实际操作中,为了减少错误的发生,条件允许时,通常采取适当增加样本容量的方法.当然,关键还是要改进抽样方法,提高样本的代表性.

计算样本的方差(或标准差)一般是很麻烦的,可以借助计算器或计算机软件完成计算.

下面说明采用 CASIO fx-82ES PLUS 函数型计算器计算例 3 中跳远运动员甲的成绩均值和标准差的方法.操作步骤如下:

(1) 将计算器设置为统计(STAT)状态.

操作:按一次 MODE 键,显示 1:COMP　2:STAT　3:TABLE ,表示进入计算状态选项,按数字键 2 进入统计计算状态.

(2) 输入数据.

操作:在统计计算状态下,按数字键 1 进入单个变量输入数据状态,依次输入各个数据,每输入一个数据后,都要按 = 键;输入最后一个数据"773",按 = 键后再按 AC 键.

(3) 显示计算结果.

① 依次按 SHIFT 键、数字键 1 、数字键 4 、数字键 1 和 = 键,显示样本容量 $n=15$.

② 依次按 SHIFT 键、数字键 1 、数字键 4 、数字键 2 和 = 键,显示样本均值 $\bar{x}_\text{甲}=750.2$.

③ 依次按 SHIFT 键、数字键 1、数字键 4、数字键 4 和 = 键,显示样本标准差 $s_甲 \approx 16.98$.

注:在显示样本标准差的基础上,依次按 x^2 键、= 键,显示样本方差 $s_甲^2 \approx 288.31$.

试一试:采用函数型计算器计算例 3 中跳远运动员乙的成绩均值和标准差.

习题 6-3(A 组)

1. 甲、乙、丙、丁参加某运动会射击项目选拔赛,平均成绩和方差如表 6-7 所示.

表 6-7

	甲	乙	丙	丁
平均成绩	8.3	8.8	8.8	8.7
方差	3.5	3.6	2.2	5.4

从这 4 个人中选择一人参加该运动会射击项目比赛,最佳人选应是谁?

2. 样本中共有 5 个个体,其值分别为 $a, 0, 1, 2, 3$. 若该样本的平均值为 1,求样本方差.

3. 学校英语提高班采用小班教学,每班 15 人. 现有 A,B 两个班参加统一的口语测试,成绩如表 6-8 所示.

表 6-8

A 班同学成绩	67	72	93	69	86	84	45	77	88	91	81	76	84	90	63
B 班同学成绩	78	96	56	83	86	48	98	67	62	70	64	97	96	79	86

哪个班的成绩较好些?

习题 6-3(B 组)

1. 一组数据的均值是 7,方差是 1.5,若将这组数据中的每一个数据都加上 60,得到一组新数据,则所得新数据的均值和方差分别为多少?

2. 如果两组数 $x_1, x_2, \cdots, x_n$ 和 $y_1, y_2, \cdots, y_n$ 的均值分别为 $\bar{x} = 12$ 和 $\bar{y} = 18$,求:

   (1) $x_1, x_2, \cdots, x_n, y_1, y_2, \cdots, y_n$ 的均值;

   (2) $x_1 + y_1, x_2 + y_2, \cdots, x_n + y_n$ 的均值.

6.4 一元线性回归

变量与变量之间的关系常见的有两类:一类是确定性的函数关系,另一类是变量间确实存在关系,但又不具备函数关系所要求的确定性,它们之间的联系带有随机性.比如,人的身高和体重间的关系.虽然一个人的身高并不能决定体重,但是,身高高者一般体重也重.变量之间的这种非确定性的相互依存的关系叫作**相关关系**.它的特点是,当一个变量(或 n 个变量)的值确定后,另一个变量的值虽然与它(或它们)有着密切的关系,但却无法确定.**回归分析**是对具有相关关系的变量的关系进行测定,确定一个相关的数学表达式(**回归方程式**),以便于进行估计或预测的统计方法.通常把研究两个变量间的相关关系叫作**一元回归分析**.本节我们将研究**一元线性回归分析**.

看下面的例子.

例 1 表 6-9 为随机抽取的 8 名学生的身高(单位:cm)与体重(单位:kg)数据.

表 6-9

编号	1	2	3	4	5	6	7	8
身高 x_i	172	150	170	165	180	176	155	160
体重 y_i	60	47	85	70	75	80	50	65

表中的 8 对数据对应平面直角坐标系中的 8 个点(图 6-4),这些点组成的图形叫作**散点图**.

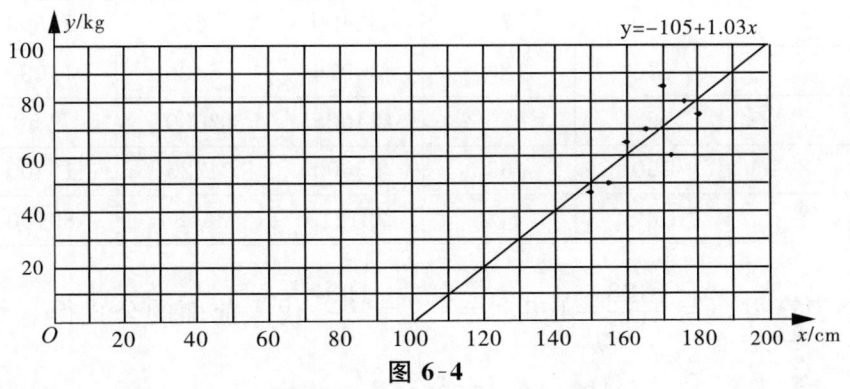

图 6-4

虽然这些点表面上是散乱的,但大体上散布在某条直线的周围(这很重要,否则不能用一次函数来近似).也就是说,人的体重 y 与身高 x 之间大致有一次函数关系,即可以近似地有

$$\hat{y} = a + bx.$$

其中,a,b是未知的,可以用样本的数据去估计a,b的值,估计值分别写作$\hat{a}$和$\hat{b}$。这里在y的上方加符号"^"表示观察值,以便与实际值y进行区分.

一般地,用$(x_1,y_1),(x_2,y_2),\cdots,(x_n,y_n)$表示样本数据的$n$个有序实数对,可根据下列公式可求得$\hat{a}$和$\hat{b}$(证明略).

$$\hat{b}=\frac{\sum_{i=1}^{n}x_iy_i-n\bar{x}\cdot\bar{y}}{\sum_{i=1}^{n}x_i^2-n\bar{x}^2},\hat{a}=\bar{y}-\hat{b}\bar{x}.$$

其中

$$\bar{x}=\frac{1}{n}\sum_{i=1}^{n}x_i,\bar{y}=\frac{1}{n}\sum_{i=1}^{n}y_i.$$

方程$\hat{y}=\hat{a}+\hat{b}x$叫作y关于x的**一元线性回归方程**,它的图形叫作**回归直线**.

注:符号$\sum_{i=1}^{n}x_i$表示$x_1+x_2+\cdots+x_n$. $\sum$为希腊字母,读作"希格玛".

下面来求例1中8名学生的体重y与身高x的一元线性回归方程. 列表如下(表6-10):

表 6-10

序号	x	y	x^2	y^2	xy
1	172	60	29584	3600	10320
2	150	47	22500	2209	7050
3	170	85	28900	7225	14450
4	165	70	27225	4900	11550
5	180	75	32400	5625	13500
6	176	80	30976	6400	14080
7	155	50	24025	2500	7750
8	160	65	25600	4225	10400
$\sum$	1328	532	221210	36684	89100

由上表算得,$\bar{x}=\frac{1328}{8}=166$,$\bar{y}=\frac{532}{8}=\frac{133}{2}$,代入前面的公式得

$$\hat{b}=\frac{89100-8\times166\times\frac{532}{8}}{221210-8\times166^2}=\frac{394}{381}\approx1.03,$$

$$\hat{a}=\frac{133}{2}-\frac{394}{381}\times166\approx-105.$$

体重 y 与身高 x 的一元线性回归方程为
$$\hat{y}=-105+1.03x.$$
即
$$体重≈身高-105.$$

散点图能帮助我们寻找线性相关关系,既直观又方便.作散点图并不要求把点标得十分准确,只要能看出这些点大致分布在某条直线附近就可以了.麻烦的是,有时很难界定这些点是否分布于某条直线附近.若不考虑作散点图,按照例 1 给出的计算 $\hat{a}$ 与回归系数 $\hat{b}$ 的公式,我们也可以根据一组成对数据,求出一个一元线性回归方程.但它能不能反映这组成对数据的变化规律?如不能,求出的这个一元线性回归方程就没有多少实际意义.为了解决这个问题,就有必要对这些成对数据进行线性相关性检验.线性相关程度越强,所求的一元线性回归方程越有意义.在此,我们不讨论线性相关性检验问题,读者可自行查阅相关书籍.

例 2 用 CASIO fx-82ES PLUS 型计算器求例 1 中体重 y 与身高 x 的一元线性回归方程.

解 首先利用计算器求出 $\hat{a}$ 和 $\hat{b}$ 的值.

(1) 设置统计计算状态(STAT).

操作:按一次 MODE 键,会显示 1:COMP　2:STAT　3:TABLE,表示进入计算状态选项,按数字键 2 进入统计计算模块.

(2) 输入数据.

操作:在上一步的基础上,按数字键 2 进入线性回归计算($A+Bx$)指令,依次输入数值并按 = 键,即 172→=→150→=→170→=→165→=→180→=→176→=→155→=→160→=,然后用中间光标键把输入位置移到 Y 下的第一位置,依次输入的数值并按 = 键,即 60→=→47→=→85→=→70→=→75→=→80→=→50→=→65→=→AC.在输入中注意 x 的量和 y 的量要对应起来.

(3) 显示计算结果.

① 依次按 SHIFT 键、数字键 1、数字键 5、数字键 1 和 = 键,显示回归系数 $A=-105.164042$.

② 依次按 SHIFT 键、数字键 1、数字键 5、数字键 2 和 = 键,显示回归系

数 $B=1.034120735$. 即
$$\hat{a} \approx -105, \hat{b} \approx 1.03.$$
所以,体重 y 与身高 x 的一元线性回归方程为
$$\hat{y} = -105 + 1.03x.$$

习题 6-4(A 组)

1. 变量之间的关系可以分为哪两大类？什么叫相关关系？
2. 某县婴幼儿的身高 $y(cm)$ 与年龄 $x(岁)$ 的一组统计资料如表 6-11 所示.

表 6-11

年龄 x_i	0.3	1.2	1.7	1.9	2.2	2.6	3.1	3.2	3.8	4.0
身高 y_i	63	71	76	79	83	87	91	93	97	100

(1) 画出散点图；
(2) 用计算器求体重 y 关于身高 x 的一元线性回归方程；
(3) 3 岁半的婴幼儿的身高大约是多少？

习题 6-4(B 组)

1. 以下关系中,哪些是相关关系？
   (1) 家庭消费支出与收入；　　　(2) 商品销售额与销售量、销售价格；
   (3) 物价水平与商品需求量；　　(4) 学习成绩总分与各门课程分数；
   (5) 小麦产量与施肥量.
2. 某设备的使用年限 $x(年)$ 和所支出的维修费用 $y(万元)$ 的统计资料如表 6-12 所示.

表 6-12

使用年限 x	2	3	4	5	6
维修费用 y	2.2	3.8	5.5	6.5	7.0

若由资料知,y 与 x 呈线性相关关系.
(1) 求维修费用 y 关于使用年限 x 的一元线性回归方程；
(2) 使用年限为 10 年时,维修费用是多少？

扫一扫,获取参考答案

复习题 6

1. 选择题.

(1) 有 980 件产品,编号分别为 1,2,…,980,现从中抽取 5 件进行质量检验,用系统抽样方法抽取样本,则抽得的编号可能是(　　).

　　A. 5,105,205,305,405　　　　B. 2,198,394,590,786
　　C. 10,160,310,460,610　　　D. 4,198,392,586,780

(2) 一个样本数据的极差为 54,组距为 5,则其组数为(　　).

　　A. 11　　　B. 10　　　C. 9　　　D. 8

2. 填空题.

(1) 现有 5200 个零件,其中一级品 3900 个,如果采用分层抽样法抽取一个容量为 200 的样本,那么应当从一级品中抽取_____个.

(2) 如图 6-5 所示的是某班 50 位同学在一次数学测验中成绩的频率分布直方图(记分精确到 1 分). 由图可知,人数最多的分数段是_____,该分数段的人数为_____.

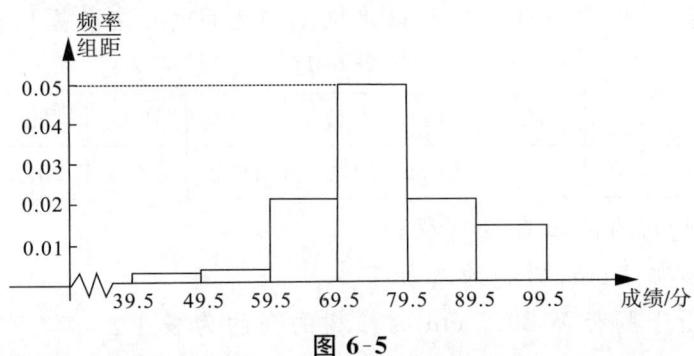

图 6-5

(3) 某玉米地中约有 2300 株玉米,随机抽取 20 株,算得平均每株产玉米 0.2 kg,由此估算这块玉米地的玉米产量约为_____.

(4) 已知一个回归直线方程为 $\hat{y}=1.5x+45$, $x_i \in \{1,5,7,13,19\}$,则 $\bar{y}=$_____.

3. 从编号为 1~800 的总体中抽取 8 个样本. 若采用系统抽样的办法,应当怎样抽取?

4. 某单位有职工 500 人,其中不到 30 岁的有 125 人,30~50 岁(不含 50 岁)的有 280 人,50 岁及以上的有 95 人. 为了调查员工的身体健康状况,从中抽出一个容量为 100 人的样本. 若采用分层抽样的方法,应当怎样抽取?

5. 测得 20 个零件毛坯的质量(单位:g)如表 6-13 所示.

表 6-13

质量	185	187	192	200	201	202	205	206	207	208	210	214	215	216	218	227
频数	1	1	1	1	1	2	1	1	2	1	1	1	2	1	2	1

将其按 $[183.5, 192.5), [192.5, 201.5), [201.5, 210.5), [210.5, 219.5),$ $[219.5, 228.5)$ 分成 5 组.

(1) 列出样本的频率分布表;

(2) 画出频率分布直方图.

6. 甲、乙两台机床在相同的技术条件下同时生产同一种零件. 现在从甲、乙两台机床生产的零件中各抽测 10 个,它们的尺寸如表 6-14(单位:mm)所示.

表 6-14

甲机床	10.2	10.1	10	9.8	9.9	10.3	9.7	10	9.9	10.1
乙机床	10.3	10.4	9.6	9.9	10.1	10.9	8.9	9.7	10.2	10

(1) 分别计算上面两个样本的均值和方差;

(2) 若图纸规定零件的尺寸为 10 mm,哪台机床加工这种零件较合适?

7. 一座大山上生长着大小不一的松树,任选 8 棵,测得它们的胸径 x(离地 1.5 m 处树干的直径,单位为 cm)与树高 y(单位:cm)之间的对应数据如表 6-15 所示.

表 6-15

x_i	10	12	14	17	19	20	22	25
y_i	9.7	13.1	14.4	17.3	18.2	18.8	20.2	23.3

(1) 求 y 关于 x 的回归直线方程;

(2) 胸径每增加 1 cm,树高约增加多少?

(3) 估计此山上胸径为 23.5 cm 的松树的高约为多少?

扫一扫,获取参考答案

[阅读材料 6]

Excel 软件在统计中的应用

在统计教学中,对数据进行统计分析、绘制统计图表等涉及许多烦琐复杂的计算与制图过程. 若单凭手工进行,十分费时,而且容易出错. Excel 提供了众多功能强大的统计函数及分析工具. 借助这些工具可解决同样的问题,既省时又高效. 下面举例说明 Excel(2016 版)在统计中的应用.

一、用 Excel 生成频率分布表及频率分布直方图

例如,某地 100 位居民的月均用水量(单位:m³)如表 6-16 所示.

表 6-16

3.1	2.5	2	2	1.5	1	1.6	1.8	1.9	1.6
3.4	2.6	2.2	2.2	1.5	1.2	0.2	0.4	0.3	0.4
3.2	2.7	2.3	2.1	1.6	1.2	3.7	1.5	0.5	3.8
3.3	2.8	2.3	2.2	1.7	1.3	3.6	1.7	0.6	4.1
3.2	2.9	2.4	2.3	1.8	1.4	3.5	1.9	0.8	4.3
3	2.9	2.4	2.4	1.9	1.3	1.4	1.8	0.7	2
2.5	2.8	2.3	2.3	1.8	1.3	1.3	1.6	0.9	2.3
2.6	2.7	2.4	2.1	1.7	1.4	1.2	1.5	0.5	2.4
2.5	2.6	2.3	2.1	1.6	1	1	1.7	0.8	2.4
2.8	2.5	2.2	2	1.5	1	1.2	1.8	0.6	2.2

用 Excel 生成频率分布表及频率分布直方图.

1. 调用分析工具的方法

"分析工具库"包括下述工具:方差分析、描述分析、相关分析、直方图、随机函数发生器、抽样分析、回归分析、z-检验等.若要访问这些工具,应先单击"工具"菜单中的"数据分析".首次调用时须先加载宏"分析工具库".步骤如下:

(1)点击"文件"选项卡,再点击最下面的"选项",如图 6-6 所示.

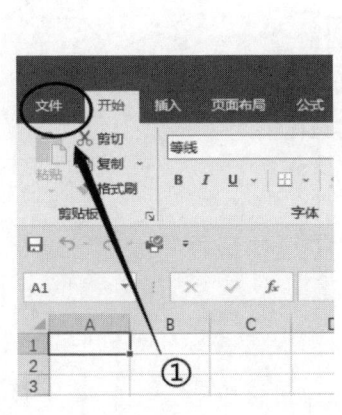
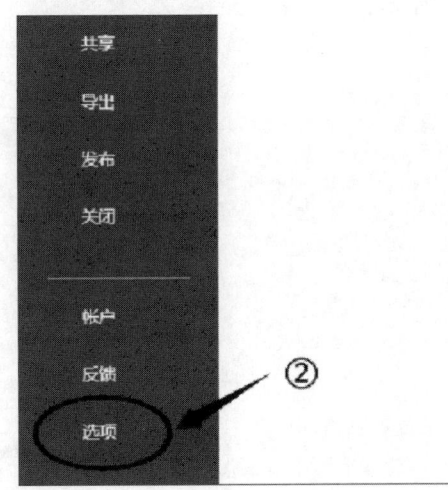

图 6-6

（2）在弹出的"Excel 选项"对话框中点击"加载项"，接着点击"转到"，如图 6-7 所示．

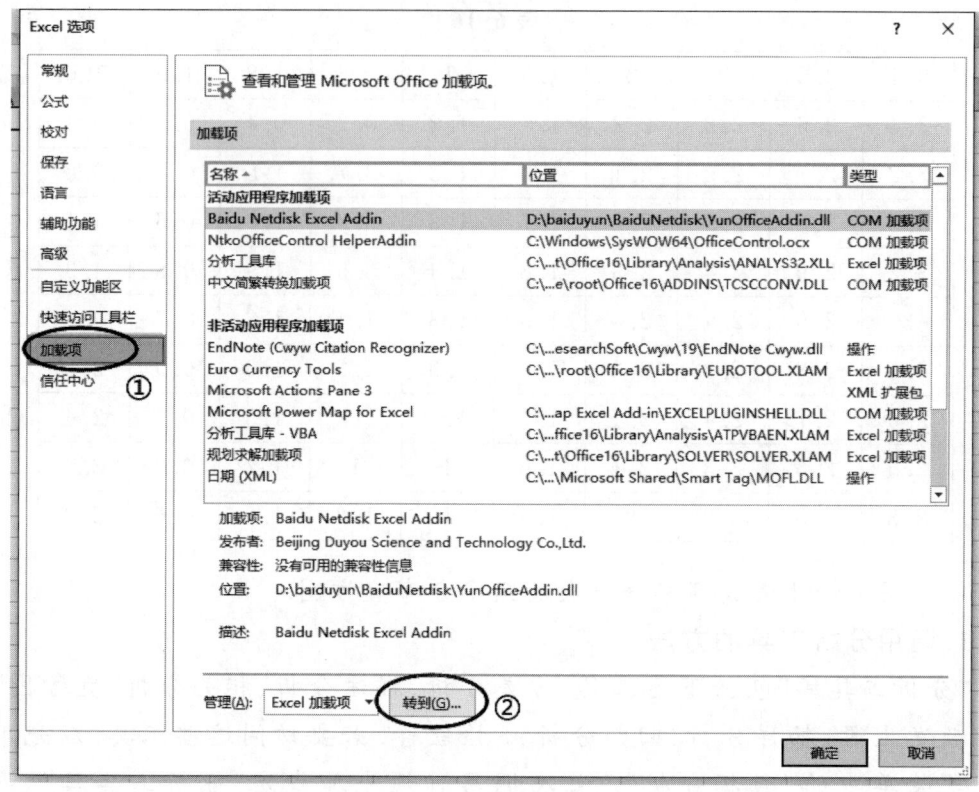

图 6-7

（3）在弹出的"加载项"对话框中勾选"分析工具库"，然后点击"确定"，如图 6-8 所示．

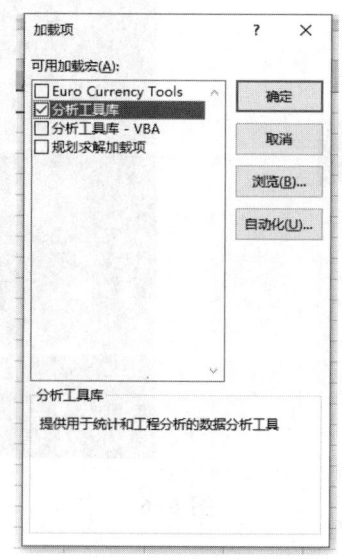

图 6-8

（4）点击"数据"选项卡,单击"数据分析"即可出现"数据分析"对话框,如图 6-9 所示.单击要使用的分析工具的名称,再单击"确定"即可弹出相应工具的对话框,可根据需要设置分析选项.

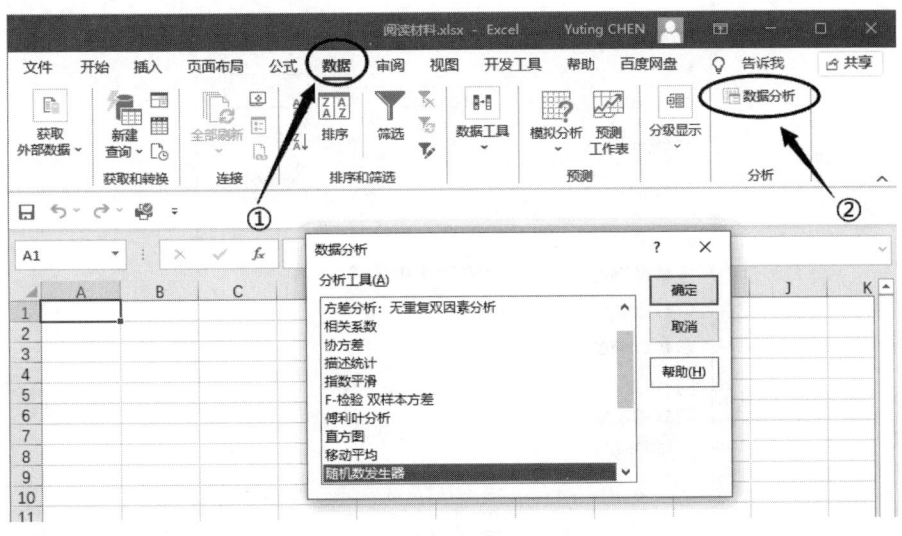

图 6-9

2. 生成频率分布表及频率分布直方图的步骤

（1）对数据分组.

上例中,以 0.5 为组距将它们分成以下 9 组:$[0,0.5]$,$(0.5,1]$,$(1,1.5]$,$(1.5,2]$,$(2,2.5]$,$(2.5,3]$,$(3,3.5]$,$(3.5,4]$,$(4,4.5]$.

（2）输入数据与分点的值.

① 为方便起见,将 100 个数据以方阵形式输入 Excel 工作表中的适当区域.

② 将各组区间的右端点的值输入图 6-10 表中的同一列(如 A 列).

	A	B	C	D	E	F	G	H	I	J	K
1	分点				100位居民的月均用水量						
2	0.5	3.1	2.5	2	2	1.5	1	1.6	1.8	1.9	1.6
3	1	3.4	2.6	2.2	2.2	1.5	1.2	0.2	0.4	0.3	0.4
4	1.5	3.2	2.7	2.3	2.1	1.6	1.2	3.7	1.5	0.5	3.8
5	2	3.3	2.8	2.3	2.2	1.7	1.3	3.6	1.7	0.8	4.1
6	2.5	3.2	2.9	2.4	2.3	1.8	1.4	3.5	1.9	0.8	4.3
7	3	3	2.9	2.4	2.4	1.9	1.3	1.4	1.8	0.7	2
8	3.5	2.5	2.8	2.3	2.3	1.8	1.3	1.3	1.6	0.9	2.3
9	4	2.6	2.7	2.4	2.1	1.7	1.4	1.2	1.5	0.5	2.4
10	4.5	2.5	2.6	2.3	2.1	1.6	1	1	1.7	0.8	2.4
11		2.8	2.5	2.2	2	1.5	1	1.2	1.8	0.6	2.2
12											

图 6-10

3. 生成频数分布表(直方图)、累积频率分布表(直方图)

（1）点击"数据"选项卡,单击"数据分析"即可出现"数据分析"对话框,选择"直方图",单击"确定"即可出现如图 6-11 所示的"直方图"对话框.

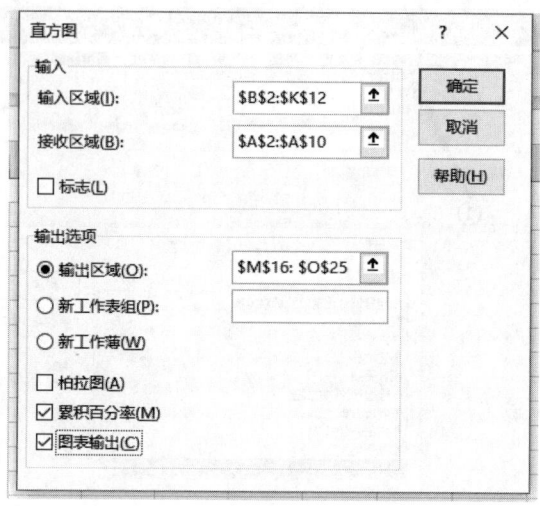

图 6-11

（2）在"输入区域"利用鼠标选择或键盘输入数据方阵"100 位居民的月均用水量区域"：$\$B\$2:\$K\$12$.

（3）在"接收区域"用同样的方法输入"分点数据"区域：$\$A\$2:\$A\$10$.

（4）点击"输出区域",输入 3 列 10 行的区域,如：$\$M\$16:\$O\$25$.

（5）勾选"累计百分率""图表输出".

完成以上 5 步,点击"确定"按钮,立即出现图 6-12 所示的累积频率分布表（折线图）和频数分布表（直方图）.

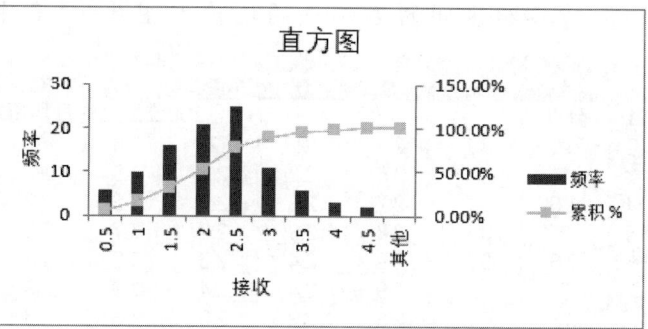

图 6-12

运用中,应特别关注以下三点：

① 勿将频数当频率.将容易验证,上述图表中的"频率"其实表示频数,这

极可能是汉化 Excel 时翻译的错误,所以应将表中"频率"改为"频数",接收区的数据表示各组区间的右端值.

② Excel 是按照左开右闭的方式对落在各区间的数据进行频数统计的.

③ Excel 对输入区域中的样本数据按区段分别统计频数时,遇到空单元格,系统会自动跳过.因此,在"输入区域"输入任意一个包含全部样本数据的方阵区域,都不会出现频数的统计错误.

4. 生成"频率/组距"分布表

(1) 在 Excel 的工作表中将频数分布表中"接收"改为"分组",并在这一列输入各组的区间表达式,在右侧增加一列"频率/组距".

(2) 根据频率=频数/样本容量,在"频率/组距"列第一个单元格中输入算式.例如:"=N17/(100*0.5)",其中 N17 为"频数"列第一个单元格的地址,100 为样本容量,0.5 为组距.输入算式后按"Enter"键即可得到第一组"频率/组距"值.

(3) 选中"频率/组距"列第一个单元格,将光标移至此单元格的右下角.此时,光标变为"十字"光标,按住鼠标的左键不放,往下拖动直至得到各小组"频率/组距"值,这样就得到"频率/组距分布表"(表6-17).

表 6-17

分组	频数	累积频率	频率/组距
[0,0.5]	6	6.00%	0.12
(0.5,1]	10	16.00%	0.2
(1,1.5]	16	32.00%	0.32
(1.5,2]	21	53.00%	0.42
(2,2.5]	25	78.00%	0.5
(2.5,3]	11	89.00%	0.22
(3,3.5]	6	95.00%	0.12
(3.5,4]	3	98.00%	0.06
(4,4.5]	2	100.00%	0.04
其他	0	100.00%	0

5. 完成频率分布直方图

(1) 按住"Ctrl"键不放,在上述"频率/组距分布表"中,用鼠标依次从上到下选中"分组""频率/组距"和"累积频率"这3列中的数据.

(2) 点击"插入"选项卡,如图 6-13 所示,点击"▇▾"图标,选择插入柱形图或条形图,在下拉列表中选择"▐▐▐"(簇状柱形图),即可得到如图 6-14 所示的频率(累积)分布直方图.

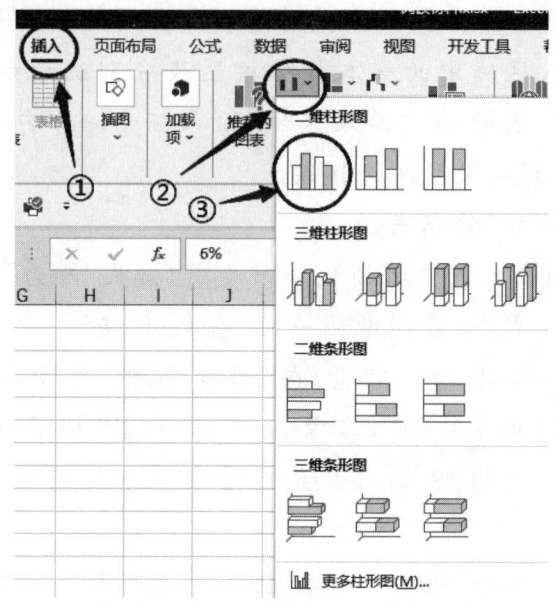

图 6-13

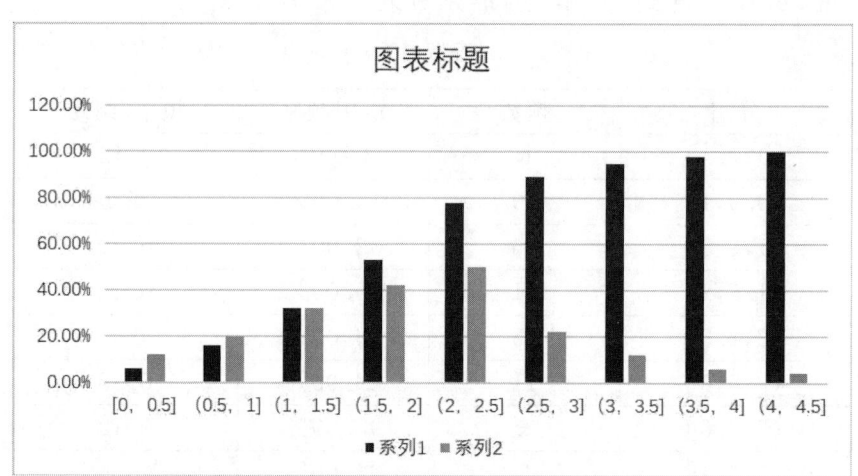

图 6-14

(3) 修改图表标题为"100 位居民的月均用水量频率分布直方图",增加坐标轴标题,将系列 1 的名称修改为"累积频率",将系列 2 的名称修改为"频率/组距",即可得到如图 6-15 所示的频率(累积)分布直方图.

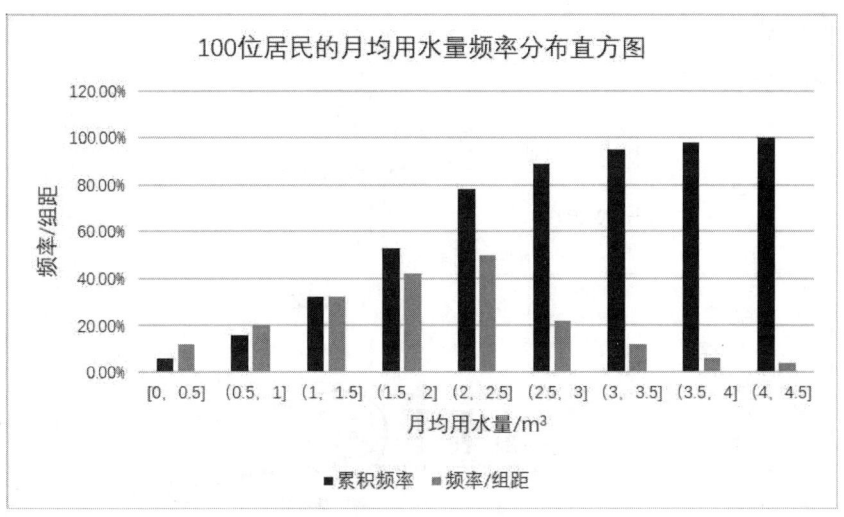

图 6-15

（4）选中累积频率分布直方图（柱形图中深色柱），如图 6-16 所示，点击"图表设计"选项卡中的"更改图表类型". 在弹出的对话框中选择"累积频率"，在图表类型下拉列表中选择折线图，如图 6-17 所示，点击"确定"即可得到如图 6-18 所示的图表.

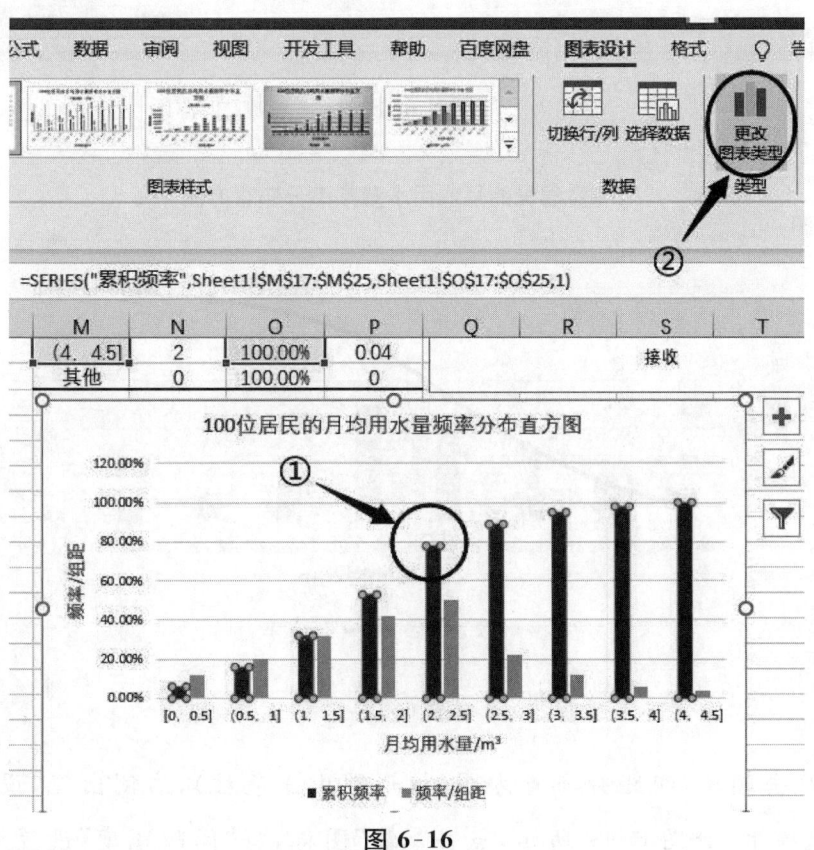

图 6-16

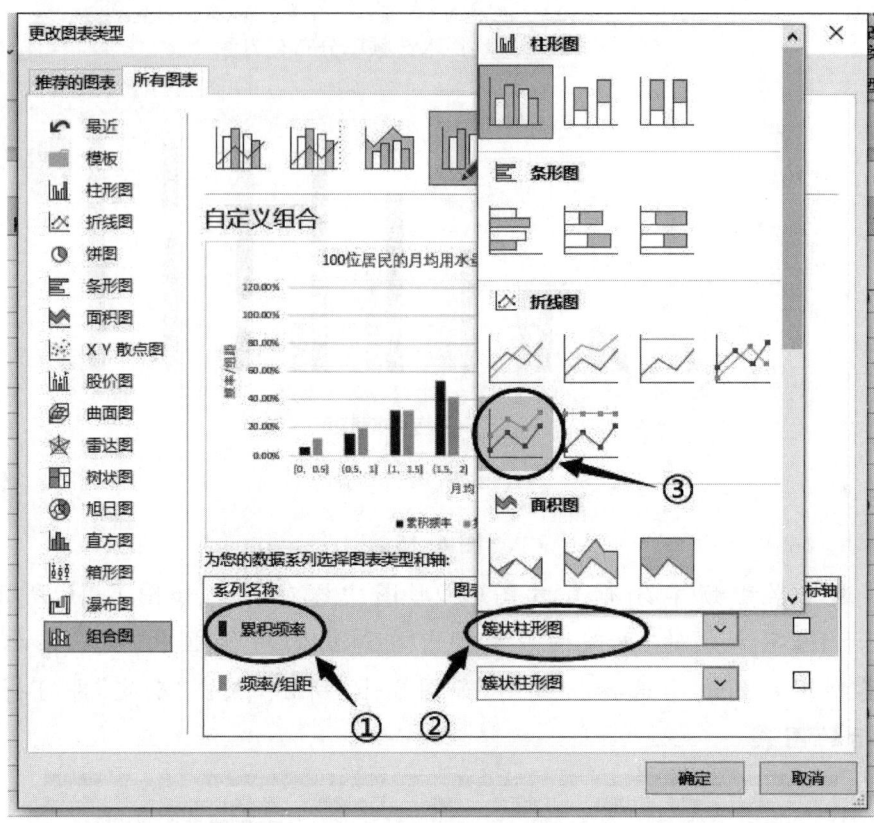

图 6-17

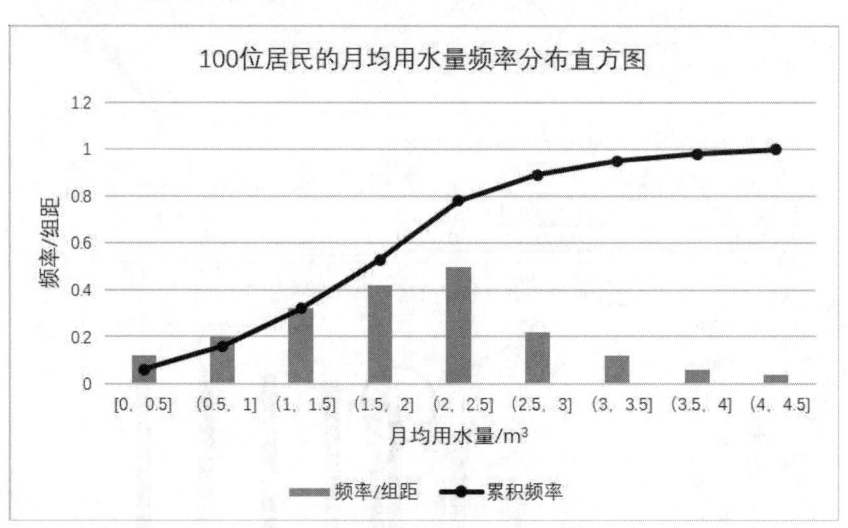

图 6-18

（5）双击频率/组距分布直方图（柱形图中浅色柱），右侧出现"设置数据系列格式"选项卡，如图 6-19 所示，点击" "图标，将"间隙宽度"设置为零，即可得到如图 6-20 所示的直方图.

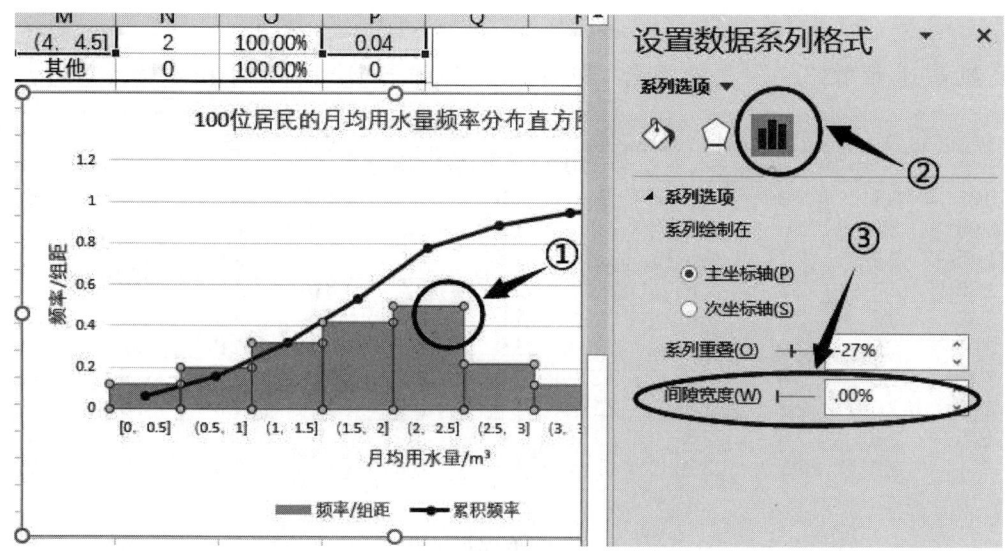

图 6-19

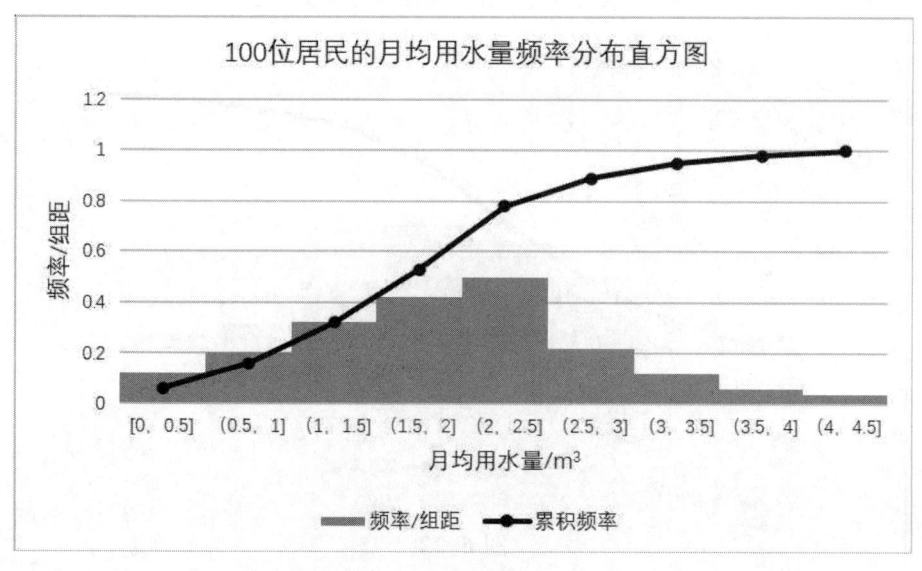

图 6-20

6. 使 Excel 也能准确统计出以左闭右开方式分段的数据频数

前文中以 0.5 为组距,将 100 位居民的月均用水量将数据分成了以下左闭右开的 9 组:

$$[0,0.5],(0.5,1],\cdots,(4,4.5].$$

要使 Excel 能准确统计出上述各左闭右开区间段的数据频数,只需将各区段右端点的数值比样本数据多取一位小数并改小,再按左开右闭的方式分组

即可.如图 6-21 所示,可修改分组为:
$$[0,0.45],(0.45,0.95],\cdots,(3.95,4.45].$$
再按照前述步骤 2~5 进行操作,即可得到如图 6-22 所示的直方图.

分点	B	C	D	E	F	G	H	I	J	K
				100位居民的月均用水量						
0.45	3.1	2.5	2	2	1.5	1	1.6	1.8	1.9	1.6
0.95	3.4	2.6	2.2	2.2	1.5	1.2	0.2	0.4	0.3	0.4
1.45	3.2	2.7	2.3	2.1	1.6	1.2	3.7	1.5	0.5	3.8
1.95	3.3	2.8	2.3	2.2	1.7	1.3	3.6	1.7	0.6	4.1
2.45	3.2	2.9	2.4	2.3	1.8	1.4	3.5	1.9	0.8	4.3
2.95	3	2.9	2.4	2.4	1.9	1.3	1.4	1.8	0.7	2
3.45	2.5	2.8	2.3	2.3	1.8	1.3	1.3	1.6	0.9	2.3
3.95	2.6	2.7	2.4	2.1	1.7	1.4	1.2	1.5	0.5	2.4
4.45	2.5	2.6	2.3	2.1	1.6	1	1	1.7	0.8	2.4
	2.8	2.5	2.2	2	1.5	1	1.2	1.8	0.6	2.2

图 6-21

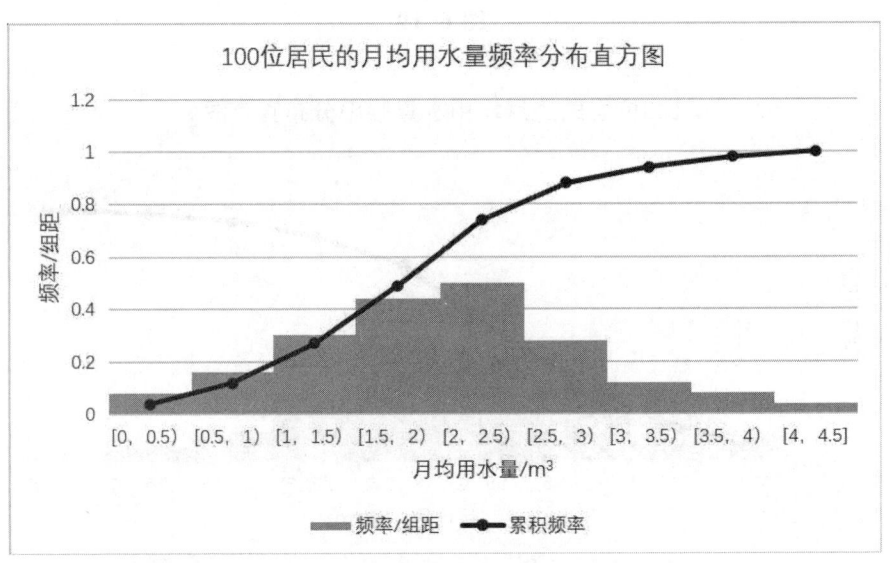

图 6-22

二、利用 Excel 软件计算样本的均值、方差、标准差

下面用 6.3 节中的例 3 说明用 Excel 软件计算样本的均值、方差、标准差的方法.

(1) 在 Excel 工作表中依次输入跳远运动员甲的数据,如图 6-23 所示.

(2) 求样本均值:在数据空白单元格(如 C13)内输入"样本均值",在"样本均值"右侧空单元格(D13)内输入"=AVERAGE(A1:A15)",按"Enter"键.

(3) 求样本方差:在数据空白单元格(如 C14)内输入"样本方差",在"样本方差"右侧空单元格(D14)内输入"＝VAR(A1:A15)",按"Enter"键.

(4) 求样本标准差:在数据空白单元格(如C15)内输入"样本标准差",在"样本标准差"右侧空单元格(D15)内输入"＝SQRT(D14)",按"Enter"键.

	A	B	C	D
1	729			
2	744			
3	752			
4	721			
5	755			
6	731			
7	743			
8	757			
9	741			
10	768			
11	764			
12	736			
13	778		样本均值	750.2
14	761		样本方差	288.3142857
15	773		样本标准差	16.97981996
16				

图 6-23

	A	B
1	172	60
2	150	47
3	170	85
4	165	70
5	180	75
6	176	80
7	155	50
8	160	65
9		

图 6-24

三、利用 Excel 软件画回归曲线和求回归方程

下面用 6.4 节中的例 1,说明用 Excel 软件画回归曲线和求回归方程的方法.

(1) 在 Excel 工作表中依次输入数据,如图 6-24 所示.

(2) 选中数据区,点击"插入"选项卡,如图 6-25 所示,点击" "图标,选择插入散点图或气泡图,在下拉列表中选择" "(散点图),即可得到频率(累积)分布如图 6-26 所示的散点图.

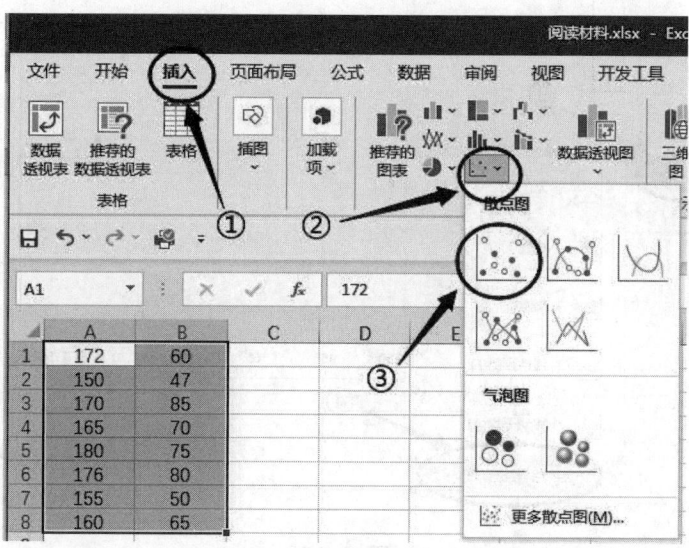

图 6-25

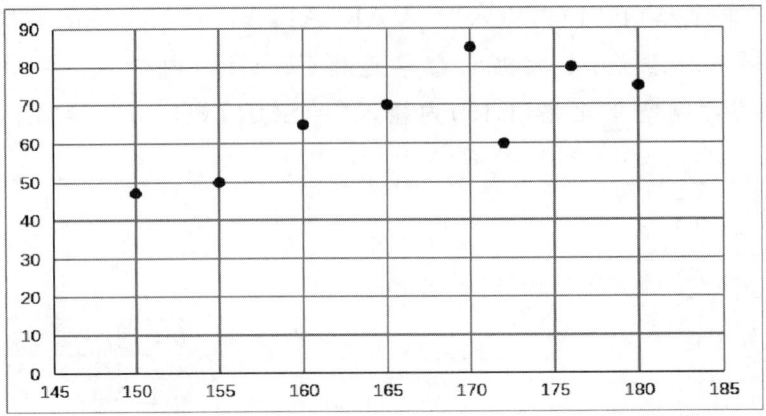

图 6-26

(3) 选中图表,点击"图表设计"选项卡,如图 6-27 所示,依次点击"添加图表元素""趋势线""其他趋势线选项",右侧弹出如图 6-28 所示的"设置趋势线格式"选项卡.

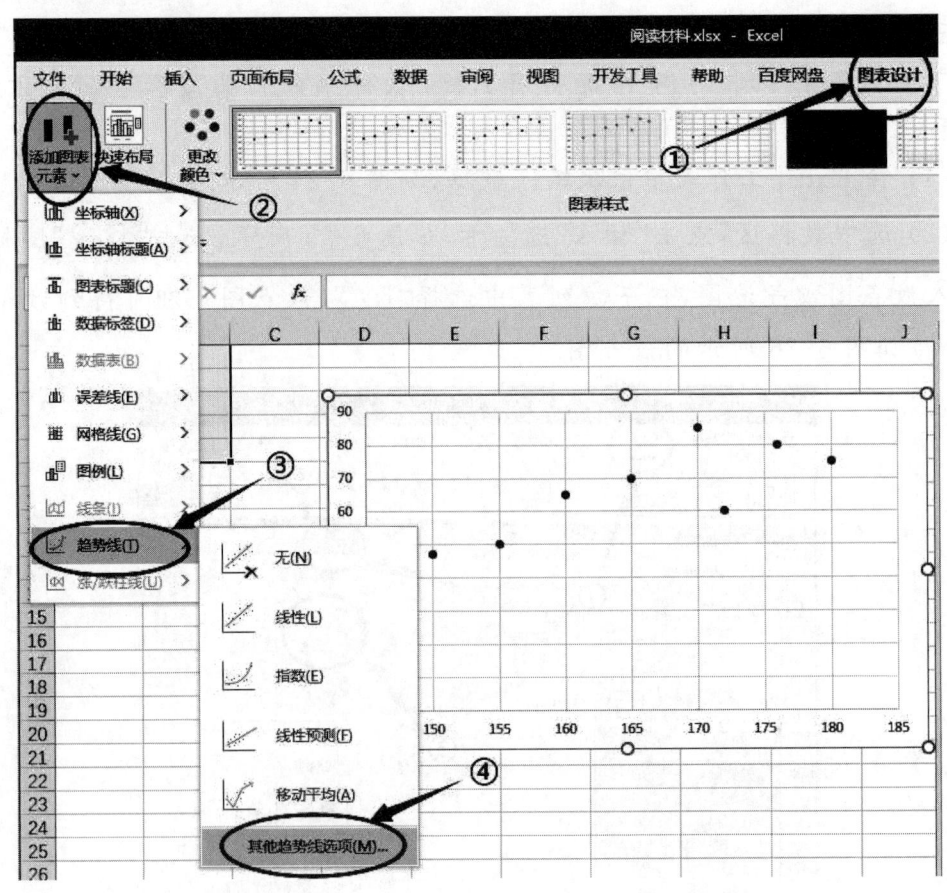

图 6-27

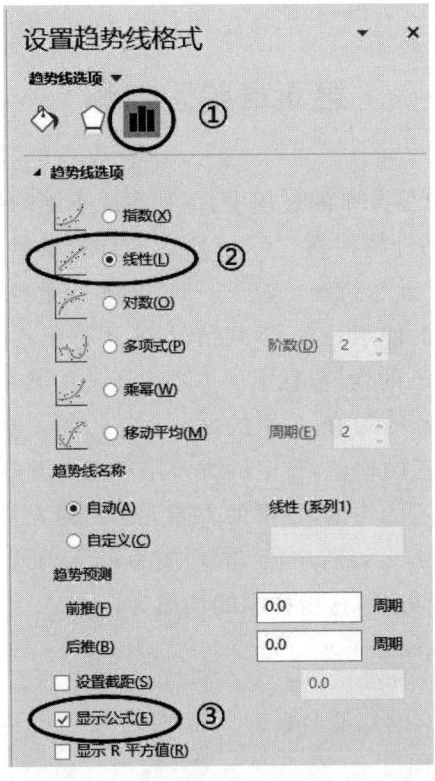

图 6-28

(4) 在"设置趋势线格式"选项卡中点击" "图标,点选"线性",勾选"显示公式",即可得到如图 6-29 所示的模拟直线(趋势线)和回归方程.

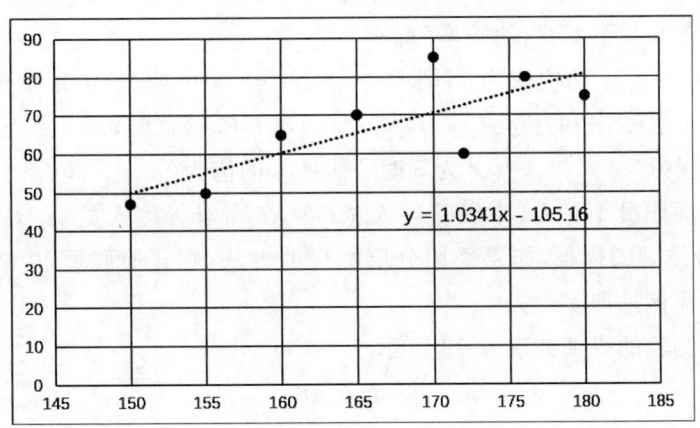

图 6-29

第6章单元自测

1. 选择题.

   (1) 在用样本频率估计总体分布的过程中,下列说法正确的是(　　).

   A. 总体容量越大,估计越精确　　B. 总体容量越小,估计越精确

   C. 样本容量越大,估计越精确　　D. 样本容量越小,估计越精确

   (2) 比较甲、乙两种机器的使用寿命,下列情况中,甲好于乙时最理想的是(　　).

   A. 甲的均值略小于乙的均值,且甲的方差大于乙的方差

   B. 甲的均值略大于乙的均值,且甲的方差小于乙的方差

   C. 甲的均值略小于乙的均值,且甲的方差小于乙的方差

   D. 甲的均值略大于乙的均值,且甲的方差大于乙的方差

   (3) 已知两组样本数据 $x_1,x_2,x_3,\cdots,x_n$ 的均值为 h,$y_1,y_2,y_3,\cdots,y_m$ 的均值为 k,则把两组数据合并成一组以后,这组样本的均值为(　　).

   A. $\dfrac{h+k}{2}$　　B. $\dfrac{nh+mk}{m+n}$　　C. $\dfrac{mh+nk}{m+n}$　　D. $\dfrac{h+k}{m+n}$

   (4) 数据 5,7,7,8,10,11 的标准差是(　　).

   A. 8　　B. 4　　C. 2　　D. 1

2. 填空题.

   (1) 系统抽样与简单随机抽样的联系在于,将总体均分后对第一部分进行抽样采用的是_____.

   (2) 已知样本数据为 7,10,14,8,7,12,11,10,8,10,13,10,8,11,8,9,12,9,13,12,那么这组数据在 8.5 至 15 内的频率为_____.

   (3) 已知 $x_1,x_2,\cdots,x_n$ 的均值为 a,则 $3x_1+2,3x_2+2,\cdots,3x_n+2$ 的均值是_____.

   (4) 实验测得 4 组 (x,y) 的值为 $(1,2),(2,3.5),(4,6.5),(6,9.5)$,则 y 与 x 之间的线性回归方程为_____;当 x 为 5 时,估算 y 的值为_____.

3. 某公司现有普通职员 160 人、中级管理人员 30 人、高级管理人员 10 人,要从其中抽取 20 个人进行身体健康检查,如果采用分层抽样的方法,则普通职员、中级管理人员和高级管理人员各应该抽取多少人?

4. 某班一次数学测验的成绩如表 6-18 所示.

表 6-18

59	46	79	44	60	66	55	63	74	82
91	75	46	78	66	75	72	68	65	42
60	68	54	81	65	71	68	65	70	63
87	68	55	62	68	72	65	58	64	80

(1) 填写表 6-19 所示的频率分布表;

（2）绘频率分布直方图；

（3）求不及格率；

（4）求平均分．

表 6-19

分组	频数	频率
40～50		
50～60		
60～70		
70～80		
80～90		
90～100		
合计		

5. 某技能比赛中甲、乙两个工人生产的零件质量的评分如表 6-20 所示．

表 6-20

甲	93	95	95	96	96	95	94	97	94	95
乙	94	95	96	95	95	96	95	94	94	96

试判断谁生产的零件更好．

6. 为研究某一类产品的广告费与其销售额之间的关系，某公司对多个厂家进行了调查，数据如表 6-21（单位：万元）所示．用计算器求销售额 y 关于广告费 x 的一元线性回归方程．

表 6-21

厂家	1	2	3	4	5	6	7	8	9	10
广告费 x	60	45	35	25	40	20	30	50	25	35
销售额 y	520	500	440	380	525	365	475	540	450	385

扫一扫，获取参考答案

第 7 章

立体几何

在平面几何中,我们研究了一些平面图形的概念、性质和它们的应用.但在日常生活和生产实际中还会遇到一些几何图形,这些图形上的点、线不完全在同一个平面内,这样的图形称为空间图形(或立体图形).例如,桌子、书、粉笔、螺母、车刀等物体的几何形状都是空间图形.本章将在平面几何知识的基础上研究空间图形的一些概念和性质.

7.1 平面的表示法和基本性质

一、平面及其表示法

我们知道,点没有大小,直线可以无限延长,没有宽度和厚度.同样,平面是无限伸展的,它没有厚度.日常所见的平面图形,如黑板面、玻璃面、墙面、桌面、纸面等,都给我们以平面的形象,都可以看作平面的一部分.

我们无法在纸上画出一个无限延展的平面,通常用平面的一部分来代表平面,用平行四边形来表示平面,如图 7-1 所示,不过要把它想象成无限延展的.当平面水平放置时,通常把平行四边形的锐角画成 $45°$,横边长度画成等于邻边的两倍.当一个平面的一部分被另一个平面遮住时,应把被遮部分的线段画成虚线或不画,如图 7-2 所示.

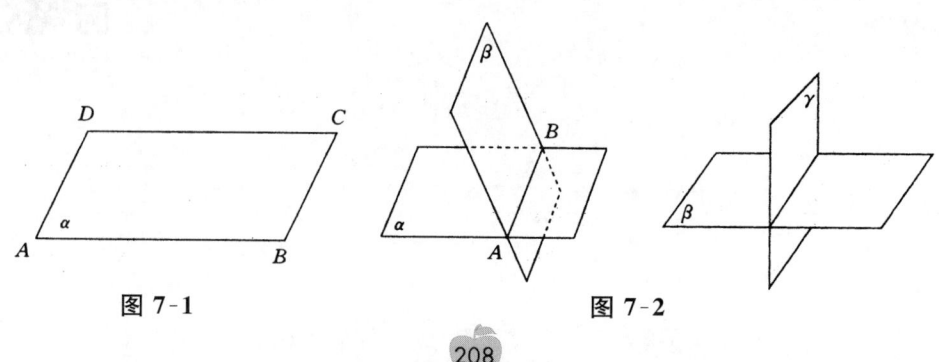

图 7-1　　　　图 7-2

平面常用希腊字母 α,β,γ 等来表示,如平面 α,平面 β,平面 γ 等,也可以用表示平行四边形的两个相对顶点的字母来表示,如平面 AC(图 7-1).

二、平面的基本性质

在生产与生活中,人们经过长期的观察与实践,总结出关于平面的三个基本性质.我们把它们当作公理,作为进一步推理的基础.

公理 1　如果一条直线上的两点在一个平面内,那么这条直线上的所有点都在这个平面内.

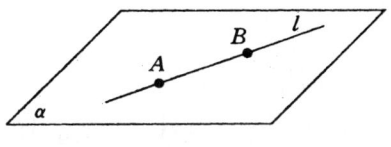

图 7-3

如图 7-3 所示,直线 l 上有两点 A 和 B 在平面 α 内,则 l 上所有的点都在平面 α 内.这时我们称直线 l 在平面 α 内,或者称平面 α 经过直线 l.即

若 $A,B\in l$,且 $A,B\in\alpha$,则 $l\subseteq\alpha$.

公理 2　如果两个平面有一个公共点,那么它们相交于过这一点的一条直线.

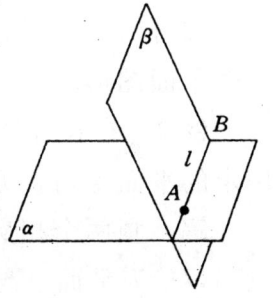

如图 7-4 所示,若 $A\in\alpha,A\in\beta$,则 $\alpha\cap\beta=l,A\in l$.

例如,教室内相邻的墙面,在墙角处交于一个点,它们就交于过这个点的一条直线.

图 7-4

如果两个平面 α 和 β 有一条公共直线 l,就称平面 α 和 β 相交,交线为 l,记作 $\alpha\cap\beta=l$.

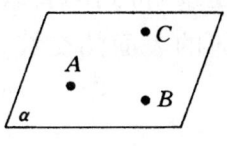

公理 3　不在同一条直线上的三点,可以确定一个平面,如图 7-5 所示.

图 7-5

例如,一扇门用两个合页和一把锁就可以固定了.

推论 1　一条直线和这条直线外一点可以确定一个平面,如图 7-6 所示.

推论 2　两条相交直线可以确定一个平面,如图 7-7 所示.

推论 3　两条平行直线可以确定一个平面,如图 7-8 所示.

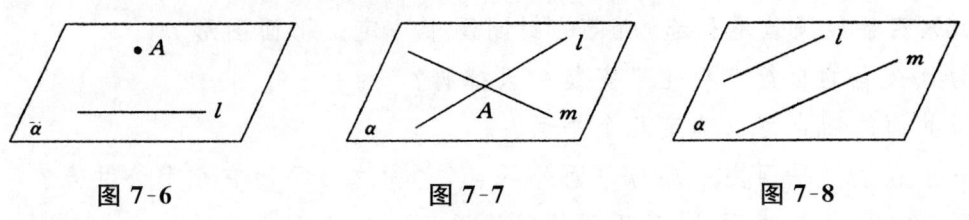

图 7-6　　　　　图 7-7　　　　　图 7-8

例1 如图7-9所示,证明△ABC是一个平面图形.

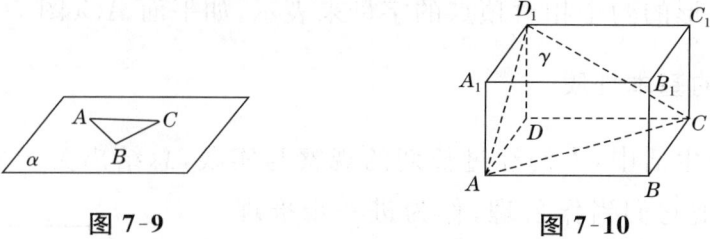

图7-9　　　　　　　　图7-10

证明　(1) 因为直线AB和AC是两条相交直线,由推论2知,有且只有一个平面α经过直线AB和AC.也即直线AB和AC上的所有点都在平面α内.

(2) 由(1)知,B,C两点在平面α内,根据公理1,线段BC上的所有点都在平面α内.

综合(1)、(2)知,△ABC的三条边上的所有点都在平面α内,故△ABC是一个平面图形.

例2　在长方体$ABCD-A_1B_1C_1D_1$(图7-10)中,画出由A,C,D_1三点所确定的平面γ与长方体的表面的交线.

解　画两个相交平面的交线,关键是找出这两个平面的两个公共点.由于点A,D_1为平面γ与平面ADD_1A_1的公共点,点A,C为平面γ与平面$ABCD$的公共点,点C,D_1为平面γ与平面CC_1D_1D的公共点,分别将这三个点两两连接,得到的直线AD_1,AC,CD_1就是由A,C,D_1三点所确定的平面γ与长方体的表面的交线(图7-10中虚线).

习题 7-1(A 组)

1. 判断题.

   (1) 线段AB在平面α内,直线AB不全在平面α内.

   (2) 三角形、梯形是平面图形.

   (3) 三点可以确定一个平面.

   (4) 两个平面相交,有时只有一个公共点,有时交线是一条线段.

   (5) 三条直线相交于一点,最多确定一个平面.

   (6) 四条线段首尾相连,所得的封闭图形一定是平面图形.

2. 为什么有的自行车后轮只安装一只撑脚?

3. 不共面的四点可以确定几个平面?

4. 一条直线过平面内一点与平面外一点,它和这个平面有几个公共点?

5. 画三个平行四边形,表示不同位置的平面.

习题 7-1（B 组）

1. 怎样检查一张桌子的四条腿的下端是否在同一平面内？
2. 一条直线与两条平行直线相交，求证这三条直线在同一个平面内．

扫一扫，获取参考答案

7.2 空间两条直线的关系

我们知道，在同一个平面内的两条直线（本章所说"两条直线或两个平面"均指不重合的两条直线或两个平面）的位置关系只有两种：平行或相交．

在空间中，两条直线还有另外一种位置关系，观察如图 7-11 所示六角螺母的棱 AB 和 CD 所在的直线，可以看出，它们不在同一个平面内，既不平行也不相交．

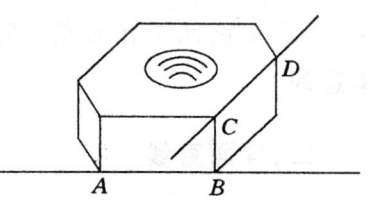

定义 不同在任何一个平面内的两条直线称为**异面直线**．

图 7-11

因此，空间两条直线的位置关系有三种：

（1）相交——在同一个平面内，只有一个公共点．
（2）平行——在同一个平面内，没有公共点．
（3）异面——不在同一个平面内，没有公共点．

一、平行直线

在平面几何里，我们曾经学过："在同一个平面内，如果两条直线都和第三条直线平行，那么这两条直线也互相平行．"在空间中，同样有这样的性质．

公理 4 平行于同一条直线的两条直线互相平行．

如图 7-12 所示为三棱镜的三条棱，如果 $AA_1 /\!/ BB_1$，$CC_1 /\!/ BB_1$，必有 $AA_1 /\!/ CC_1$．

例 1 已知四边形 $ABCD$ 是空间四边形（四个顶点不共面的四边形），E, F, G, H 分别是 AB, BC, CD, DA 的中点（图 7-13），连接 EF, FG, GH, HE，求证：四边形 $EFGH$ 是一个平行四边形．

证明 因为 EH 是 $\triangle ABD$ 的中位线，所以 $EH \underline{/\!/} \dfrac{1}{2}BD$．同理 $FG \underline{/\!/} \dfrac{1}{2}BD$．

由公理 4 可知，$EH \underline{/\!/} FG$．

故四边形 $EFGH$ 是一个平行四边形．

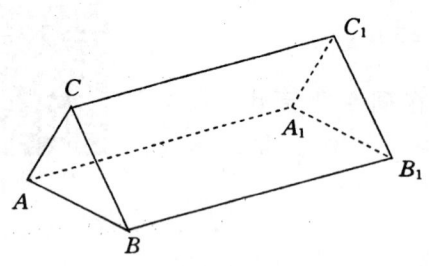

图 7-12

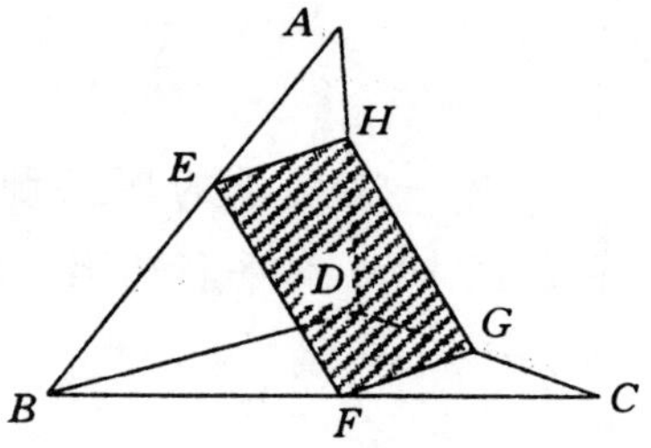

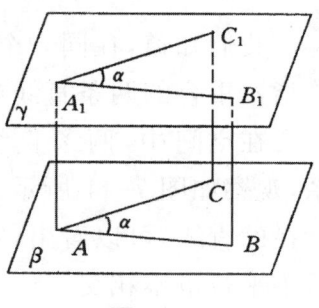

图 7-13

在平面几何中,我们知道,对应边互相平行的两个角相等或者互补. 在空间图形中有下面的结论:如果一个角的两边和另一个角的两边分别平行且方向相同,那么这两个角相等(图 7-14). 这个结论称为**等角定理**.

二、异面直线

1. 异面直线的画法

画异面直线时,可以画成如图 7-15 所示那样,以突出它们不共面的特点.

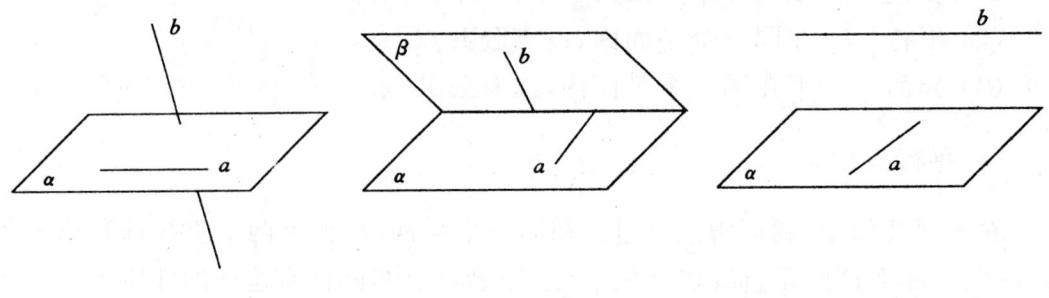

图 7-14

图 7-15

2. 异面直线所成的角

定义 设 a, b 是异面直线,经过空间任一点 O,分别引直线 $a' // a, b' // b$,则 a' 和 b' 所成的锐角或直角称为**异面直线 a, b 所成的角**,如图 7-16 所示.

异面直线所成的角 θ 的范围为 $\left(0, \dfrac{\pi}{2}\right]$. 特别地,当 $\theta = \dfrac{\pi}{2}$ 时,称两条异面直线互相垂直,记为 $a \perp b$.

3. 异面直线的距离

定义 和两条异面直线都垂直相交的直线称为两条异面直线的**公垂线**.

公垂线在这两条异面直线间的线段的长度,称为两条**异面直线的距离**.如图 7-17 所示,线段 $A'B'$ 的长为异面直线 $A'D'$ 与 BB' 的距离.

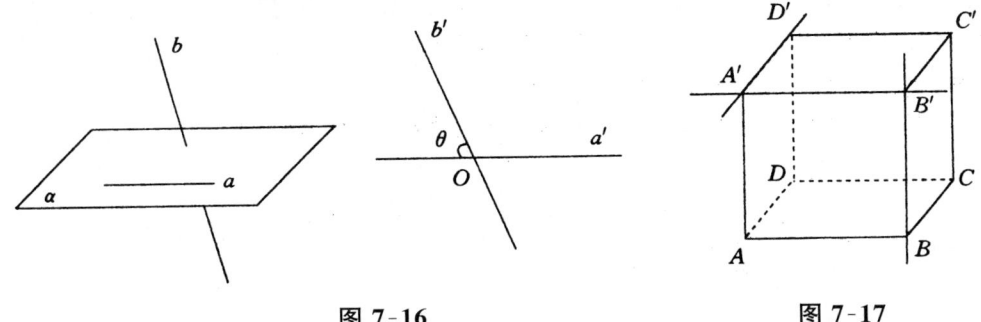

图 7-16　　　　　　　　　图 7-17

例 2　如图 7-18 所示,设正方体 $ABCD-A_1B_1C_1D_1$ 的棱长为 a.

(1) 图中哪些棱所在的直线与直线 BA_1 成异面直线?

(2) 求直线 BA_1 与 CC_1 所成的角的大小;

(3) 求异面直线 BC 与 AA_1 的距离.

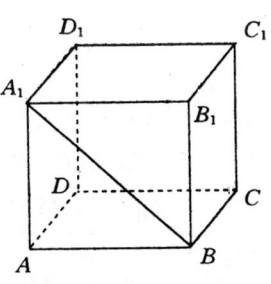

图 7-18

解　(1) 直线 $CD, C_1D_1, CC_1, DD_1, AD, B_1C_1$ 都与直线 BA_1 成异面直线.

(2) 因为 $CC_1 \parallel BB_1$,所以 BA_1 和 BB_1 所成的锐角就是 BA_1 和 CC_1 所成的角.

又因为 $\angle A_1BB_1 = 45°$,所以 BA_1 和 CC_1 所成的角是 $45°$.

(3) 因为 $AB \perp AA_1, AB \perp BC$,且 $AB \cap AA_1 = A, AB \cap BC = B$,所以线段 AB 是异面直线 BC 与 AA_1 的公垂线段.

又因为 $AB = a$,所以 BC 与 AA_1 的距离是 a.

习题 7-2(A 组)

1. 回答下面的问题:

(1) 没有公共点的两条直线是平行直线吗?

(2) 分别在两个平面内的两条直线一定是异面直线吗?

(3) 垂直于同一条直线的两条直线互相平行吗?

2. 列举互相垂直的异面直线和异面直线的公垂线的实例.

3. 画两个相交平面,在这两个平面内各画一条直线使它们成为:

(1) 平行直线;　(2) 相交直线;　(3) 异面直线.

4. 在如图 7-19 所示的正方体中,指出下列各题中两直线的位置关系及它们所成的角:

(1) DD_1 与 BC; (2) AA_1 与 BC_1; (3) AC 与 B_1D_1.

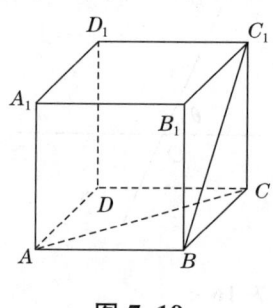

图 7-19

习题 7-2(B 组)

1. 如图 7-20 所示,已知长方体的长和宽都是 4 cm,高是 2 cm.

(1) BC 和 A_1C_1 所成的角是多少度?

(2) B_1C_1 和 CD 的距离是多少?

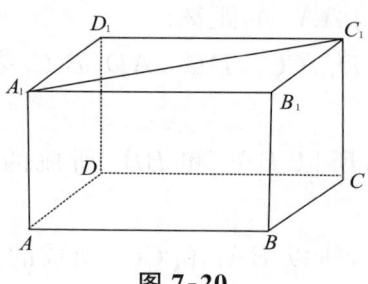

图 7-20

2. 已知四边形 $ABCD$ 是空间四边形,E,F,G,H 分别是 AB,BC,CD,DA 的中点(图 7-21).

(1) 若 $BD=AC$,求证:四边形 $EFGH$ 是菱形.

(2) 若 $BD \perp AC$,求证:四边形 $EFGH$ 是矩形.

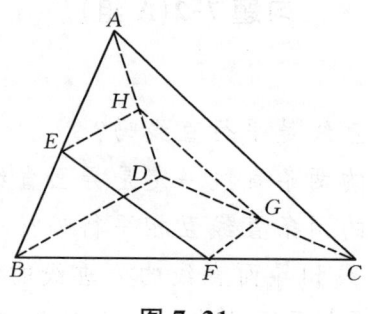

图 7-21

扫一扫,获取参考答案

7.3 直线与平面的位置关系

我们观察教室的墙面和地面可以发现,它们的相交线在地面上,两墙面的相交线和地面只相交于一点.如果一条直线和一个平面只有一个公共点,那么称这条直线和这个平面相交.墙面和天花板的相交线和地面没有交点.如果一条直线和一个平面没有公共点,我们称这条直线和这个平面平行.直线和平面相交或平行的情况统称为直线在平面外.

由上可知,一条直线和一个平面的位置关系有以下三种:

(1) 直线在平面内——有无数个公共点(图 7-22).

(2) 直线和平面相交——只有一个公共点(图 7-23).

(3) 直线和平面平行——没有公共点(图 7-24).

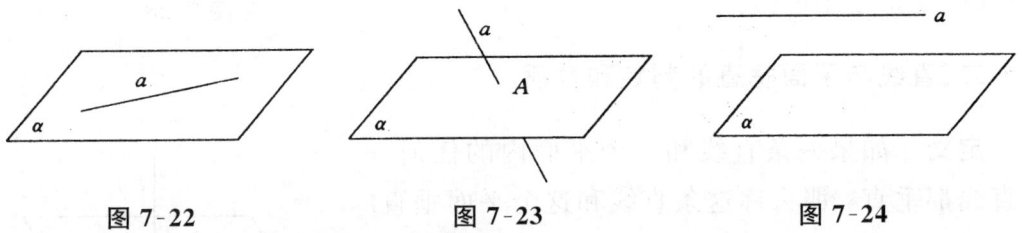

图 7-22　　　　　图 7-23　　　　　图 7-24

一、直线与平面平行的判定和性质

直线和平面平行的判定定理　如果平面外的一条直线平行于这个平面内的一条直线,那么这条直线就和这个平面平行.

也就是说,如图 7-25 所示,如果 $a // b, b$ 在平面 α 内, a 在平面 α 外.那么 $a // \alpha$.

例 1　已知:空间四边形 $ABCD$ 中,E,F 分别是 AB,AD 的中点,如图 7-26 所示.求证:$EF // $ 平面 BCD.

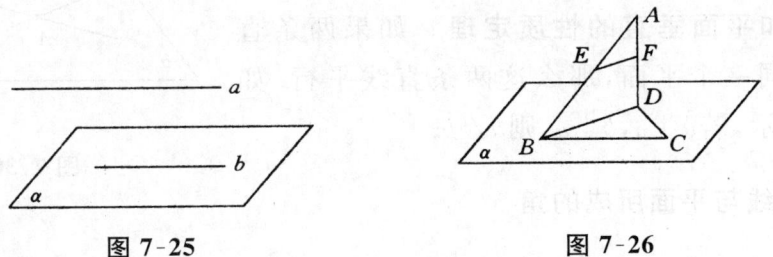

图 7-25　　　　　图 7-26

证明　连接 BD,
$$\left.\begin{array}{l} AE=EB,\\ AF=FD, \end{array}\right\} \Rightarrow EF // BD, 又 BD \subseteq 平面 BCD,$$
EF 不在平面 BCD 内,所以 $EF //$ 平面 BCD.

直线和平面平行的性质定理 如果一条直线和一个平面平行,经过这条直线的平面和这个平面相交,那么这条直线就和交线平行.

也就是说,如图 7-27 所示,若 $a//\alpha, a \subseteq \beta$, $\alpha \cap \beta = b$. 则 $a//b$.

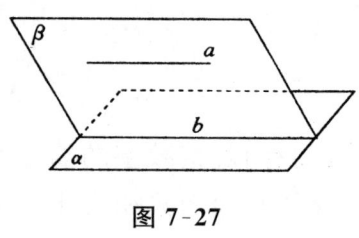

图 7-27

例 2 如图 7-28 所示的木块,线段 BC 和平面 A_1C_1 平行,要经过平面 A_1C_1 内一点 P 和直线 BC 把木块锯开,应怎样画线?

解 因为 $BC//$ 面 A_1C_1,经过 BC 的面 BC_1 和面 A_1C_1 交于 B_1C_1,所以 $BC//B_1C_1$.

在平面 A_1C_1 内,过 P 点作线段 $EF//B_1C_1$,根据公理 4,$EF//BC$. 连接 BE 和 CF,则 BE, EF, FC 就是要画的线.

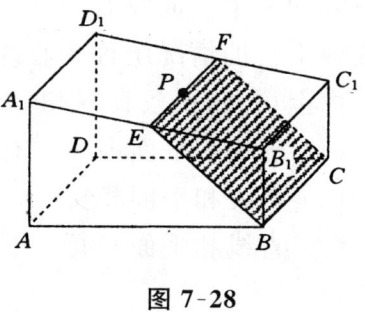

图 7-28

二、直线与平面垂直的判定和性质

定义 如果一条直线和一个平面内的任何一条直线都垂直,那么称这条直线和这个平面垂直. 这条直线称为这个平面的垂线,这个平面称为这条直线的垂面,线面的交点称为垂足(图7-29). 直线 l 和平面 α 相互垂直,记作 $l \perp \alpha$.

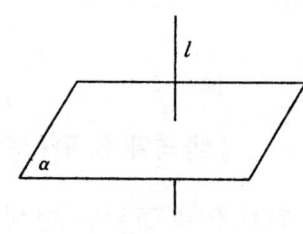

图 7-29

直线和平面垂直的判定定理 如果一条直线和一个平面内的两条相交直线都垂直,那么这条直线垂直于这个平面. 如图 7-30 所示,若 $a \subseteq \alpha$, $b \subseteq \alpha, a \cap b = A, l \perp a, l \perp b$. 则 $l \perp \alpha$.

直线和平面垂直的性质定理 如果两条直线垂直于同一个平面,那么这两条直线平行. 如图7-31 所示,若 $a \perp \alpha, b \perp \alpha$. 则 $a//b$.

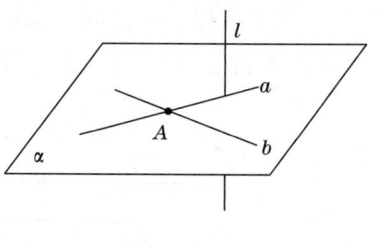

图 7-30

三、直线与平面所成的角

我们把与一个平面相交但不垂直的直线称为这个平面的斜线. 斜线和平面的交点称为斜足. 过斜线上任一点向平面引垂线,垂足与斜足的连线称为斜线在平面内的射影. 如图 7-32 所示,对于平面 α,直线 AB 是垂线,垂足 B 是点 A 的射影;直线 AC 是斜线,C 是斜足,直线 BC 是斜线 AC 的射影.

定义 平面的一条斜线和它在平面内的射影所成的锐角,称为斜线和平面所成的角.如图 7-32 所示的角 θ.

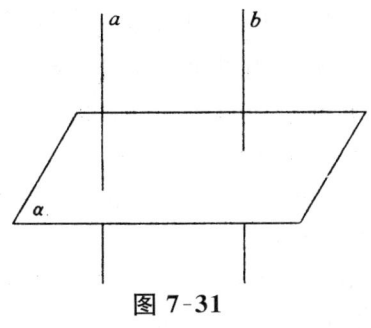

图 7-31

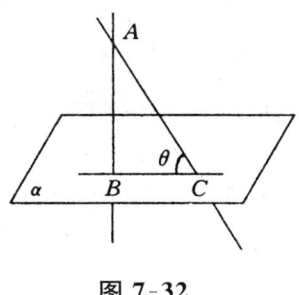

图 7-32

一条直线垂直于平面,则称它们所成的角是直角;

一条直线和平面平行,或在平面内,则称它们所成的角是 $0°$.

所以,直线与平面所成的角的范围是 $0°\leqslant\theta\leqslant 90°$.

例 3 过平面 α 外一点 P,向 α 引垂线 PB 和斜线 PA.已知 $PA=8, AB=4\sqrt{3}$.求斜线 PA 与平面 α 所成的角(图 7-33).

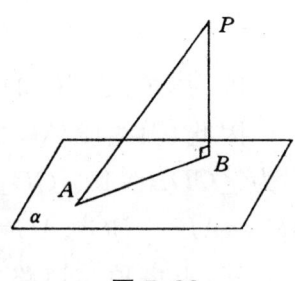

图 7-33

解 在 Rt$\triangle PAB$ 中,

$$\cos\angle PAB=\frac{AB}{PA}=\frac{4\sqrt{3}}{8}=\frac{\sqrt{3}}{2},$$

所以 $\angle PAB=30°$.

因此,斜线 PA 与平面所成的角为 $30°$.

*四、三垂线定理与逆定理

三垂线定理 平面内的一条直线,如果和这个平面的一条斜线在这个平面内的射影垂直,那么它也和这条斜线垂直.

如图 7-34 所示,已知:$PB\perp\alpha$,AB 是 PA 在平面 α 内的射影,$l\subseteq\alpha$,若 $l\perp AB$,则 $l\perp PA$.

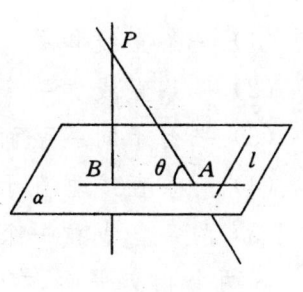

图 7-34

证明 因为 $PB\perp\alpha$,所以 $PB\perp l$(垂直的定义).

又因为 $l\perp AB$,且 $PB\cap AB=B$,所以 $l\perp$ 平面 PAB(垂直的判定定理),故 $l\perp PA$(垂直的定义).

类似地,可以证明:

三垂线定理的逆定理 平面内的一条直线,如果和这个平面的一条斜线垂直,那么它也和这条斜线在平面内的射影垂直.

例 4 道路旁有一条河,彼岸有电塔 AB,高 15 m.只有测角器和皮尺作测量工具,能否求出电塔顶与道路的距离?

解 如图 7-35 所示,在道边取一点 C,使 BC 与道边所成的水平角等于 $90°$.再在道边取一点 D,使 $\angle CDB$ 等于 $45°$.现只需测得 CD 的长,即可求出电塔顶与道路的距离.假设测得 CD 的距离为 20 m.

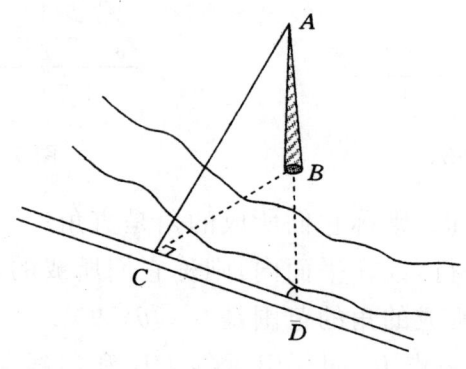

图 7-35

因为 BC 是 AC 的射影,且 $CD \perp BC$,所以 $CD \perp AC$.

因此,斜线段 AC 的长度就是电塔顶与道路的距离.

因为 $\angle CDB = 45°$,$CD \perp BC$,$CD = 20$ m,所以 $BC = 20$ m,由 $Rt\triangle ABC$ 可知,$AC^2 = AB^2 + BC^2$,$AC = 25$ m.

答:电塔顶与道路的距离是 25 m.

习题 7-3(A 组)

1. 判断题.

   (1) 一条直线和另一条直线平行,它就和经过另一条直线的任何平面平行;

   (2) 一条直线和一个平面平行,它就和这个平面内的任何直线平行;

   (3) 平行于同一平面的两条直线互相平行;

   (4) 一条直线垂直于平面内的两条直线,这条直线垂直于这个平面;

   (5) 两条直线和一个平面所成的角相等,它们就平行.

2. 画两个相交平面,在一个平面内画一条直线和另一平面平行.

3. 安装日光灯时,怎样才能使灯管和天棚、地板平行?

4. 在一个工件上同时钻很多孔时,常用多头钻,多头钻杆都是互相平行的.在工作时,只要调整工件表面和一个钻杆垂直,工件表面就和其他钻杆都垂直.为什么?

习题 7-3（B 组）

1. 有一方木料如图 7-36 所示,上底面上有一点 E,要经过点 E 在上底面上画一条直线和 C,E 的连线垂直,应怎样画?

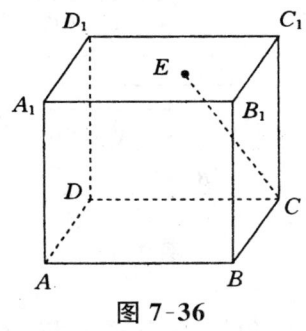

图 7-36

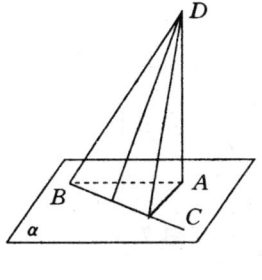

图 7-37

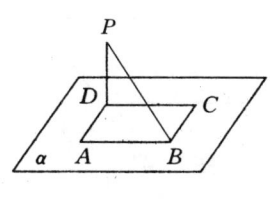

图 7-38

2. 如图 7-37 所示,已知等腰三角形 ABC 的腰 $AB=AC=5$ cm,底边 $BC=6$ cm,自顶点 A 作三角形所在平面 α 的垂线 AD,$AD=8$ cm.求点 D 到 BC 的距离.

3. 如图 7-38 所示,线段 DP 垂直正方形 $ABCD$ 所在的平面,$AB=10$ cm,$DP=5$ cm,求证 $PB \perp AC$,并求线段 PB 的长.

扫一扫,获取参考答案

7.4 平面与平面的位置关系

如果两个平面没有公共点,则称这两个平面互相平行.

空间两个不重合的平面,它们的位置关系有两种:

(1) 两个平面平行——没有公共点;

(2) 两个平面相交——有一条公共直线.

画两个互相平行的平面时,要使表示两个平面的平行四边形的对应边分别平行(图 7-39).

画两个相交平面时,要使表示两个平面的平行四边形有一条公共直线(图 7-40).

平面 α 和平面 β 平行记作 $\alpha // \beta$.

一、两平面平行的判定和性质

两平面平行的判定定理 如果一个平面内有两条相交直线都平行于另一个平面,那么这两个平面互相平行(图 7-41).

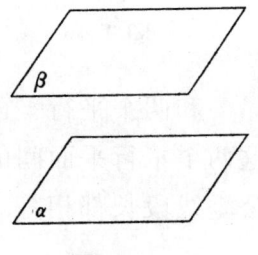

图 7-39

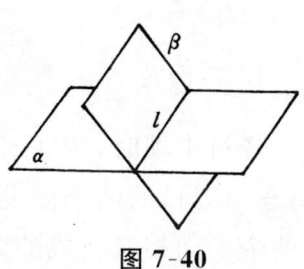

图 7-40

推论 1　垂直于同一条直线的两个平面互相平行(图 7-42).

推论 2　如果一个平面内的两条相交直线分别与另一个平面内的两条相交直线平行,那么这两个平面互相平行(图 7-43).

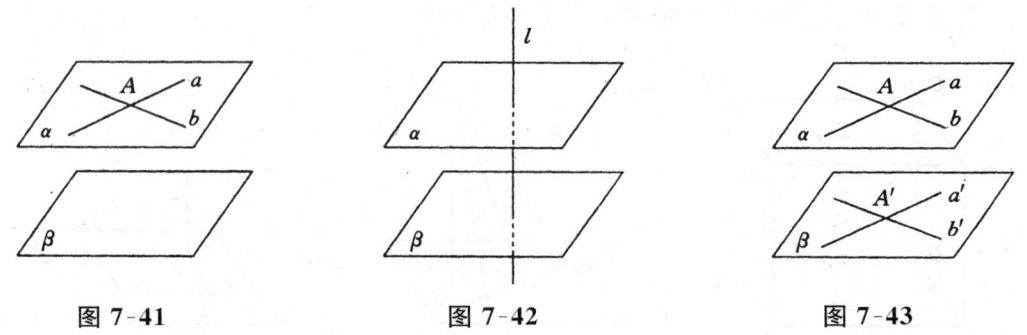

图 7-41　　　　　　图 7-42　　　　　　图 7-43

两平面平行的性质定理　如果两个平行平面同时和第三个平面相交,那么它们的交线互相平行(图 7-44).

推论 1　一条直线垂直于两个平行平面中的一个平面,它也垂直于另一个平面(图 7-45).

推论 2　夹在两个平行平面间的平行线段长相等(图 7-46).

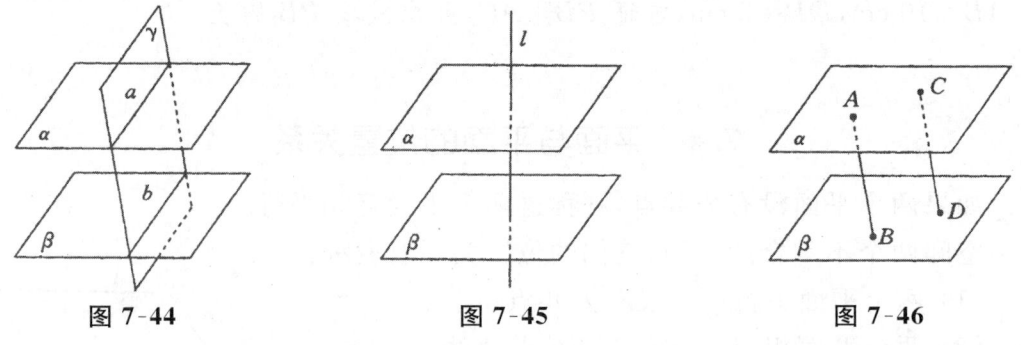

图 7-44　　　　　　图 7-45　　　　　　图 7-46

和两个平行平面同时垂直的直线,称为这两个平行平面的公垂线.它夹在这两个平行平面间的线段,称为这两个平行平面的公垂线段.两个平行平面的公垂线段长都相等.公垂线段的长度称为两个平行平面间的距离.

二、二面角和平面角

1. 二面角

修筑水坝时,为了使水坝经久耐用,必须考虑水坝面和水平面所成的角度;车刀刀口的两个面要根据用途的不同呈不同角度.这些事实说明有必要研究两个平面相交所成的角.

一个平面内的一条直线把这个平面分成两部分,其中的每一部分都称为半平面.

定义 从一条直线出发的两个半平面所组成的图形称为二面角.这条直线称为二面角的棱.这两个半平面称为二面角的面.

如图 7-47 所示,是一个以 AB 为棱,α,β 为面的二面角,记为二面角 $\alpha\text{-}AB\text{-}\beta$. 如果棱用 l 表示,则记作二面角 $\alpha\text{-}l\text{-}\beta$.

2. 二面角的平面角

以二面角的棱上任意一点为端点,分别在二面角的两个半平面内作垂直于棱的两条射线,这两条射线所组成的角称为二面角的平面角.

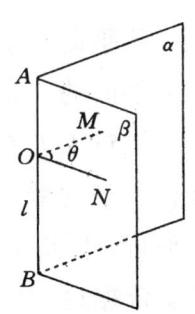

如图 7-47 所示,在二面角 $\alpha\text{-}AB\text{-}\beta$ 的棱上任取一点 O,分别在平面 α 和 β 内作射线 $OM\perp AB,ON\perp AB$,则 $\angle MON=\theta$ 就是这个二面角的平面角.平面角 θ 的大小就是二面角 $\alpha\text{-}AB\text{-}\beta$ 的大小.

图 7-47

平面角是直角的二面角称为直二面角.

例 1 如图 7-48 所示,山坡的倾斜度(坡面 α 与水平面 β 所成二面角的度数)是 $60°$,山坡上有一条直道 CD,它和坡脚的水平线 AB 的夹角是 $30°$,沿这条路上山,行走 100 m 后升高多少米?

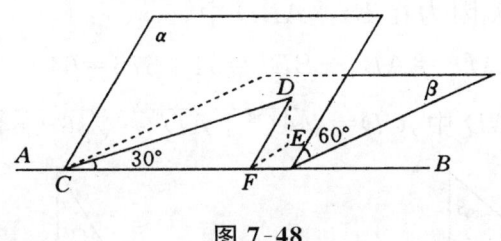

图 7-48

解 设 DE 垂直于过 BC 的水平平面,垂足为 E,则线段 DE 的长度就是所求的高度.在平面 α 内,过点 D 作 $DF\perp BC$,垂足是 F,连接 EF.

因为 $DE\perp$ 平面 $\beta,DF\perp BC$,所以 $EF\perp BC$.(三垂线定理的逆定理)

所以 $\angle DFE$ 就是坡面 α 和水平面 β 所成的二面角的平面角.

即 $\angle DFE=60°$.于是

$DE=DF\sin 60°=CD\sin 30°\sin 60°=100\sin 30°\sin 60°\approx 43.3(\text{m})$.

答 沿这条路前进 100 m,升高约 43.3 m.

三、两平面垂直的判定和性质

两个平面相交,如果所成的二面角是直二面角,则称这两个平面互相垂直.

如图 7-49 所示,画两个互相垂直平面,把直立平面的竖边画成和水平平面的横边垂直. 平面 α 和 β 垂直记作 $\alpha \perp \beta$.

两平面垂直的判定定理 如果一个平面经过另一个平面的一条垂线,那么这两个平面互相垂直.

建筑工人在砌墙时,常用一端系有重物的线来检查所砌的墙是否和地面垂直,如果下垂的线与墙面平行,便知所砌的墙和地面垂直. 这种检查的方法就是依据这个定理.

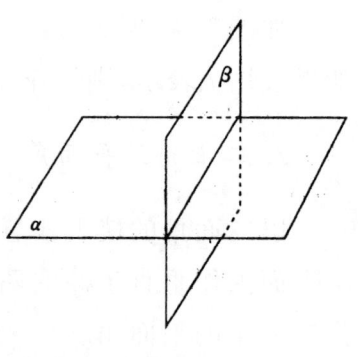

图 7-49

两平面垂直的性质定理 如果两个平面垂直,那么在一个平面内垂直于它们交线的直线垂直于另一个平面(图 7-50).

例 2 如图 7-51 所示,在两个互相垂直的平面 α 和 β 的交线上,有两个已知点 A 和 B,AC 和 BD 分别是这两个平面内垂直于 AB 的线段,已知 $AC=6$ cm,$AB=8$ cm,$BD=24$ cm,求 CD 的长.

解 因为 $\alpha \perp \beta$,$\alpha \cap \beta = AB$,$AC \subseteq \alpha$,$AC \perp AB$,所以 $AC \perp \beta$. 连接 AD,则 $AC \perp AD$. 因为在 Rt$\triangle ABD$ 中,
$$AD^2 = AB^2 + BD^2 = 64 + 576 = 640.$$
所以在直角三角形 CAD 中,$CD = \sqrt{AC^2 + AD^2} = \sqrt{36 + 640} = 26$ (cm).

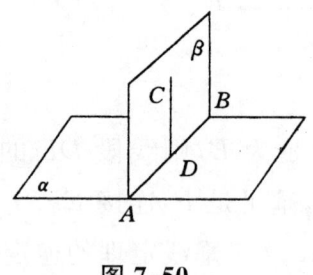

图 7-50

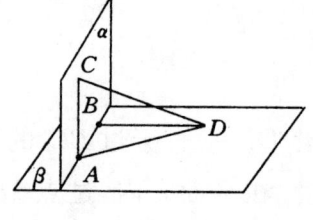

图 7-51

推论 如果两个平面互相垂直,那么经过第一个平面内的一点且垂直于第二个平面的直线必在第一个平面内.

习题 7-4(A 组)

1. (1) 画两个互相平行的平面,画一个平面与两个平行平面相交;
   (2) 画两个互相垂直的平面,画两两垂直的三个平面.

2. 下列说法是否正确?
   (1) 如果一个平面内的两条直线分别平行于另一个平面内的两条直线,那么这两个平面平行.
   (2) 如果一个平面内的任何一条直线都平行于另一个平面,那么这两个平面平行.
   (3) 如果两个平面互相平行,那么分别在这两个平面内的直线都互相平行.
   (4) 如果两个平面互相平行,那么在其中一个平面内的任何直线都平行于另一个平面.

3. 拿一张正三角形的纸片 ABC,以它的高 AD 为折痕,折成一个二面角,指出这个二面角的棱、面、平面角.

习题 7-4(B 组)

1. 两个平行平面的距离等于 12 cm,一条直线和它们相交成 60°角,求这条直线上夹在这两个平面间的线段的长.

2. 如图 7-52 所示,在 30°二面角的一个面内有一点 P,它到另一个面的距离 PA 为 10 cm,求它到棱的距离 PB.

3. 在一个斜坡上,沿着与坡脚的水平线成 45°角的直道上行 40 m 后升高了 14.14 m,求坡面的倾斜角.

4. 如图 7-53 所示,以等腰直角三角形 ABC 斜边 BC 上的高 AD 为折痕,使 △ABD 和 △ACD 折成直二面角,求证:BD⊥CD,∠BAC=60°.

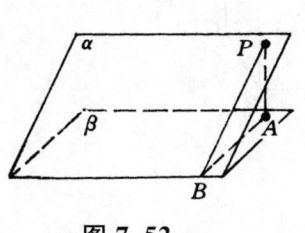

图 7-52

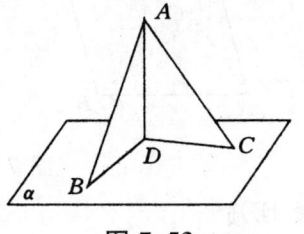

图 7-53

7.5 多面体

由几个多边形围成的封闭的几何体称为多面体.围成多面体的各个多边形称为多面体的面.两个相邻的面的交线称为多面体的棱.棱与棱的交点称为多面体的顶点.不在同一个面内的两个顶点的连线称为多面体的对角线.

多面体至少具有四个面,若按多面体的面数分类,分别为四面体、五面体、六面体等等,如图 7-54 所示.

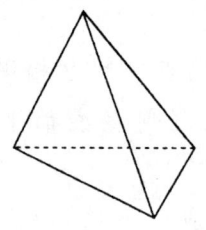
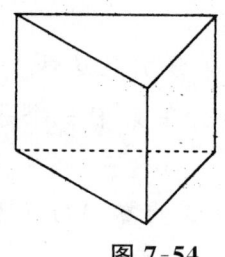
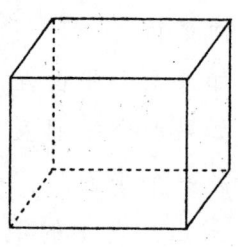

图 7-54

一、正棱柱

1. 棱柱

有两个面互相平行,其余各面都是四边形,并且每条侧棱互相平行的多面体称为**棱柱**.互相平行的两个面称为棱柱的底面,两底面的距离称为棱柱的高.底面是三角形的棱柱称为**三棱柱**,底面是四边形的棱柱称为**四棱柱**.侧棱不垂直底面的棱柱称为**斜棱柱**,侧棱和底面垂直的棱柱称为**直棱柱**(图7-55).

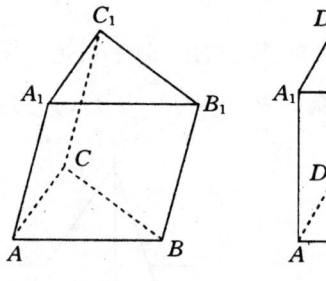
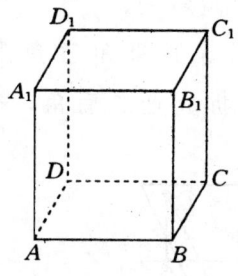

图 7-55

2. 棱柱的主要性质

(1) 侧棱互相平行且相等.
(2) 侧面都是平行四边形.
(3) 两个底面是全等的多边形.

3. 正棱柱

底面是正多边形的直棱柱称为**正棱柱**. 正棱柱的侧面是全等的矩形. 底面是矩形的直棱柱称为长方体,长方体对角线的平方等于其长、宽、高的平方和. 棱长都相等的长方体称为正方体.

4. 正棱柱的侧面积公式

$$\boxed{S_{\text{正棱柱侧}} = CH} \tag{7-1}$$

其中 C 表示正棱柱的底面周长,H 表示正棱柱的高.

5. 棱柱的体积公式

$$\boxed{V = SH} \tag{7-2}$$

其中 S 表示棱柱的底面积,H 表示棱柱的高.

例 1 如图 7-56 所示,正三棱柱的底面边长是 4 cm,过 BC 的一个平面与底面成 $30°$ 的二面角,交侧棱 AA_1 于 D.

(1) 求截面 $\triangle BCD$ 的面积;

(2) 若 D 为 AA_1 的中点,求该棱柱的体积.

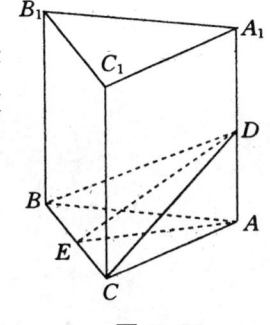

图 7-56

解 (1) 取 BC 的中点为 E,连接 DE,AE.

因为三棱柱 ABC-$A_1B_1C_1$ 为正三棱柱,所以 $\triangle BDC$ 为等腰三角形,$\triangle BAC$ 为等边三角形.

因此,$DE \perp BC$,$AE \perp BC$,所以 $\angle DEA$ 是截面与底面所成二面角的平面角.

又 $BC = AC = 4$ cm,所以 $AE = AC\cos 30° = 4 \times \dfrac{\sqrt{3}}{2} = 2\sqrt{3}$ cm.

因为 $DA \perp$ 平面 ABC,所以 $DA \perp AE$,即 $\triangle DAE$ 为直角三角形.

所以 $DE = \dfrac{AE}{\cos \angle DEA} = \dfrac{2\sqrt{3}}{\cos 30°} = 4$ cm.

所以 $S_{\triangle BCD} = \dfrac{1}{2} BC \cdot DE = \dfrac{1}{2} \times 4 \times 4 = 8$ cm².

故截面 $\triangle BCD$ 的面积为 8 cm².

(2) 在 Rt$\triangle DAE$ 中,$DA = \dfrac{1}{2} DE = \dfrac{1}{2} \times 4 = 2$ cm. 因为 D 为 AA_1 的中点,所以 $AA_1 = 4$ cm.

故 $V = S_底 H = \frac{1}{2} BC \cdot AE \cdot AA_1 = \frac{1}{2} \times 4 \times 2\sqrt{3} \times 4 = 16\sqrt{3}$ cm³.

即该棱柱的体积为 $16\sqrt{3}$ cm³.

二、正棱锥

1. 棱锥

有一个面是多边形,其余各面都是有一个公共顶点的三角形的多面体称为**棱锥**.这个多边形称为棱锥的**底面**,其余各面称为棱锥的**侧面**,相邻侧面的公共边称为棱锥的**侧棱**,各侧面的公共点称为棱锥的**顶点**,顶点到底面的距离称为棱锥的**高**,如图 7-57 所示.

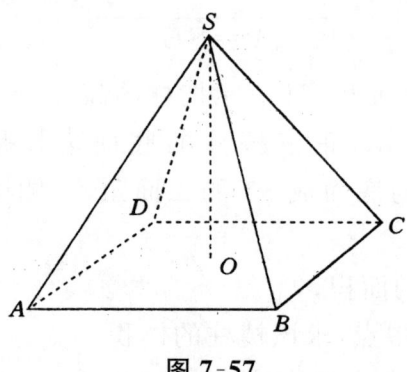

图 7-57

棱锥的底面可以是三角形、四边形、五边形……我们把这样的棱锥分别称为三棱锥(四面体)、四棱锥、五棱锥……如图7-58 所示.

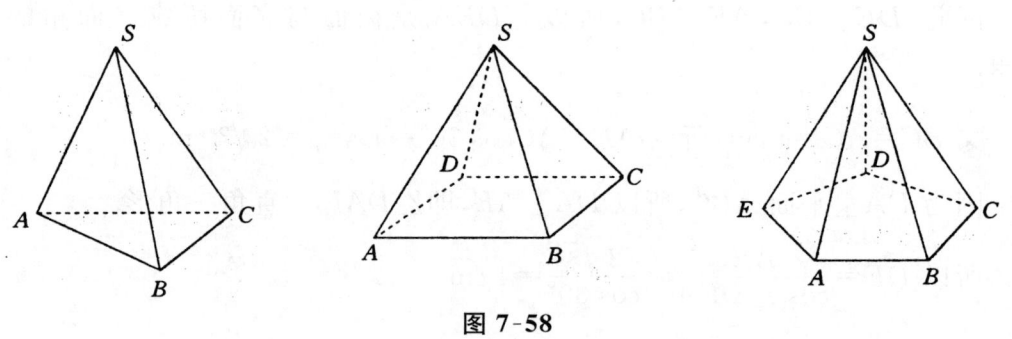

图 7-58

2. 正棱锥

如果一个棱锥的底面是正多边形,且顶点在底面的射影是底面的中心,则称其为**正棱锥**.正棱锥各侧面都是全等的等腰三角形,其侧面底边上的高称为正棱锥的**斜高**.

3. 正棱锥的主要性质

(1) 各侧棱相等.

(2) 各斜高相等.

(3) 各侧棱与底面所成的角都相等.

(4) 各侧面与底面所成的角都相等.

4. 正棱锥的侧面积公式

$$S_{正棱锥侧} = \frac{1}{2}Ch \tag{7-3}$$

其中 C 表示正棱锥的底面周长,h 表示正棱锥的斜高.

5. 棱锥的体积公式

$$V = \frac{1}{3}SH \tag{7-4}$$

其中 S 表示棱锥的底面积,H 表示棱锥的高.

例 2 设计一个正四棱锥形的冷水塔塔顶,高是 0.85 m,底面边长是 1.5 m,制造这种塔顶需要多少平方米铁板(精确到 0.01)?

解 如图 7-59 所示,过塔顶 S 作 SO 垂直底面,垂足为 O,则 O 为底面的中心.过 O 作 OE 垂直底边 AB,连接 SE,则 SE 是正四棱锥的斜高.

在 Rt△SOE 中,有 $SE = \sqrt{\left(\frac{1.5}{2}\right)^2 + 0.85^2} \approx 1.13 \text{(m)}$.

所以 $S_{正棱锥侧} = \frac{1}{2}Ch = \frac{1}{2}(1.5 \times 4) \times 1.13 \approx 3.39 \text{ (m}^2\text{)}$.

答 制造这种塔顶需要铁板约 3.39 m².

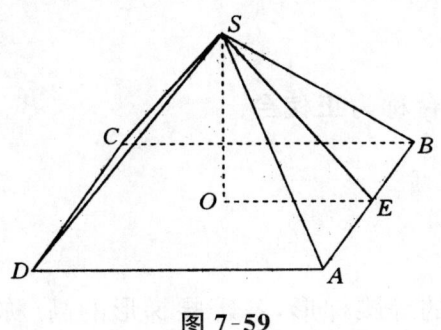

图 7-59

例3 一个三棱锥的三条侧棱互相垂直,三个侧面的面积分别为 6 m², 4 m² 和 3 m²,求它的体积.

解 如图 7-60 所示,根据已知条件,三条侧棱互相垂直,可设
$\frac{1}{2}SA \cdot SB = 6 \text{ m}^2, \frac{1}{2}SA \cdot SC = 4 \text{ m}^2, \frac{1}{2}SC \cdot SB = 3 \text{ m}^2$,则
$SA \cdot SB \cdot SC = 24 \text{ m}^3$.

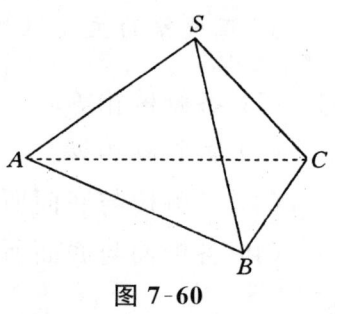

图 7-60

因为 $SA \perp SC, SB \perp SC$,所以 $SC \perp$ 平面 SAB,即 SC 为三棱锥 C-SAB 的高.
由棱锥的体积公式得

$$V = \frac{1}{3} S_{\triangle SAB} \cdot SC = \frac{1}{3} \times \frac{1}{2} SA \cdot SB \cdot SC$$

$$= \frac{1}{6} \times 24 = 4 \text{ m}^3.$$

即该三棱锥的体积为 4 m³.

三、正棱台

1. 棱台

用一个平行于棱锥底面的平面去截棱锥,底面和截面之间的部分称为**棱台**.原棱锥的底面和截面分别称为棱台的**下底面**和**上底面**,其他各面称为棱台的**侧面**,相邻侧面的公共边称为棱台的**侧棱**,上、下底面之间的距离称为棱台的**高**,如图 7-61 所示.

由三棱锥、四棱锥、五棱锥……截得的棱台,分别称为三棱台、四棱台、五棱台……

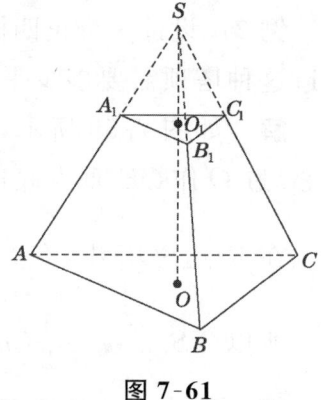

图 7-61

2. 正棱台

由正棱锥截得的棱台称为**正棱台**.

3. 正棱台的主要性质

(1) 各条侧棱相等.

(2) 各侧面是全等的等腰梯形,各等腰梯形的高(称为斜高)相等.

(3) 上、下底面及平行于底面的截面都是相似的正多边形.

(4) 各侧棱和底面所成的角相等.

(5) 各侧面和底面所成的角相等.

(6) 两底面中心连线垂直于底面,称为正棱台的高.

4. 正棱台的侧面积公式

$$\boxed{S_{\text{正棱台侧}} = \frac{1}{2}(C+C')h} \tag{7-5}$$

其中 C' 和 C 分别为正棱台上、下底面的周长,h 为正棱台的斜高.

5. 棱台的体积公式

$$\boxed{V = \frac{1}{3}H(S+\sqrt{SS'}+S')} \tag{7-6}$$

其中 S' 和 S 分别为棱台上、下底面的面积,H 为棱台的高.

例 4 已知正六棱台的上、下底面的边长分别是 $2\ \text{cm}$ 和 $5\ \text{cm}$,侧棱和下底面成 $30°$ 角,求它的体积.

解 如图 7-62 所示,设正六棱台 $A_1B_1C_1D_1E_1F_1$-$ABCDEF$ 的上、下底面的中心分别为 O_1 和 O. 连接 O_1B_1,OB,过 B_1 作 $B_1M \perp OB$,则 B_1M 为该棱台的高,$\angle B_1BO$ 为侧棱与底面所成的角,即 $\angle B_1BO = 30°$.

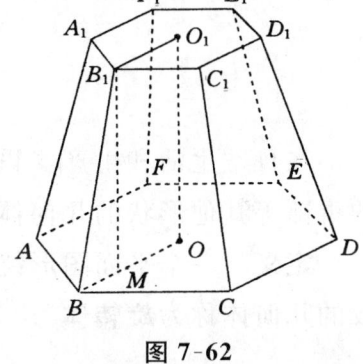

图 7-62

在直角三角形 B_1MB 中,

$$B_1M = BM\tan 30° = (5-2)\tan 30° = 3 \times \frac{\sqrt{3}}{3}$$
$$= \sqrt{3}\ (\text{cm}).$$

上底面的面积为

$$S_1 = 6 \times \frac{1}{2} \times 2^2 \times \sin 60° = 6\sqrt{3}\ (\text{cm}^2);$$

下底面的面积为

$$S = 6 \times \frac{1}{2} \times 5^2 \times \sin 60° = \frac{75}{2}\sqrt{3}\ (\text{cm}^2).$$

所以 $V_{\text{棱台}} = \frac{1}{3}B_1M(S_1+\sqrt{S_1S}+S) = \frac{1}{3} \times \sqrt{3}\left(6\sqrt{3}+15\sqrt{3}+\frac{75}{2}\sqrt{3}\right)$
$$= 58.5\ (\text{cm}^3).$$

故正六棱台的体积是 $58.5\ \text{cm}^3$.

习题 7-5（A 组）

1. 已知正四棱柱的全面积等于 40 cm²，侧面积等于 32 cm²，求它的高．

2. 已知正六棱锥的底面边长为 6 cm，高为 15 cm，求它的体积．

3. 一个正三棱锥的侧面都是直角三角形，底面边长是 2 cm，求它的侧面积和体积．

习题 7-5（B 组）

1. 已知长方体形的铜块的长、宽、高分别是 2 cm，4 cm，8 cm，将它熔化后能铸成多少个边长为 1 cm 的正方体的铜块？

2. 一座仓库的屋顶呈正四棱锥形，其四棱锥的底面的边长是 6 m，侧棱长是 5 m．如果要在屋顶上铺一层油毡纸，需要油毡纸多少平方米？

3. 一个正三棱台的两个底面的边长分别等于 8 cm 和 18 cm，侧棱长等于 13 cm，求它的侧面积和体积．

扫一扫，获取参考答案

7.6 旋 转 体

在日常生活和生产实践中，我们还常会遇到如粉笔、日光灯管、圆底尖头的重锤等其他形状的几何体．对这类几何体，给出下面的定义：

定义 一个平面图形绕着与它在同一平面内的一条定直线旋转一周所形成的几何体称为**旋转体**．这条定直线称为**旋转体的轴**．

一、圆柱、圆锥、圆台

1. 圆柱、圆锥、圆台的定义

分别以矩形的一边、直角三角形的一条直角边、直角梯形的垂直于底边的腰为旋转轴，其他各边旋转一周所形成的几何体分别称为**圆柱**、**圆锥**、**圆台**．

如图 7-63 所示，(1)、(2)、(3) 分别是圆柱、圆锥和圆台．旋转轴称为它们的**轴**，原矩形、直角三角形、直角梯形在轴上的边的长度称为它们的**高**，垂直于轴的边旋转而成的圆面称为它们的底面，不垂直于轴的边旋转而成的曲面称为它们的**侧面**，这条边称为侧面的**母线**．

圆台也可以看作用平行于圆锥底面的平面截这个圆锥而得.

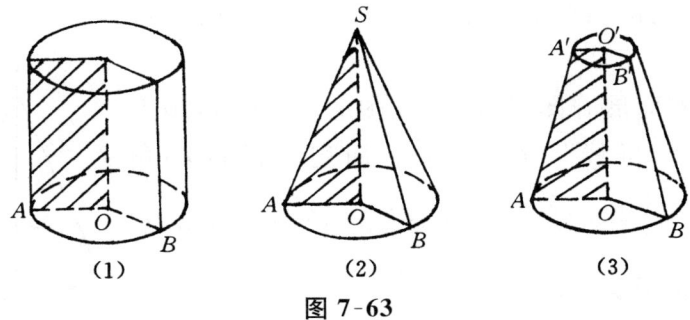

图 7-63

2. 圆柱、圆锥、圆台的主要性质

(1)平行于底面的截面都是圆.
(2)过轴的截面(轴截面)分别是全等的矩形、等腰三角形、等腰梯形.

3. 圆柱、圆锥、圆台的侧面积公式

$$S_{圆柱侧}=CL=2\pi RL \tag{7-7}$$

其中 R 为底面半径,C 为底面周长,L 为母线长.

$$S_{圆锥侧}=\frac{1}{2}CL=\pi RL \tag{7-8}$$

其中 R 为底面半径,C 为底面周长,L 为母线长.

$$S_{圆台侧}=\frac{1}{2}(C'+C)L=\pi(R'+R)L \tag{7-9}$$

其中 R' 和 R 分别为上、下底面的半径,C' 与 C 分别为上、下底面的周长,L 为母线长.

4. 圆柱、圆锥、圆台的体积公式

$$V_{圆柱}=\pi R^2 h \tag{7-10}$$

$$V_{圆锥}=\frac{1}{3}\pi R^2 h \tag{7-11}$$

$$V_{圆台}=\frac{1}{3}\pi h(R'^2+R'R+R^2) \tag{7-12}$$

其中 R 是圆柱、圆锥的底面和圆台下底面的半径,R' 是圆台上底面的半径,h 是它们的高.

例1 要做一个底面直径为 30 cm,母线为 20 cm 的圆锥形灯罩,应准备半径多长,圆心角多少度的扇形材料?

解 圆锥侧面展开图是扇形,如图 7-64 所示,扇形的半径为圆锥的母线长 $l = 20$ cm,而扇形的圆心角 $\alpha = \dfrac{2\pi R}{l} = \dfrac{30\pi}{20} = \dfrac{3}{2}\pi = 270°$,即应准备半径为 20 cm,圆心角为 270° 的扇形材料.

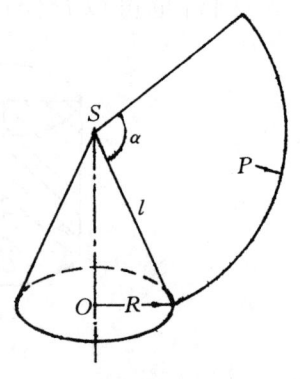

图 7-64

例2 用铁皮制造 100 个高 33 cm、上口直径 30 cm、下口直径 20 cm 的圆台形的无盖水桶,求所需铁皮的面积(精确到 1 m²).

解 如图 7-65 所示,设桶的上口半径为 R',下口半径为 R,高为 h,母线为 l. 根据题意有
$$R' = 15, \quad R = 10, \quad h = 33,$$
于是 $l = \sqrt{h^2 + (R' - R)^2} = \sqrt{33^2 + (15 - 10)^2} \approx 33.4$.

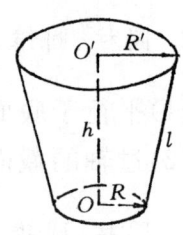

图 7-65

因为一个水桶所需铁皮的面积为
$$S_{圆台底} + S_{圆台侧} = \pi R^2 + \pi(R' + R)l = 100\pi + \pi(15 + 10) \times 33.4$$
$$\approx 2937.$$
所以 100 个水桶所需铁皮的面积约为
$$2937 \times 100 = 293700 (\text{cm}^2) \approx 29 (\text{m}^2).$$
即制造 100 个水桶所需铁皮约为 29 m².

例3 如图 7-66 所示,圆锥的母线与底面所成的角为 30°,它的侧面积为 $6\sqrt{3}\pi$ cm²,求这个圆锥的体积.

解 设圆锥的底面半径为 R,母线为 l,高为 h. 根据题意,有 $\angle SAO = 30°$

因为在 $\text{Rt}\triangle SOA$ 中,
$$R = l\cos 30° = \dfrac{\sqrt{3}}{2}l, \quad h = l\sin 30° = \dfrac{1}{2}l,$$

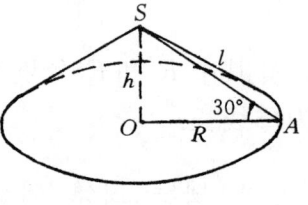

图 7-66

所以 $S_{圆锥侧} = \pi R l = \pi \cdot \dfrac{\sqrt{3}}{2}l \cdot l = \dfrac{\sqrt{3}}{2}\pi l^2.$

由题意,得方程
$$\dfrac{\sqrt{3}}{2}\pi l^2 = 6\sqrt{3}\pi,$$
$$l = 2\sqrt{3}.$$

因此 $$R=\frac{\sqrt{3}}{2}\times 2\sqrt{3}=3,$$
$$h=\frac{1}{2}\times 2\sqrt{3}=\sqrt{3},$$

于是 $V_{圆锥}=\frac{1}{3}\pi R^2 h=\frac{1}{3}\pi\times 3^2\times\sqrt{3}=3\sqrt{3}\pi.$

即所求圆锥的体积为 $3\sqrt{3}\pi\ \text{cm}^3$.

二、球

1. 球的定义

半圆以它的直径为旋转轴,旋转一周所成的曲面称为**球面**.球面所围成的几何体称为**球体**(简称球).半圆的圆心称为**球心**.球心到球面上任一点的直线段称为球的**半径**.连接球面上任意两点的直线段称为球的**弦**.过球心的弦称为球的**直径**.如图 7-67 所示.

用一个平面去截一个球,截面是圆.

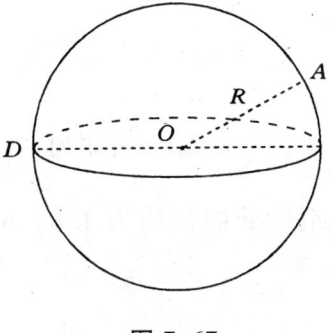

图 7-67

2. 球的主要性质

(1) 同一个球的半径相等,直径相等.
(2) 球心和截面圆心的连线垂直于截面.
(3) 球心到截面的距离 d 与球的半径 R 及所截圆面的半径 r 有如下关系:$r=\sqrt{R^2-d^2}$(图 7-68).

当 $d=0$ 时,截面经过球心,$r=R$.这时球面被截得的圆最大,这个圆称为球的**大圆**.不经过球心的截面所截得的圆称为球的**小圆**.

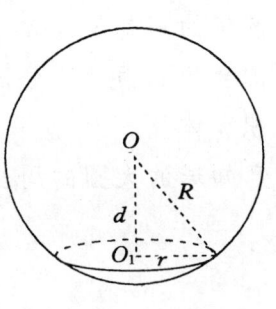

图 7-68

3. 球的表面积公式

$$\boxed{S_{表}=4\pi R^2} \qquad (7\text{-}13)$$

其中 R 为球的半径.

4. 球的体积公式

$$V = \frac{4}{3}\pi R^3 \tag{7-14}$$

其中 R 为球的半径.

例 4 有一空心钢球,质量为 $142\,\text{g}$,外径为 $5\,\text{cm}$,求钢球的内径(钢的密度是 $7.9\times 10^3\,\text{kg/m}^3$)及钢球的表面积(精确到 0.1).

解 设空心钢球的内径为 $D\,\text{cm}$,则该钢球的体积为:

$$V = \frac{4}{3}\pi \times \left(\frac{5}{2}\right)^3 - \frac{4}{3}\pi\left(\frac{D}{2}\right)^3 = \frac{\pi}{6}(125 - D^3).$$

根据题意,得 $\qquad 7.9 \times \dfrac{\pi}{6}(125 - D^3) = 142$,

所以 $D^3 = 125 - \dfrac{142 \times 6}{7.9\pi} \approx 90.7$,即 $D \approx 4.5\,(\text{cm})$.

又 $S_{\text{球表面积}} = 4\pi R^2$,所以 $S_{\text{表}} = 4\pi \times \left(\dfrac{5}{2}\right)^2 \approx 78.5\,(\text{cm}^2)$.

故钢球的内径约为 $4.5\,\text{cm}$,钢球的表面积约为 $78.5\,\text{cm}^2$.

习题 7-6(A 组)

1. 已知圆柱的底面半径是 $20\,\text{cm}$,高是 $30\,\text{cm}$,求轴截面的对角线长.

2. 圆锥的高是 $10\,\text{cm}$,母线和底面成 $60°$ 角,求母线长和底面半径.

3. 圆台的底面半径分别为 $10\,\text{cm}$ 和 $20\,\text{cm}$,母线与底面成 $45°$ 角,求圆台的侧面积和体积.

4. 已知球的大圆的周长为 $8\pi\,\text{cm}$,求这个球的表面积和体积.

习题 7-6(B 组)

1. 已知圆柱轴截面面积为 $8\,\text{cm}^2$,垂直于轴的截面面积为 $4\pi\,\text{cm}^2$. 求它的侧面积和体积.

2. 如图 7-69 所示,圆锥的顶点与底面圆心的连线和母线的夹角是 $30°$,底面圆内一条长 $3\,\text{cm}$ 的弦 AB 所对的圆心角是 $120°$,求这个圆锥的体积.

3. 一个用帆布搭成的帐篷,上部是高为 $1.4\,\text{m}$ 的圆锥,下部是高为 $2.2\,\text{m}$ 的圆柱,圆锥和圆柱的底面直径都是 $4.5\,\text{m}$,做 25 个这样的帐篷所需帆布为多少平方米(精确到 $1\,\text{m}^2$)?

4. 如图 7-70 所示,圆台的下底面周长是上底面周长的 3 倍,过轴的截面的面积为 392 cm²,母线与底面所成的角为 45°,求这个圆台的高、母线和两底面半径的长.

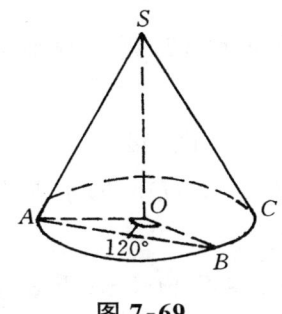

图 7-69

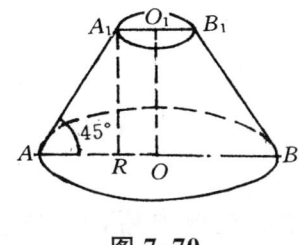

图 7-70

扫一扫,获取参考答案

复习题 7

1. 判断题.

   (1) 在空间中,两组对边分别相等的四边形一定是平行四边形.

   (2) 在空间中,一组对边平行且相等的四边形一定是平行四边形.

   (3) 一条直线垂直于一平面,过垂足且垂直于已知直线的直线一定在这个平面内.

   (4) 过直线外一点可以作无数条直线和这条直线垂直,并且这些直线在同一平面内.

   (5) 过已知平面的斜线的平面一定不会垂直于这个平面.

   (6) 侧棱都相等的棱锥是正棱锥.

   (7) 若一个二面角的两个半平面分别垂直于另一个二面角的两个半平面,则这两个二面角相等或互补.

   (8) 棱台的两条侧棱可能是异面直线.

   (9) 圆锥轴截面是正三角形,则侧面积是底面积的 2 倍.

2. 选择题.

   (1) 由距离平面 α 为 4 cm 的一点 P 向平面引斜线段 PA,使斜线段与平面成 30° 的角,则斜线段 PA 在平面 α 上的射影长为(　　).

   A. $\dfrac{3}{\sqrt{2}}$ cm　　B. $3\sqrt{2}$ cm　　C. $4\sqrt{3}$ cm　　D. $\sqrt{3}$ cm

   (2) 对角线长为 $\sqrt{3}$ 的正方体的侧面对角线长是(　　).

   A. $\sqrt{2}$　　B. $3\sqrt{2}$　　C. $\sqrt{6}$　　D. $\dfrac{\sqrt{6}}{2}$

(3) 正三棱台上、下底面的边长为 2 和 6,侧面和底面成 60°的二面角,则棱台的高等于(　　).

　　A. 3　　　　B. 2　　　　C. $\dfrac{3}{2}$　　　　D. 4

(4) 半径为 15 的球的两个平行截面圆的半径分别是 9 和 12,则两截面间的距离为(　　).

　　A. 21　　　B. 3　　　C. 21 或 3　　　D. 12

3. 已知长方形 ABCD,PA⊥平面 ABCD,且 PA=c,AB=a,AD=b,求点 P 到 BD 的距离.

4. 要做一个正六棱锥形的铁烟囱帽,底口边长是 40 cm,高是 50 cm,需要多少平方厘米铁皮?

5. 正四棱台的上、下底面的边长分别为 a,b,侧面积等于两底面积的和,它的高是多少?

6. 将一根长为 3 m,直径为 0.8 m 的圆木料锯成一根截面是最大正方形的方木料,求此方木料的体积.

7. 将一个长方体沿相邻三个面的对角线截去一个三棱锥,这个三棱锥的体积是长方体体积的几分之几?

8. 在二面角为 60°的一个面内有一点 M,M 到另一个面的距离等于 12 cm,过 M 点作 M 所在平面的垂线,求此垂线夹在二面角间的线段长.

9. 一个圆锥的母线长为 8 cm,母线与底面所成的角是 30°,求它的体积.

10. 圆台母线长 l,母线与下底面交角为 α,并且母线垂直于其在上底面的端点和它的相对母线在下底面端点的连线,求它的侧面积.

11. 在半径是 13 cm 的球面上有 A,B,C 三点,AB=6 cm,BC=8 cm,CA=10 cm,求经过这三点的截面与球心的距离.

12. 在球心的同一侧有相距 9 cm 的两个平行截面,它们的面积分别为 49π cm² 和 400π cm²,求它的表面积和体积.

扫一扫,获取参考答案

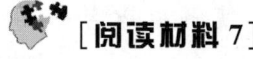[阅读材料 7]

球体积计算有妙方

　　球体积计算在数学史上是一个很重要的问题,尤其在古代,这个问题解决得如何,从某种意义上讲,标志着某个国家、某个民族的数学水平的高低.我们中华民族在这方面的杰出成就,是足可引以为豪的.

早在公元前 1 世纪,我国球体积计算是通过实测来完成的.其结果引出球体积计算公式:$V=\dfrac{9}{16}D^3$,其中 V 为球体积,D 为球直径.直到《九章算术》成书的年代还保留着上述公式.这是我国球体积计算的第一阶段:实测.

公元 3 世纪,刘徽在注《九章算术》时,对这个公式提出了异议.为了说明刘徽的观点,我们先引入以下几个模型,如图 7-71 所示.

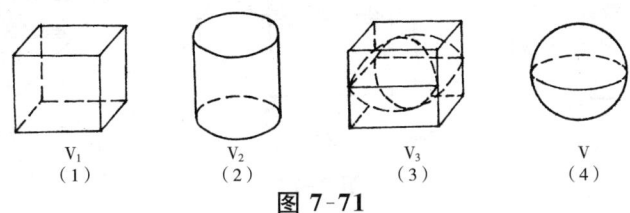

图 7-71

其中 V_1 为正方体且边长为 D,V_2 为 V_1 的内切圆柱,V_3 为 V_1 的两个内切圆柱的相贯体,V 为直径等于 D 的球.V_3 是刘徽专门引入的,命名为"牟合方盖",即两个相同的方伞上下合而为一体.刘徽分析认为,$V=\dfrac{9}{16}D^3$ 不准确,并指出了计算球体积的一条有效途径,那就是设法求出牟合方盖的体积.

可惜的是,刘徽当时没有找到求牟合方盖体积的办法.他说:"我们来观察立方体之内,合盖之外这块立体体积吧.它从上而下地逐渐瘦削,在数量上是不够清楚的.由于它方圆混杂,各处截面宽度极不规则,事实上没有规范的模型可与之比较.若不看重图形特点而妄作判断,恐怕有违正理.岂敢不留阙疑,待能言者来讲解吧."刘徽这种不迷信前贤、实事求是的治学精神可见一斑.这是我国球体积计算的第二阶段:改进.

到了公元 6 世纪,我国球体积计算进入严密推导的第三阶段.著名数学家祖冲之的儿子祖暅发现了祖暅原理,并巧妙地运用这个原理解决了刘徽遗留下的问题,得出球的体积公式:$V=\dfrac{\pi}{6}D^3$(其中 V 为体积,D 为直径).

祖暅把问题解决的关键放在牟合方盖体积计算上,但在实际计算中并不是把精力放在计算牟合方盖本身,而是把要点放在求一个立方体与其内切牟合方盖的差的部分(我们不妨称它为"方盖差"),再把方盖差自然分成八个相等的小立方体,可称它为"小方盖差",如图 7-72(2)所示.

如此,祖暅便把问题转化和简化为从八分之一的立方体和所含的八分之一的牟合方盖的差(即一个小方盖差)入手.

通过推算,祖暅得出小方盖差和倒立的正四棱锥的体积相等.正四棱锥的体积是可以求的,它等于同底立方体的体积的三分之一.通过计算牟合方盖的体积,最终得到球的体积计算公式.祖暅比较高明的地方在于吸取了刘徽的教训,不再直接去钻牟合方盖体积的那个牛角尖,改为研究方盖差的体积,从而获得了成功.

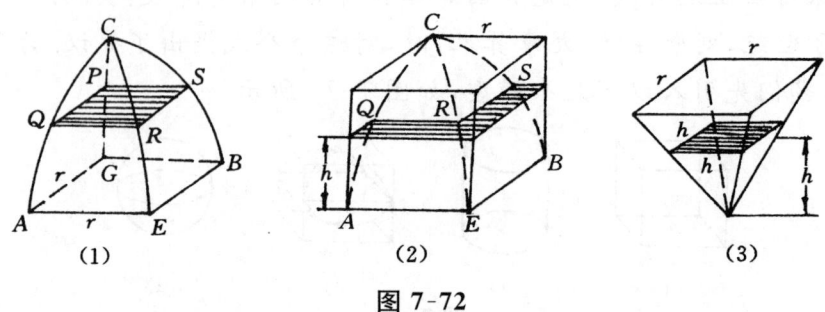

图 7-72

自《九章算术》面世以来的 300 多年中,有关球体积的计算经过许多人的不懈努力,最后得以彻底解决,这在我国数学史上是一件辉煌的事件.它说明我国人民不仅能从理论上独立解决实践中遇到的数学问题,而且在解决问题的方法上也有自己独创的特色.

第 7 章单元自测

1. 选择题.

   (1) 空间两条直线为异面直线是指(　　).

   A. 它们没有公共点　　　　　　B. 它们位于某两个不同的平面内

   C. 它们既不平行也不相交　　　D. 它们不在某个平面内

   (2) 直线 l 与平面 α 斜交,则(　　).

   A. 不存在与 l 垂直且在 α 平面内的直线

   B. 只有一条与 l 垂直的直线在 α 平面内

   C. 有无数条与 l 垂直的直线在 α 平面内

   D. 至多有两条与 l 垂直的直线在 α 平面内

   (3) 若两条直线与同一个平面所成的角相等,则此两直线(　　).

   A. 平行　　B. 相交　　　　C. 或平行或相交　　D. 可共面可异面

   (4) 二面角是指(　　).

   A. 从一条直线出发的两个半平面所夹的角

   B. 从一条直线出发的两个半平面所组成的图形

   C. 两个相交平面所组成的图形

   D. 过两平面交线上一点分别在两个平面内作交线的垂线,这两条垂线形成的夹角

   (5) 在正方体 $ABCD$-$A'B'C'D'$ 中,各个面上与 AD' 成 $60°$ 角的对角线的条数有(　　).

   A. 10　　　　　　B. 8　　　　　　C. 6　　　　　　D. 4

(6) 侧面积相等的两个圆锥,它们的底面积之比为 1∶4,则它们的母线长之比为(　　).
　　A. 4∶1　　　　　B. 2∶1　　　　　C. 1∶2　　　　　D. 1∶4

2. 填空题.
　(1) ＿＿＿＿三点确定一个平面;两条＿＿＿＿或＿＿＿＿直线确定一个平面.
　(2) 没有交点的两条直线可能是＿＿＿＿直线或＿＿＿＿直线.
　(3) 平面上一点与平面外一点的连线和这个平面内不经过该点的直线必定是
＿＿＿＿直线.
　(4) 圆柱的轴截面是面积为 S 的正方形,则此圆柱的体积是＿＿＿＿.
　(5) Rt△ABC 在平面 α 内,M 在平面 α 外,M 到 Rt△ABC 的三个顶点的距离均为 5 cm,斜边 AC 长为 6 cm,则点 M 到平面 α 的距离是＿＿＿＿.

3. AB 是圆的直径,C 为圆周上一点,PC⊥平面 ABC.
　(1) 求证:平面 PBC⊥平面 PAC;
　(2) 若 $BC=15$,$AC=20$,$PC=16$,求 P 到直径 AB 的距离.

4. 正四棱锥底面边长为 a,侧面积是底面积的 2 倍,求其体积.

5. 若球的体积缩小为原来的一半,求其大圆的面积缩小为原来的多少?

6. 正三棱台上、下底边长分别为 2 和 6,侧面与底面成 60°的二面角,求此棱台的高.

扫一扫,获取参考答案

第 8 章

直线和圆的方程

在生产及生活中,我们经常遇到直线和圆及其相关计算问题.本章我们将在平面直角坐标系内建立直线和圆的方程,并用代数的方法来讨论它们之间的位置关系,同时结合实例了解直线和圆的方程在实践中的应用.

8.1 两点间的距离与线段中点的坐标

数学中,用数字或其他符号来确定一个点或图形位置的方法叫作**坐标法**.下面就用坐标法来研究两点间的距离公式及线段的中点坐标公式.

一、数轴上两点间的距离公式与线段的中点坐标公式

我们知道,数轴上的点与实数是一一对应的.在数轴上,如果点 P 与实数 x 对应,则称点 P 的坐标为 x,记作 $P(x)$.如图 8-1 所示,点 P 的坐标为 -3.5,记作 $P(-3.5)$;点 A 的坐标为 3,记作 $A(3)$;点 O 的坐标为 0,记作 $O(0)$.

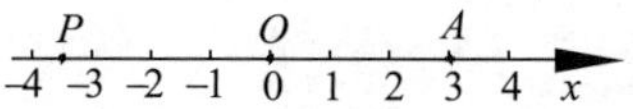

图 8-1

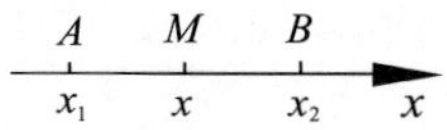

图 8-2

一般地,如图 8-2 所示,在数轴上,已知两点 $A(x_1)$ 和 $B(x_2)$,线段 AB 的中点为 $M(x)$,则 A,B 两点间的距离为

$$|AB| = |x_2 - x_1|, \qquad (8\text{-}1)$$

线段 AB 的中点 M 的坐标为

$$x = \frac{x_1 + x_2}{2}. \qquad (8\text{-}2)$$

例 1 已知点 $A(-4)$ 和 $B(6)$，求：

(1) A,B 两点间的距离 $|AB|$；

(2) 线段 AB 的中点坐标.

解 (1) $|AB|=|6-(-4)|=10.$

(2) 设 $M(x)$ 是线段 AB 的中点，则

$$x=\frac{-4+6}{2}=1.$$

即线段 AB 的中点坐标为 1.

二、平面上两点间的距离公式与线段的中点坐标公式

如图 8-3 所示，设线段 AB 的两个端点分别为 $A(x_1,y_1)$ 和 $B(x_2,y_2)$，中点为 $M(x_0,y_0)$，则 C,D,E 三个点的坐标分别为 $C(x_2,y_1)$，$D(x_0,y_1)$，$E(x_2,y_0)$.

由于 $|AC|=|x_2-x_1|$，$|CB|=|y_2-y_1|$，所以有

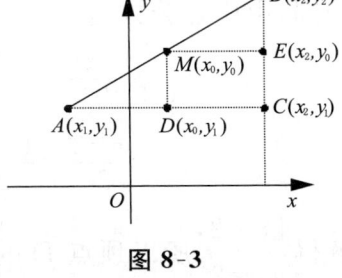

图 8-3

$$|AB|=\sqrt{|AC|^2+|CB|^2}=\sqrt{(x_2-x_1)^2+(y_2-y_1)^2},$$

故得**两点间的距离公式**

$$\boxed{|AB|=\sqrt{(x_2-x_1)^2+(y_2-y_1)^2}.} \quad (8\text{-}3)$$

又因为 D 是线段 AC 的中点，E 是线段 CB 的中点，则

$$x_0=\frac{x_1+x_2}{2},\ y_0=\frac{y_1+y_2}{2}.$$

故有**线段 AB 的中点公式**

$$\boxed{\begin{cases}x_0=\dfrac{x_1+x_2}{2},\\ y_0=\dfrac{y_1+y_2}{2}.\end{cases}} \quad (8\text{-}4)$$

例 2 已知 $A(-3,1)$，$B(2,-5)$，求：

(1) A,B 两点间的距离 $|AB|$.

(2) 线段 AB 的中点坐标.

解 (1) $|AB|=\sqrt{[2-(-3)]^2+(-5-1)^2}=\sqrt{61}.$

(2) 设 $M(x,y)$ 是线段 AB 的中点,则

$$\begin{cases} x = \dfrac{-3+2}{2} = -\dfrac{1}{2}, \\ y = \dfrac{1+(-5)}{2} = -2. \end{cases}$$

即线段 AB 的中点坐标为 $\left(-\dfrac{1}{2},-2\right)$.

例 3 已知平行四边形 $ABCD$ 的三个顶点分别是 $A(-2,1)$, $B(-1,3)$, $C(3,4)$,试求顶点 D 的坐标.

解 如图 8-4 所示,设顶点 D 的坐标为 (x,y). 因为平行四边形的两条对角线的中点相同,由中点公式得

$$\begin{cases} \dfrac{x-1}{2} = \dfrac{-2+3}{2}, \\ \dfrac{y+3}{2} = \dfrac{1+4}{2}, \end{cases}$$

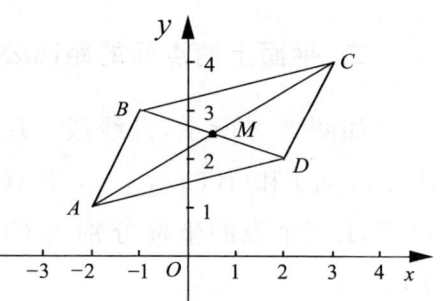

图 8-4

解得 $\begin{cases} x=2, \\ y=2. \end{cases}$ 所以顶点 D 的坐标为 $(2,2)$.

例 4 已知 $\triangle ABC$ 的三个顶点分别是 $A(1,0)$, $B(-2,1)$, $C(0,3)$,试求 BC 边上的中线 AD 的长度.

解 设 BC 边上的中点为 $D(x,y)$,则由点 $B(-2,1)$, $C(0,3)$ 知

$$\begin{cases} x = \dfrac{-2+0}{2} = -1, \\ y = \dfrac{1+3}{2} = 2, \end{cases}$$

得中点 D 的坐标为 $(-1,2)$,故

$$|AD| = \sqrt{(-1-1)^2 + (2-0)^2} = 2\sqrt{2}.$$

即 BC 边上的中线 AD 的长度为 $2\sqrt{2}$.

习题 8-1(A 组)

1. 如图 8-5 所示,求:(1)点 A 和点 B 的坐标;(2)$|AB|$;(3)线段 AB 的中点坐标.

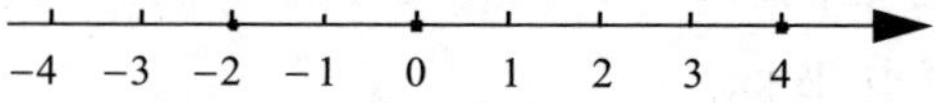

图 8-5

2. 已知点 $A(2,3)$ 和点 $B(8,-3)$，求线段 AB 的长度及中点坐标.

3. 已知 $\triangle ABC$ 的三个顶点分别是 $A(2,2),B(-4,6),C(-3,-2)$，试求 AB 边上的中线 CD 的长度.

习题 8-1（B 组）

1. 在 x 轴上求满足条件的点 P，使它到点 $A(2,3)$ 的距离等于 5.

2. 已知点 $A(4,n)$ 是点 $B(m,2)$ 和点 $C(3,8)$ 连线的中点，求 m 和 n 的值.

3. 已知点 $A(1,-2)$ 和点 $B(2,3)$，点 A 和点 A' 关于点 B 对称，求 A' 的坐标.

4. 已知平行四边形 $ABCD$ 的三个顶点分别是 $A(-1,-2)$，$B(3,1),C(0,2)$，求顶点 D 的坐标.

扫一扫，获取参考答案

8.2 直线的方程

一、一次函数的图像和直线方程

我们知道，一次函数 $y=kx+b\ (k\neq 0)$ 的图像是一条直线 l，不难看出函数与直线之间具有如下关系：

(1) 以满足函数 $y=kx+b$ 的每一组 x,y 的值为坐标的点都在直线 l 上.

(2) 在直线 l 上的任何点，它的坐标 x,y 都满足函数 $y=kx+b$.

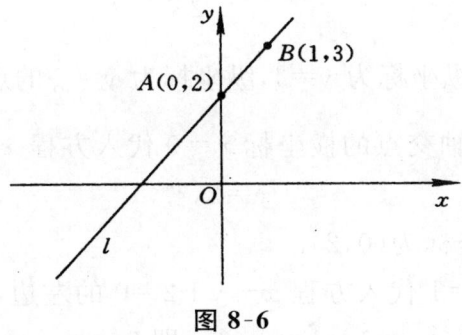

图 8-6

例如，函数 $y=x+2$ 的图像是通过点 $A(0,2)$ 和点 $B(1,3)$ 的直线 l，因为 $x=0,y=2$ 满足函数 $y=x+2$，所以点 $A(0,2)$ 在直线 l 上；又点 $B(1,3)$ 在直线 l 上，显然，它的坐标 $x=1,y=3$ 满足函数 $y=x+2$，如图 8-6 所示. 由于 $y=x+2$ 也可看成含有 x,y 的二元一次方程 $x-y+2=0$，因此，这个方程和直

线 l 具有如下关系:以方程 $x-y+2=0$ 的解为坐标的点都在直线 l 上;直线 l 上任何点的坐标 x,y 都是这个方程的解.

一般地,如果方程 $F(x,y)=0$ 与直线 l 之间具有如下关系:

(1) 以方程 $F(x,y)=0$ 的解为坐标的点都在直线 l 上;

(2) 直线 l 上任何点的坐标 x,y 都是这个方程的解.

那么,我们把这个方程 $F(x,y)=0$ 称为这条直线 l 的方程,这条直线 l 称为这个方程的图像.根据上述关系,若已知直线 l 的方程,则可求出直线 l 上的任意一点坐标,反之,也可验证某一点是否在直线 l 上.

例 1 已知直线 l 方程为: $x-y+2=0$.

(1) 求直线上横坐标为 $x=2$ 的点的纵坐标及纵坐标为 $y=\frac{1}{2}$ 的点的横坐标;

(2) 求直线 l 与 y 轴交点的坐标;

(3) 点 $M_1(-1,1)$ 和 $M_2(2,1)$ 是否在直线 l 上?

解 (1)把 $x=2$ 代入方程 $x-y+2=0$,有
$$2-y+2=0,$$
得
$$y=4.$$

把 $y=\frac{1}{2}$ 代入方程式 $x-y+2=0$,有
$$x-\frac{1}{2}+2=0,$$
得
$$x=-\frac{3}{2}.$$

即横坐标为 $x=2$ 点的纵坐标为 $y=4$,纵坐标为 $y=\frac{1}{2}$ 的点的横坐标为 $x=-\frac{3}{2}$.

(2)把直线 l 与 y 轴交点的横坐标 $x=0$ 代入方程 $x-y+2=0$ 得
$$y=2,$$
即直线 l 与 y 轴交点坐标为 $(0,2)$.

(3)把 $x=-1$, $y=1$ 代入方程 $x-y+2=0$ 的左边,得
$$-1-1+2=0,\text{即}\ 0=0,$$
故点 M_1 在直线 l 上.

把 $x=2$, $y=1$ 代入方程 $x-y+2=0$ 的左边,得
$$2-1+2=3\neq 0,$$
故点 M_2 不在直线 l 上.

二、直线的倾斜角和斜率

直线 l 与 x 轴的正方向所成的最小的正角称为直线 l 的**倾斜角**,常用 α 表示.

如图 8-7 所示,角 α_1,α_2 分别是直线 l_1,l_2 的倾斜角.

当直线与 x 轴平行或重合时,规定它的倾斜角为 $0°$,于是倾斜角 α 的取值范围是

$$0°\leqslant\alpha<180°(或\ 0\leqslant\alpha<\pi).$$

由此可知,任意一条直线 l 都能确定唯一的倾斜角 α.

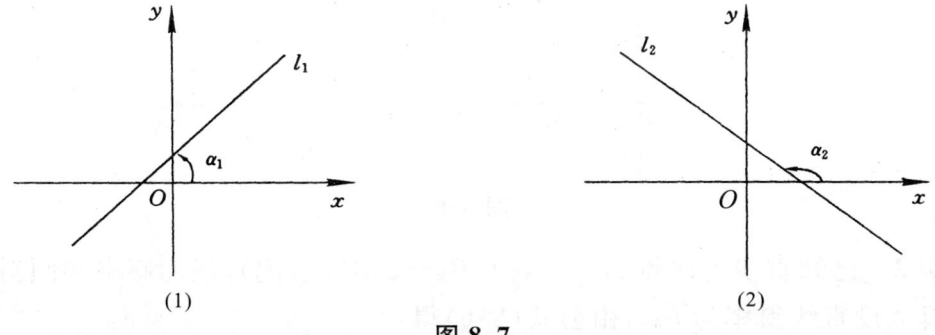

图 8-7

定义 倾斜角不等于 $90°$ 的直线,其倾斜角的正切值称为这条**直线的斜率**,通常用 k 表示. 即

$$\boxed{k=\tan\alpha.} \tag{8-5}$$

它的取值分四种情形:

(1) 当 $\alpha=0°$ 时,$k=0$.

(2) 当 α 为锐角时,$k>0$.

(3) 当 α 为钝角时,$k<0$.

(4) 当 $\alpha=90°$ 时,k 不存在.

直线的倾斜角和直线的斜率均可用来表示平面内直线关于 x 轴的倾斜程度. 斜率的大小可由直线上两点的坐标来确定.

设过两点 $P_1(x_1,y_1)$,$P_2(x_2,y_2)$ 的直线的倾斜角为 α,且 $\alpha\neq 90°$(即 $x_1\neq x_2$),现在来求经过这两点 P_1,P_2 的直线的斜率.

如图 8-8 所示,从 P_1,P_2 分别向 x 轴作垂线 P_1M_1,P_2M_2,再作 $P_1Q\perp P_2M_2$,设直线 P_1P_2 的倾斜角为锐角 α,由图 8-8 知

$$k=\tan\alpha=\tan P_2P_1Q=\left|\frac{QP_2}{P_1Q}\right|=\frac{|M_2P_2|-|M_2Q|}{|OM_2|-|OM_1|}=\frac{y_2-y_1}{x_2-x_1}.$$

当 α 为钝角时,可以证明,上述结论也成立.

于是,我们得到经过点 $P_1(x_1,y_1),P_2(x_2,y_2)$ 的直线的斜率公式为

$$k=\frac{y_2-y_1}{x_2-x_1}\quad(x_1\neq x_2).\tag{8-6}$$

当 $x_1=x_2$ 时,直线垂直于 x 轴,斜率不存在.

不难看出,如果已知直线的斜率为 k,那么可由公式(8-5)求出这条直线的倾斜角 $\alpha(0°\leqslant\alpha<180°)$.

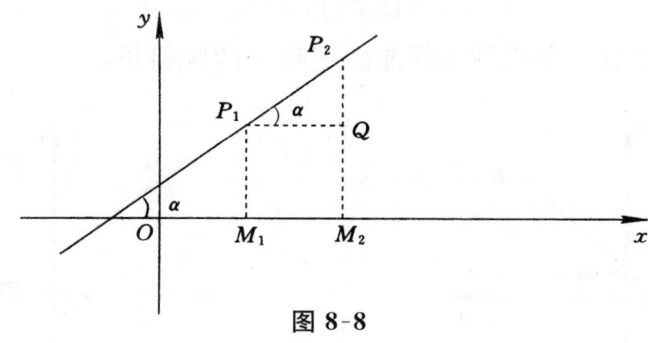

图 8-8

例 2 已知直线上两点 $A(-2,0),B(-5,3)$,求此直线的斜率和倾斜角.

解 设直线斜率为 k_{AB},由公式(8-6)得

$$k_{AB}=\tan\alpha=\frac{3-0}{-5-(-2)}=-1,$$

即

$$\tan\alpha=-1.$$

故 $\alpha=\dfrac{3\pi}{4}$,即这条直线的斜率是 -1,倾斜角是 $\dfrac{3\pi}{4}$.

例 3 已知三角形的三个顶点为 $A(3,4),B(-2,-1),C(4,1)$,求此三角形的三条边所在直线的斜率和倾斜角.

解 设三角形三条边 AB,BC,CA 的倾斜角分别为 $\alpha_1,\alpha_2,\alpha_3$,如图 8-9 所示,则由公式(8-6)得

$$k_{AB}=\tan\alpha_1=\frac{4+1}{3+2}=1,$$
$$\alpha_1=45°,$$
$$k_{BC}=\tan\alpha_2=\frac{1+1}{4+2}=\frac{1}{3},$$
$$\alpha_2\approx18°26',$$
$$k_{CA}=\tan\alpha_3=\frac{4-1}{3-4}=-3,$$
$$\alpha_3=180°-\arctan 3=180°-71°34'=108°26'.$$

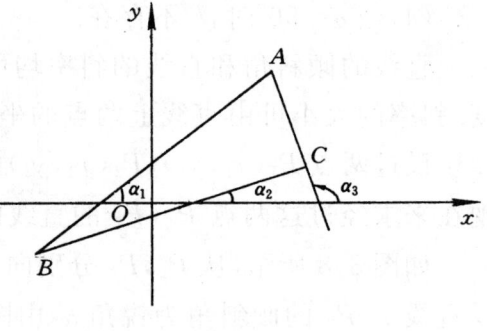

图 8-9

例 4 证明：$A(1,1),B(5,4),C(9,7)$ 三点在同一直线上.

解 根据公式(8-6)得：

$$k_{AB}=\frac{4-1}{5-1}=\frac{3}{4},$$

$$k_{AC}=\frac{7-1}{9-1}=\frac{3}{4}.$$

因为 $k_{AB}=k_{AC}$，所以直线 AB 和直线 AC 的倾斜角相等，即 $AB\mathbin{/\mkern-6mu/}AC$，而 AB 与 AC 有公共点 A，因此 A,B,C 三点在同一条直线上.

三、直线的点斜式方程

已知：(1)直线 l 斜率为 k，(2)直线 l 经过点 $P_1(x_1,y_1)$，求直线 l 方程.

设 $P(x,y)$ 为直线 l 上不与点 P_1 重合的任一点，如图 8-10 所示.

则直线 P_1P 的斜率等于直线 l 的斜率 k，由公式(8-6)得：

$$k=\frac{y-y_1}{x-x_1}\quad(x\neq x_1),$$

即

$$y-y_1=k(x-x_1). \tag{8-7}$$

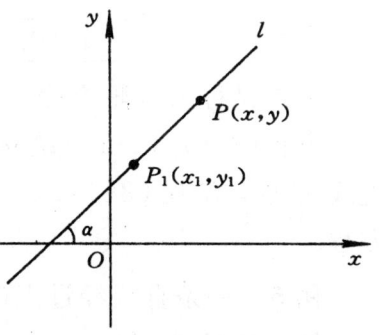

图 8-10

上述公式是由直线上的一个定点 $P_1(x_1,y_1)$ 和直线的斜率 k 所确定，故称之为直线的**点斜式方程**. 下面讨论几种特殊情形.

1. 直线倾斜角 $\alpha=0°$

此时，直线斜率 $k=\tan 0°=0$，l 的方程为

$$y=y_1. \tag{8-8}$$

它表示直线上每一点的纵坐标都等于 y_1，即直线垂直于 y 轴，如图 8-11 所示.

特殊地，当 $y_1=0$ 时，得重合于 x 轴的直线方程为

$$y=0. \tag{8-9}$$

上式又称为 x 轴方程.

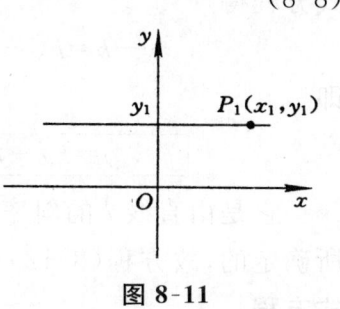

图 8-11

2. 直线倾斜角 $\alpha = 90°$

此时,直线垂直于 x 轴,直线斜率 k 不存在,因此直线 l 的方程不能用点斜式表示,但由于 l 上每一点横坐标都等于 x_1,且横坐标等于 x_1 的点都在直线 l 上,如图 8-12 所示. 所以 l 的方程为

$$x = x_1. \qquad (8\text{-}10)$$

特殊地,当 $x_1 = 0$ 时,得重合于 y 轴的直线方程为

$$x = 0. \qquad (8\text{-}11)$$

上式又称为 y 轴方程.

方程(8-8)、(8-10)统称为垂直于坐标轴的直线方程,方程(8-9)、(8-11)统称为坐标轴方程.

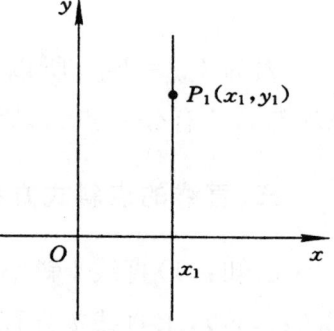

图 8-12

例 5 一条直线经过点 $(-\sqrt{3}, 3)$,且倾斜角为 $60°$,求这条直线方程.

解 依条件,有

$$x_1 = -\sqrt{3}, \quad y_1 = 3, \quad k = \tan 60° = \sqrt{3},$$

代入点斜式方程(8-7),得所求直线方程为

$$y - 3 = \sqrt{3}(x + \sqrt{3}),$$

即

$$\sqrt{3}x - y + 6 = 0.$$

四、直线的斜截式方程

若直线 l 与 x 轴、y 轴分别交于点 $A(a, 0)$, $B(0, b)$,则 a 称为直线 l 的**横截距**,b 称为直线 l 的**纵截距**. 如图 8-13 所示.

已知:(1) 直线 l 的斜率为 k;(2) 直线 l 的纵截距为 b,求直线 l 的方程.

因为直线 l 的纵截距为 b,即直线 l 过点 $B(0, b)$,又知其斜率为 k,由点斜式方程得

$$y - b = k(x - 0),$$

即

$$y = kx + b. \qquad (8\text{-}12)$$

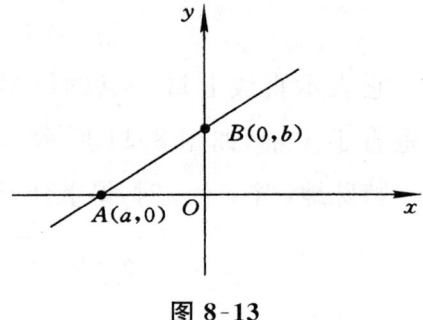

图 8-13

它是由直线 l 的斜率 k 和它的纵截距 b 所确定的,故方程(8-12)称为直线 l 的**斜截式方程**.

例 6 求与 y 轴相交于点 $(0,-3)$，且倾斜角为 $\dfrac{\pi}{6}$ 的直线方程.

解 依题意有 $k=\tan\dfrac{\pi}{6}=\dfrac{\sqrt{3}}{3}$，$b=-3$，

代入斜截式方程，得所求直线方程为
$$y=\dfrac{\sqrt{3}}{3}x-3,$$
即
$$\sqrt{3}x-3y-9=0.$$

五、直线的一般式方程

前面我们讨论了直线方程的两种常见形式，它们都是关于 x 和 y 的二元一次方程. 这些方程可写成：

$$\boxed{Ax+By+C=0 \quad (A,B \text{ 不全为零}).} \tag{8-13}$$

我们把方程(8-13)称为**直线的一般式方程**.

以后，为方便起见，我们把"一条直线，它的方程是 $Ax+By+C=0$"简称为"直线 $Ax+By+C=0$".

例 7 已知直线过点 $(2,3)$，斜率为 $-\dfrac{1}{2}$，求直线的点斜式方程、一般式方程和斜截式方程.

解 经过点 $A(2,3)$ 且斜率等于 $-\dfrac{1}{2}$ 的直线的点斜式方程为
$$y-3=-\dfrac{1}{2}(x-2),$$
化为一般式，得
$$x+2y-8=0,$$
再将上式作恒等变形，得斜截式方程
$$y=-\dfrac{1}{2}x+4.$$

例 8 求下列直线的斜率并作图：

(1) $2x-3y-6=0$；　　(2) $3x+2y=0$.

解 (1) 将原方程化为斜截式方程，得
$$y=\dfrac{2}{3}x-2,$$
于是直线的斜率为 $k=\dfrac{2}{3}$.

要画出这条直线,只需找出该直线与坐标轴的两个交点 $A(3,0)$,$B(0,-2)$,再连线即可,如图 8-14 所示.

(2)将原方程移项整理,得
$$y=-\frac{3}{2}x,$$

于是直线的斜率 $k=-\frac{3}{2}$.

因为当 $x=0$ 时,$y=0$,故直线过原点. 当 $x=2$ 时,$y=-3$,即直线过 $A(2,-3)$ 点. 过 O,A 两点作直线,即为方程 $3x+2y=0$ 的图像,如图 8-15 所示.

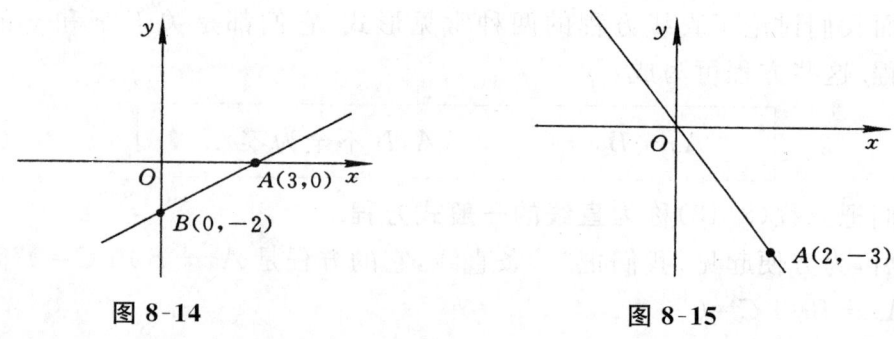

图 8-14　　　　　　　　　　　图 8-15

由平面几何知识知道,两点决定一条直线,因此如果知道两个不同点的坐标,应能根据有关知识求出该直线方程.

例 9　已知直线 l 的横截距和纵截距分别为 a 和 b($a\neq 0$,$b\neq 0$),求直线 l 的方程.

解　由题意知,所求直线 l 过点 $(a,0)$ 和 $(0,b)$,设该直线斜率为 k,则
$$k=\frac{b-0}{0-a}=-\frac{b}{a},$$

故所求直线方程为
$$y-b=-\frac{b}{a}(x-0),$$

整理得
$$bx+ay-ab=0.$$

此即为所求直线方程. 有时也写成
$$\frac{x}{a}+\frac{y}{b}=1,$$

称为截距式方程.

习题 8-2(A 组)

1. 判断题.

(1) 直线的倾斜角取值范围是 $0°\leqslant \alpha \leqslant 180°$.

(2) 任何直线都有倾斜角.

(3) 任何直线都有斜率.

2. 填空题.

(1) 直线 l 与 x 轴的 _____ 称为直线 l 的倾斜角.

(2) 直线倾斜角 α 的取值范围是 _____.

(3) 当倾斜角 _____ 时, 斜率 $k>0$; 当倾斜角 _____ 时, 斜率 $k=0$, 当倾斜角 _____ 时, 斜率 $k<0$.

(4) 直线 $2x+4y-3=0$ 的斜率为 _____.

(5) 已知直线垂直于 x 轴, 则此直线的倾斜角为 _____, 斜率为 _____.

(6) 已知直线倾斜角是 $150°$, 其斜率是 _____.

(7) 平行于 x 轴的直线方程是 _____, x 轴的直线方程是 _____.

(8) 倾斜角为 $\dfrac{\pi}{2}$, 且与 y 轴的距离为 3 的直线方程为 _____.

3. 判断点 $A(3,5)$ 和 $B(2,0)$ 是否在直线 $3x-4y+11=0$ 上, 并画图.

4. 指出下列直线的特点, 并作图.

(1) $x=0$;　(2) $x-5=0$;　(3) $y+2=0$;　(4) $y=2$;　(5) $y=-x$.

5. 求过点 $(2,-2),(4,2)$ 的直线的斜率和倾斜角.

6. 根据下列条件, 求直线方程.

(1) 经过点 $A(-2,2)$, 斜率是 -2;

(2) 在 y 轴上截距是 3, 倾斜角是 $\dfrac{2\pi}{3}$;

(3) 过点 $A(2,0), B(0,-3)$;

(4) 过点 $P(-2,3)$ 且与 x 轴平行;

(5) 过点 $P(1,-1)$ 且与 y 轴平行.

习题 8-2(B 组)

1. 设直线 $y=kx+b$ 过 $A(1,2)$ 和 $B(2,3)$ 两点, 求 k 和 b 的值.

2. 求过点 $(1,3)$ 且在两坐标轴上有相等截距的直线方程.

3. 已知三角形的三个顶点为 $A(0,4), B(-2,-1), C(3,0)$,求:

(1) 三条边所在的直线的斜率和倾斜角;

(2) 三条边所在的直线的方程;

(3) 三条中线所在的直线的方程.

扫一扫,获取参考答案

8.3 平面内点、直线间的位置关系

一、两直线交点

设直线 l_1 和 l_2 的方程分别为

$l_1: A_1x+B_1y+C_1=0$,

$l_2: A_2x+B_2y+C_2=0$.

如果 l_1 和 l_2 相交,那么交点既是 l_1 上的点,也是 l_2 上的点,所以交点的坐标是这两条直线的方程的公共解;反之,以直线 l_1 和 l_2 的方程的公共解为坐标的点是直线 l_1 和 l_2 的交点,既在 l_1 上,也在 l_2 上.因此,求两条直线 l_1 和 l_2 的交点坐标,就是求直线 l_1 和 l_2 的方程所组成的方程组

$$\begin{cases} A_1x+B_1y+C_1=0, \\ A_2x+B_2y+C_2=0 \end{cases}$$

的解.

例1 求下列两直线的交点:

$$l_1: x+y-1=0,$$
$$l_2: 3x+2y-5=0.$$

解 解方程组

$$\begin{cases} x+y-1=0, \\ 3x+2y-5=0, \end{cases}$$

得 $\begin{cases} x=3, \\ y=-2. \end{cases}$

所以 l_1 和 l_2 交点是 $M(3,-2)$,如图 8-16 所示.

例2 求下列两直线的交点:

$$l_1: 3x+2y-6=0,$$
$$l_2: 6x+4y-12=0.$$

解 由方程组

$$\begin{cases} 3x+2y-6=0, \\ 6x+4y-12=0 \end{cases}$$

容易看出,第二个方程两边除以 2 便成为第一个方程,所以两个方程是同解方程,即原方程组有无穷多组解,这表明两个方程对应的直线 l_1 和 l_2 重合,如图 8-17 所示.

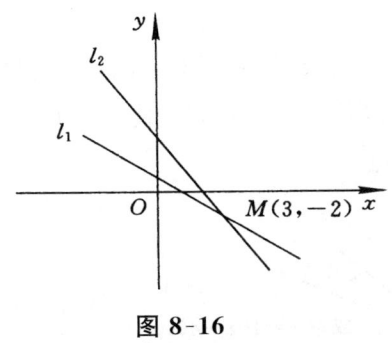

图 8-16

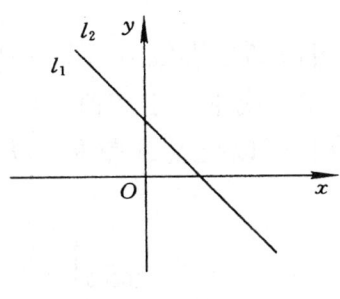

图 8-17

例 3 求下列两直线的交点:
$$l_1: 3x+2y-6=0,$$
$$l_2: 6x+4y+4=0.$$

解 将方程组

$$\begin{cases} 3x+2y-6=0, \\ 6x+4y+4=0 \end{cases}$$

的第二个方程两边除以 2 后,得

$$\begin{cases} 3x+2y=6, \\ 3x+2y=-2. \end{cases}$$

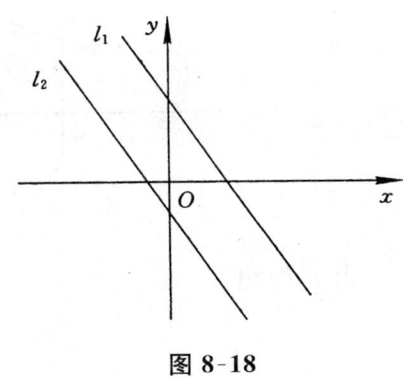

图 8-18

显然,该方程组无解.因此,直线 l_1 和 l_2 没有交点,即 $l_1/\!/l_2$,如图 8-18 所示.

由上面三例可以看出,设两条直线的方程为:
$$l_1: A_1x+B_1y+C_1=0,$$
$$l_2: A_2x+B_2y+C_2=0.$$

(1) 当 $\dfrac{A_1}{A_2} \neq \dfrac{B_1}{B_2}$ 时,直线 l_1 和 l_2 相交,有一个交点.

(2) 当 $\dfrac{A_1}{A_2} = \dfrac{B_1}{B_2} \neq \dfrac{C_1}{C_2}$ 时,直线 l_1 和 l_2 平行,没有交点.

(3) 当 $\dfrac{A_1}{A_2} = \dfrac{B_1}{B_2} = \dfrac{C_1}{C_2}$ 时,直线 l_1 和 l_2 重合,有无穷多个交点.

在经济和管理工作中有时也会遇到求两条直线交点的问题.

例 4 某工厂日产某种商品的总成本 y(元)与该种商品日产量 x(件)之间的函数关系为成本函数 $y=10x+4000$(元),而该商品出厂价格为每件 20(元),试问该工厂至少应日产该商品多少件才不会亏本?

解 由已知条件,日产该商品的总产值(元)为
$$y=20x,$$
而总成本为
$$y=10x+4000.$$
它们的图像都是直线.如图 8-19 所示,设它们的交点为 $A(x_1,y_1)$.显然,当 $0 \leqslant x<x_1$ 时,成本大于产值,这时厂方亏本;而当 $x>x_1$ 时,产值大于成本,这时厂方盈利.所以交点 A 就是厂方盈亏的转折点.

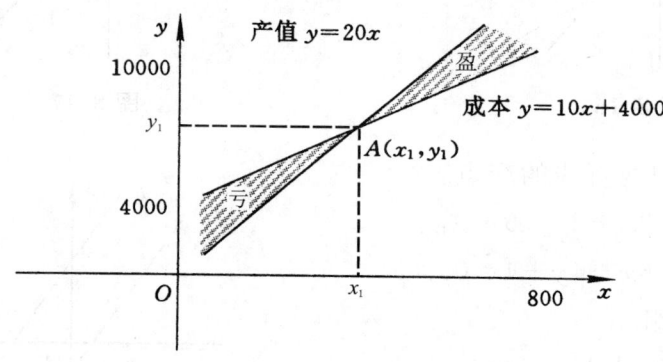

图 8-19

由方程组
$$\begin{cases} y=20x, \\ y=10x+4000, \end{cases}$$
解得
$$\begin{cases} x_1=400, \\ y_1=8000. \end{cases}$$
即工厂日产该商品至少 400 件才不会亏本.

二、两直线夹角

两直线相交构成四个角.我们把其中小于等于 $90°$ 的角称为**两直线的夹角**.下面我们研究怎样根据两条直线的斜率求它们的夹角.

设夹角为 θ 的两条直线的方程是:
$$l_1:y=k_1x+b_1,$$
$$l_2:y=k_2x+b_2,$$
它们的倾斜角分别为 α_1,α_2.

那么,$k_1=\tan\alpha_1$,$k_2=\tan\alpha_2$.

下面讨论 $0°<\theta<90°$ 的情形:

如图 8-20(1)所示,当 $0°<\alpha_2-\alpha_1<90°$ 时,
$$\theta=\alpha_2-\alpha_1,$$
有 $\tan\theta=\tan(\alpha_2-\alpha_1)>0.$

如图 8-20(2)所示,当 $\alpha_2-\alpha_1>90°$ 时,
$$\theta=180°-(\alpha_2-\alpha_1),$$
有 $\tan\theta=\tan[180°-(\alpha_2-\alpha_1)]=-\tan(\alpha_2-\alpha_1)>0.$

因而在这两种情况下,不管 $\alpha_2-\alpha_1$ 是锐角还是钝角,都有
$$\tan\theta=|\tan(\alpha_2-\alpha_1)|=\left|\frac{\tan\alpha_2-\tan\alpha_1}{1+\tan\alpha_2\tan\alpha_1}\right|.$$

即
$$\boxed{\tan\theta=\left|\frac{k_2-k_1}{1+k_1k_2}\right|\quad(0°<\theta<90°).} \qquad (8\text{-}14)$$

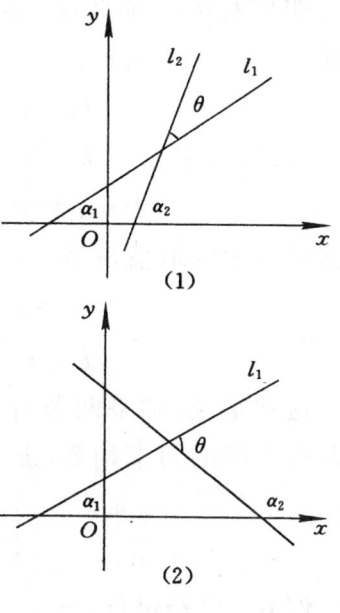

图 8-20

上式称为两直线的**夹角公式**.

两条直线重合时,规定 $\theta=0°$. 这时,公式(8-14)仍成立.

如果两条直线中有一条直线的斜率不存在(不妨设 l_2 的斜率 k_2 不存在),容易证明 l_1 和 l_2 的夹角
$$\theta=|90°-\alpha_1|.$$

例 5 求直线 $l_1:3x-7y+1=0$ 与 $l_2:5x-2y+3=0$ 的夹角.

解 由题知两条直线的斜率分别为 $k_1=\dfrac{3}{7}$,$k_2=\dfrac{5}{2}$,将它们代入公式 (8-14)得
$$\tan\theta=\left|\frac{k_2-k_1}{1+k_1k_2}\right|=\left|\frac{\dfrac{5}{2}-\dfrac{3}{7}}{1+\dfrac{3}{7}\cdot\dfrac{5}{2}}\right|=1,$$

所以
$$\theta=\arctan 1=\frac{\pi}{4}.$$

三、两直线平行

设两条直线 l_1 和 l_2 都不垂直于 x 轴,它们的倾斜角分别为 α_1,α_2,斜率分别为 k_1,k_2,下面我们来讨论两条直线互相平行时,两条直线斜率之间的关系.

如果 $l_1 \parallel l_2$，那么，$\alpha_1 = \alpha_2$，如图 8-21 所示.

从而 $\tan \alpha_1 = \tan \alpha_2$，

即 $k_1 = k_2$.

反之，如果 $k_1 = k_2$，

则 $\tan \alpha_1 = \tan \alpha_2$，

根据倾斜角的取值范围，得

$$\alpha_1 = \alpha_2,$$

即 $l_1 \parallel l_2$.

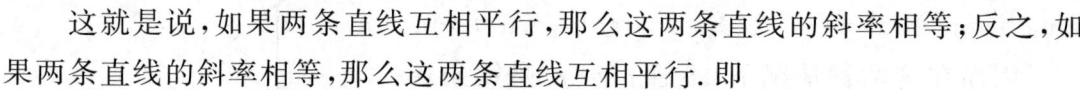

图 8-21

这就是说，如果两条直线互相平行，那么这两条直线的斜率相等；反之，如果两条直线的斜率相等，那么这两条直线互相平行. 即

$$\boxed{l_1 \parallel l_2 \Leftrightarrow k_1 = k_2.} \tag{8-15}$$

例 6 求经过点 $(-2, 3)$ 且与直线 $3x - 5y + 6 = 0$ 平行的直线方程.

解 已知直线的斜率是 $\dfrac{3}{5}$，因为所求直线与已知直线平行，因此它的斜率也等于 $\dfrac{3}{5}$，代入点斜式方程，得所求直线方程为

$$y - 3 = \frac{3}{5}(x + 2),$$

即 $3x - 5y + 21 = 0.$

四、两直线垂直

设两条直线 l_1 和 l_2 的斜率都存在，如果 $l_1 \perp l_2$，那么由图 8-22 可知 $\alpha_2 = \alpha_1 + 90°$，从而，

$$\tan \alpha_2 = \tan(\alpha_1 + 90°) = \frac{\sin(90° + \alpha_1)}{\cos(90° + \alpha_1)}$$

$$= \frac{\cos \alpha_1}{-\sin \alpha_1} = -\frac{1}{\tan \alpha_1},$$

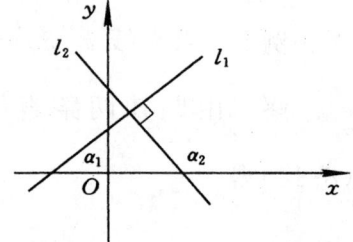

图 8-22

即 $k_2 = -\dfrac{1}{k_1},$

或 $k_2 \cdot k_1 = -1.$

反之，如果 $k_2 = -\dfrac{1}{k_1},$

即 $\tan \alpha_2 = -\dfrac{1}{\tan \alpha_1} = \tan(\alpha_1 + 90°),$

则由直线倾斜角取值范围得
$$\alpha_2 = \alpha_1 + 90°,$$
即
$$l_1 \perp l_2.$$

这就是说,如果两条直线互相垂直,且其斜率都存在,那么这两条直线的斜率互为负倒数;反之,如果两条直线的斜率互为负倒数,则这两条直线互相垂直. 即

$$\boxed{l_1 \perp l_2 \Leftrightarrow k_2 = -\frac{1}{k_1}.} \tag{8-16}$$

例 7 求纵截距为 -3,且垂直于直线 $x + 2y - 3 = 0$ 的直线方程.

解 已知直线的斜率是 $-\frac{1}{2}$,由于所求直线与已知直线垂直,因此根据关系式(8-16),所求直线斜率等于 2. 又因为所求直线的纵截距 b 为 -3,代入斜截式方程,得所求直线方程为
$$y = 2x - 3,$$
即
$$2x - y - 3 = 0.$$

五、点到直线的距离

先看一个例子.

例 8 求点 $P(-1, 2)$ 到直线 $l: 2x + y - 5 = 0$ 的距离 d.

解 如图 8-23 所示,过点 $P(-1, 2)$ 作直线 l 的垂线,设垂足为 $Q(x, y)$,于是
$$d = |PQ|.$$

又直线 l 的斜率为 -2,故直线 PQ 的斜率为 $\frac{1}{2}$,于是直线 PQ 的方程为
$$y - 2 = \frac{1}{2}(x + 1),$$
即
$$x - 2y + 5 = 0.$$

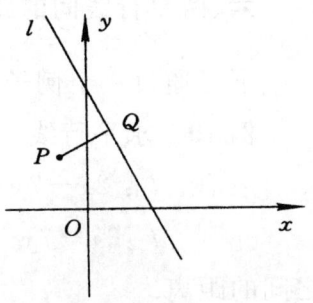

图 8-23

解方程组
$$\begin{cases} 2x + y - 5 = 0, \\ x - 2y + 5 = 0, \end{cases}$$
得
$$\begin{cases} x = 1, \\ y = 3. \end{cases}$$

所以 Q 点的坐标为 (1,3). 由两点间距离公式,得
$$d=|PQ|=\sqrt{[1-(-1)]^2+(3-2)^2}=\sqrt{5}.$$

一般地,设已知点 $P_0(x_0,y_0)$ 是直线 $l:Ax+By+C=0$ ($A\neq 0$ 或 $B\neq 0$) 外一点,则点 $P_0(x_0,y_0)$ 到直线 l 的距离 d(证明从略)为

$$\boxed{d=\frac{|Ax_0+By_0+C|}{\sqrt{A^2+B^2}}.} \qquad (8\text{-}17)$$

例 8 可用公式 (8-17) 求得
$$d=\frac{|2\times(-1)+2-5|}{\sqrt{2^2+1^2}}=\frac{5}{\sqrt{5}}=\sqrt{5}.$$

如果 A,B 之一为 0,那么,直线 l 垂直于坐标轴,上述距离公式仍成立,但此时不用公式也可直接求出距离.

例 9 求点 $P(2,3)$ 到直线 $x+2=0$ 的距离.

解 易知直线 $x+2=0$ 垂直于 x 轴,点 $P(2,3)$ 到该直线距离为
$$d=|-2|+2=4.$$
如图 8-24 所示.

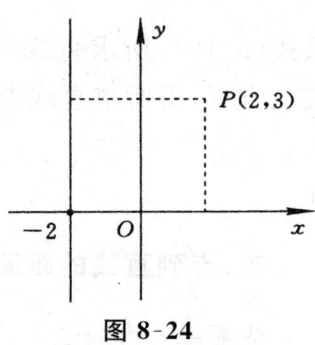

图 8-24

六、两平行线间的距离

下面通过一个例子来看如何计算两平行线间距离.

例 10 求平行线
$$l_1:2x-7y+8=0,$$
$$l_2:2x-7y-6=0$$
之间的距离.

解 在直线 $l_2:2x-7y-6=0$ 上任取一点,例如取 $P_0(3,0)$,如图 8-25 所示,于是两平行线间的距离就是点 P_0 到直线 l_1 的距离. 因此
$$d=\frac{|2\times 3-7\times 0+8|}{\sqrt{2^2+(-7)^2}}=\frac{14}{\sqrt{53}}=\frac{14}{53}\sqrt{53}.$$

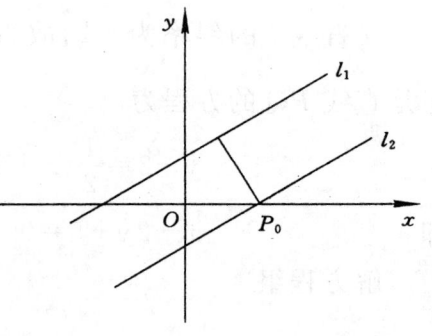

图 8-25

一般地,设直线的方程为 $l_1:Ax+By+C_1=0$,$l_2:Ax+By+C_2=0$,则两平

行直线 l_1 和 l_2 间的距离为

$$d=\frac{|C_2-C_1|}{\sqrt{A^2+B^2}}.$$

例如,例 10 可直接使用两平行线间的距离公式求得距离

$$d=\frac{|-6-8|}{\sqrt{2^2+(-7)^2}}=\frac{14}{\sqrt{53}}=\frac{14}{53}\sqrt{53}.$$

习题 8-3(A 组)

1. 填空题.
   (1) 直线 $2x+3y=12$ 和直线 $x-2y-4=0$ 交点坐标是_____;
   (2) 直线 $x=2$ 和直线 $3x+2y=12$ 交点坐标是_____;
   (3) 直线 $2x-y-1=0$ 和 $x+2y-8=0$ 的夹角是_____;
   (4) 直线 $x+2=0$ 和直线 $x-y+1=0$ 的夹角是_____;
   (5) 直线 $x-2y-10=0$ 和直线 $3x-y+2=0$ 的夹角是_____.

2. 判断下列各对直线是否平行或垂直:
   (1) $y=3x+4$ 与 $2y-6x+1=0$;
   (2) $x-y=0$ 与 $3x+3y-10=0$;
   (3) $3x+4y=5$ 与 $6x-8y-7=0$.

3. 求过点 $A(1,-2)$ 且平行于直线 $2x-3y-1=0$ 的直线方程.

4. 求过原点且垂直于直线 $3x+4y-2=0$ 的直线方程.

5. 求两点 $(7,-4)$,$(-5,6)$ 连线的垂直平分线的方程.

6. 求点 $(2,1)$ 到直线 $3x-y+7=0$ 的距离.

7. 求两平行线 $x+3y-8=0$ 和 $x+3y=0$ 间的距离.

习题 8-3(B 组)

1. 已知两条直线
$$l_1:(3+m)x+4y=5-3m,$$
$$l_2:2x+(5+m)y=8,$$

m 为何值时,直线 l_1 和 l_2
(1) 相交; (2) 平行; (3) 重合.

2. 光线从点 $M(-2,3)$ 射到点 $P(1,0)$,然后被 x 轴反射,求反射光线的方程.

3. 求满足下列条件的直线方程:
   (1) 经过两条直线 $3x-y+4=0$ 和 $4x-6y+3=0$ 的交点,且垂直于直线 $5x+2y+6=0$.
   (2) 经过两条直线 $x+y-2=0$ 和 $3x-y-2=0$ 的交点,且平行于 $A(3,4)$,$B(-1,3)$ 两点的连线.
   (3) 经过两条直线 $x-2y+3=0$ 和 $x+2y-9=0$ 的交点和原点.

4. 直线 $ax+2y+8=0$ 和 $4x+3y=10$ 和 $2x-y-10=0$ 相交于一点,求 a 的值.

扫一扫,获取参考答案

8.4 圆的方程

一、曲线与方程

我们首先来研究平面曲线和含有 x,y 的方程之间的关系.

如图 8-26 所示为以原点为圆心,半径为 5 的圆. 容易看出,圆上任意一点 $M(x,y)$ 到圆心的距离都等于 5, 于是点 $M(x,y)$ 所适合的条件可用方程

$$\sqrt{x^2+y^2}=5$$

或 $$x^2+y^2=25$$

来表示. 容易检验,凡圆周上的点,它的坐标都满足这个方程; 反之,满足这个方程的点都在这个圆上.

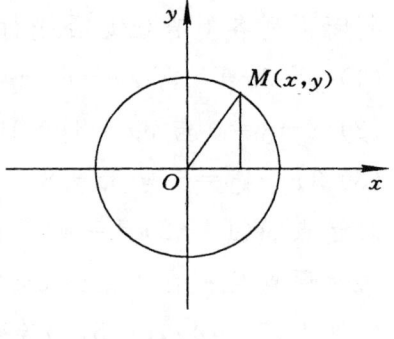

图 8-26

对于曲线与方程之间的对应关系,给出下面的定义:

定义 如果一条曲线与一个含 x,y 的二元方程 $F(x,y)=0$ 之间同时具有如下对应关系:

(1) 曲线上所有的点的坐标都满足这个方程.

(2) 以这个方程的解为坐标的点,都在这条曲线上.

那么,这个方程称为这条**曲线的方程**,这条曲线称为这个**方程的曲线(图像)**.

方程中所含的 x,y 就是点的坐标 (x,y), 由于它们随着点的移动而改变,通常又被称为**流动坐标**. 因此,曲线可以看成满足一定条件的动点的轨迹.

上述曲线与方程之间的对应关系和直线与方程之间的对应关系是一致

的.事实上,直线可以看成曲线的特殊情况.通过建立曲线与方程之间的这种对应关系,我们可用代数的方法来研究几何问题.

例1 判定 $A(3,-4)$ 和 $B(4,5)$ 两点是否在曲线 $x^2+y^2=25$ 上.

解 将点 $A(3,-4)$ 坐标代入所给方程,得
$$3^2+(-4)^2=25.$$
也就是说,点 A 的坐标满足所给方程,所以点 $A(3,-4)$ 在曲线 $x^2+y^2=25$ 上.

将点 $B(4,5)$ 的坐标代入所给方程,得
$$4^2+5^2 \neq 25.$$
也就是说,点 B 的坐标不满足所给方程,所以点 $B(4,5)$ 不在曲线 $x^2+y^2=25$ 上.

二、圆的方程

由平面几何知识知道,在平面上与一定点距离为定长的动点的轨迹称为**圆**,这个定点称为**圆心**,定长称为**半径**.

下面来求以 $C(h,k)$ 为圆心,r 为半径的圆的方程.

设 $M(x,y)$ 是圆上的任意一点(图 8-27),由已知条件,得
$$|MC|=r.$$

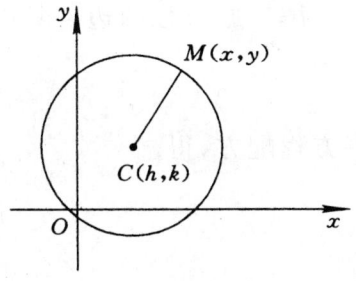

图 8-27

由两点间距离公式,得
$$\sqrt{(x-h)^2+(y-k)^2}=r.$$
两边平方,得
$$(x-h)^2+(y-k)^2=r^2. \qquad (8\text{-}18)$$

方程(8-18)称为**圆的标准方程**,它表示以 $C(h,k)$ 为圆心,r 为半径的圆.

当 $h=k=0$ 时,圆的方程就是
$$x^2+y^2=r^2. \qquad (8\text{-}19)$$

我们称方程(8-19)为以原点为圆心,r 为半径的圆的方程.

展开圆的标准方程并移项,得
$$x^2+y^2-2hx-2ky+(h^2+k^2-r^2)=0.$$

不妨设 $-2h=D, -2k=E, h^2+k^2-r^2=F$,代入上式,得
$$x^2+y^2+Dx+Ey+F=0. \qquad (8\text{-}20)$$

这个方程称为**圆的一般方程**.

由方程(8-20)我们看到,圆的方程是一个含有流动坐标 x 和 y 的二元二

次方程,其特点为:

(1) x^2 与 y^2 项的系数相等.

(2) 不含 xy 项.

将方程(8-20)配方,得

$$\left(x+\frac{D}{2}\right)^2+\left(y+\frac{E}{2}\right)^2=\frac{D^2+E^2-4F}{4}.$$

当 $D^2+E^2-4F>0$ 时,方程表示以 $\left(-\frac{D}{2},-\frac{E}{2}\right)$ 为圆心,以 $\frac{1}{2}\sqrt{D^2+E^2-4F}$ 为半径的圆.

当 $D^2+E^2-4F=0$ 时,方程表示一个坐标为 $\left(-\frac{D}{2},-\frac{E}{2}\right)$ 的点,称为点圆.

当 $D^2+E^2-4F<0$ 时,在实平面内原方程的图形不存在,方程表示一个虚圆.

例 2 判定方程 $2x^2+2y^2+2x-2y-5=0$ 所表示的曲线形状.

解 原方程两边各除以 2,得

$$x^2+y^2+x-y-\frac{5}{2}=0.$$

将方程配方,得

$$\left(x+\frac{1}{2}\right)^2+\left(y-\frac{1}{2}\right)^2=3.$$

故原方程表示一个圆,圆心为 $\left(-\frac{1}{2},\frac{1}{2}\right)$,半径为 $\sqrt{3}$.

例 3 求以点 $C(3,-5)$ 为圆心,以 6 为半径的圆的方程,并确定点 $P_1(4,-3)$,$P_2(3,1)$,$P_3(-3,-4)$ 与这个圆的位置关系.

解 因为 $h=3$,$k=-5$,$r=6$,所以要求的圆的标准方程为

$$(x-3)^2+(y+5)^2=36.$$

因为 $|P_1C|=\sqrt{(4-3)^2+(-3+5)^2}=\sqrt{5}<6$,所以点 $P_1(4,-3)$ 在圆内;

因为 $|P_2C|=\sqrt{(3-3)^2+(1+5)^2}=6$,所以点 $P_2(3,1)$ 在圆周上;

因为 $|P_3C|=\sqrt{(-3-3)^2+(-4+5)^2}=\sqrt{37}>6$,所以点 $P_3(-3,-4)$ 在圆外.

例 4 根据下面所给的条件,分别求出圆的方程.

(1) 以点 $(-2,5)$ 为圆心,并且过点 $(3,-7)$.

(2) 设点 $A(4,3)$,$B(6,-1)$,以线段 AB 为直径.

(3) 以 $C(1,3)$ 为圆心,并且与直线 $3x-4y-16=0$ 相切.

解 (1)由于点$(-2,5)$与点$(3,-7)$之间的距离就是该圆的半径r,由两点间的距离公式得
$$r=\sqrt{(3+2)^2+(-7-5)^2}=13,$$
故所求的圆的方程为
$$(x+2)^2+(y-5)^2=169.$$

(2)设所求圆的圆心为点C,由题意知点C为线段AB的中点,根据中点公式得点C的坐标为$\left(\dfrac{4+6}{2},\dfrac{3-1}{2}\right)$,即$C(5,1)$.半径$r$为线段$AB$的长度的一半,即
$$r=\dfrac{1}{2}|AB|=\dfrac{1}{2}\sqrt{(6-4)^2+(-1-3)^2}=\sqrt{5}.$$
故所求的圆的方程为
$$(x-5)^2+(y-1)^2=5.$$

(3)因为圆C和直线$3x-4y-16=0$相切,所以半径r等于圆心C到这条直线的距离,根据点到直线的距离公式,得
$$r=\dfrac{|3\times 1-4\times 3-16|}{\sqrt{3^2+(-4)^2}}=5.$$
因此,所求圆的方程是
$$(x-1)^2+(y-3)^2=25.$$

例 5 一圆经过点$B(-1,3)$,且与x轴相切于点$A(2,0)$,求这个圆的方程.

解 设这个圆的方程为$(x-h)^2+(y-k)^2=r^2$,如图 8-28 所示,设圆心为C,连接AC.
因为 $AC\perp x$轴,
所以 $h=2$.
又由于点$A(2,0)$和$B(-1,3)$都在圆上,所以
$$\begin{cases}(2-h)^2+(0-k)^2=r^2,\\(-1-h)^2+(3-k)^2=r^2.\end{cases}$$

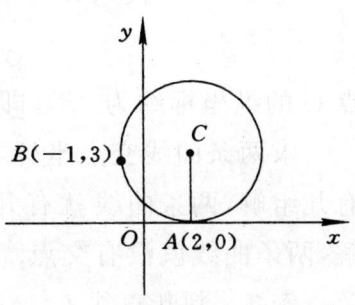

图 8-28

解这个方程组得
$$k=3,\quad r=3.$$
即所求的方程为
$$(x-2)^2+(y-3)^2=3^2$$
或
$$x^2+y^2-4x-6y+4=0.$$

例6 某施工单位砌圆拱时，需要制作如图 8-29 所示的木模．设圆拱高为 1 m，跨度为 6 m，中间需要等距离地安装 5 根支撑柱子，求过点 A_3 的柱子长度（精确到 0.1 m）．

解 以线段 AB 的中点为坐标原点，建立直角坐标系，如图 8-29 所示．由题意知，$A(-3,0)$，$B(3,0)$，$C(0,1)$，$A_3(1,0)$，点 G 的横坐标为 1，求过点 A_3 的柱子长度相当于求点 G 的纵坐标．

设所求圆的一般方程为 $x^2+y^2+Dx+Ey+F=0$，因点 A，B，C 在圆上，所以它们的坐标是方程的解．将点 $A(-3,0)$，$B(3,0)$，$C(0,1)$ 分别代入圆的一般方程，得三元一次方程组

$$\begin{cases} 9-3D+F=0, \\ 9+3D+F=0, \\ 1+E+F=0, \end{cases}$$

解得

$$\begin{cases} D=0, \\ E=8, \\ F=-9. \end{cases}$$

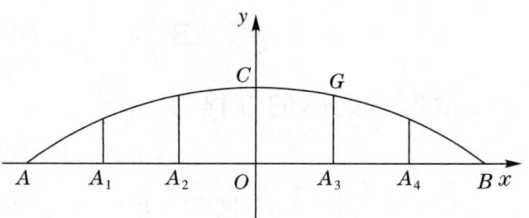

图 8-29

故所求圆的一般方程为

$$x^2+y^2+8y-9=0.$$

将 $x=1$，代入方程求出 y 值（取正值），得

$$y=-4+\sqrt{24}\approx 0.9\,(\mathrm{m}).$$

点 G 的纵坐标约为 0.9，即过点 A_3 的柱子长度约为 0.9 m．

求两条曲线交点坐标，也就是解由两条曲线方程所组成的方程组．方程组有几组解，两条曲线就有几个交点，并且方程组的解就是交点坐标．方程组无解，两条曲线就没有交点．

例7 判断直线 $l: x-y+2=0$ 与圆 $C: x^2+y^2=2$ 的位置关系．

解 解方程组

$$\begin{cases} x^2+y^2=2, & (1) \\ x-y+2=0. & (2) \end{cases}$$

由(2)式得

$$y=x+2, \quad (3)$$

将(3)式代入(1)式，整理得

$$x^2+2x+1=0.$$

解得 $x=-1$，将 $x=-1$ 代入(3)式得 $y=1$．所以上述方程组有唯一一组解，

其解为
$$\begin{cases} x = -1, \\ y = 1. \end{cases}$$
由此可知,直线 l 和圆 C 相切,切点坐标为 $(-1,1)$.

习题 8-4(A 组)

1. 判定点 $O(0,0)$,$A(-1,4)$ 和 $B(2,3)$ 是否在曲线 $y = x^2 - 3x$ 上.

2. 求以点 $C(2,-1)$ 为圆心,以 1 为半径的圆的标准方程,并画出图形.

3. 根据下列圆的方程,写出圆心坐标及半径.
   (1) $x^2 + (y-3)^2 = 4$; (2) $(x+1)^2 + y^2 = 2$;
   (3) $x^2 + y^2 - 5x + 2y = 0$.

4. 判断原点与圆 $(x-1)^2 + (y+1)^2 = 3$ 的位置关系.

5. 下列各方程表示什么样的图形?
   (1) $x^2 + y^2 = 0$; (2) $x^2 + y^2 - 2x + 4y - 6 = 0$.

6. 求圆心为 $(1,2)$ 且与 x 轴相切的圆的方程.

7. 已知点 $A(-2,4)$ 和 $B(8,-2)$,求以线段 AB 为直径的圆的方程.

8. 求经过三点 $O(0,0)$,$A(1,1)$,$B(4,2)$ 的圆的方程,并求这个圆的圆心坐标和半径.

9. 判断直线 $x + y = 2$ 与圆 $x^2 + y^2 = 2$ 的位置关系.

习题 8-4(B 组)

1. 求经过点 $(4,-2)$ 且与两坐标轴相切的圆的方程.

2. 判断两圆 $x^2 + y^2 = 9$ 和 $(x+1)^2 + (y-\sqrt{3})^2 = 25$ 的位置关系.

3. 过点 $P(1,-1)$ 作圆 $x^2 + y^2 - 2x - 2y + 1 = 0$ 的切线,求该切线方程.

4. 已知直线 $y = x + b$ 和圆 $x^2 + y^2 = 2$,当 b 为何值时,直线与圆有两个交点?

扫一扫,获取参考答案

复习题 8

1. 填空题.

   (1) 直线 $2x-3y+8=0$ 被 x 轴、y 轴截得线段的长度为 _____.

   (2) 直线的 _____ 称为斜率.

   (3) 过原点,且与 $y=2x+5$ 的夹角为 $\dfrac{\pi}{4}$ 的直线方程是 _____.

   (4) 已知两点 $A(1,-2)$ 和 $B(x,4)$,如果直线 AB 的斜率是 3,那么 x 的值是 _____.

   (5) 已知 $A(1,-1)$,$B(x,3)$,$C(5,x)$ 三点共线,则 x 的值是 _____.

   (6) 过两点 $(1,2)$ 与 $(-1,3)$ 的直线倾斜角为 _____,斜率为 _____,点斜式方程为 _____,一般式方程为 _____.

   (7) 直线 $3x+2y-6=0$ 的倾斜角为 _____.

   (8) 当直线斜率存在时,两直线平行的充要条件为 _____,两直线垂直的充要条件为 _____.

   (9) 两平行线 $x-y-6=0$ 与 $x-y-2=0$ 间的距离为 _____.

   (10) 点 $P(2,-1)$ 到直线 $3x-4y+12=0$ 的距离为 _____.

   (11) 已知点 $A(4,9)$,$B(6,3)$,则以线段 AB 为直径的圆的方程是 _____.

   (12) 曲线 $x^2+y^2+2ax-4by=0$ 的中心坐标是 _____.

   (13) 圆 $x^2+y^2=1$ 上的点到直线 $4x-3y+25=0$ 的距离的最小值是 _____.

2. 选择题.

   (1) 若线段两端点的坐标分别是 $(2,-1)$,$(4,3)$,则线段的中点坐标及长度分别是( ).

   A. $(3,2)$,$\sqrt{20}$ B. $(3,1)$,$\sqrt{10}$ C. $(3,1)$,$\sqrt{20}$ D. $(2,3)$,$\sqrt{20}$

   (2) 若线段一端点的坐标是 $(2,3)$,中点坐标是 $(4,1)$,则另一端点坐标是( ).

   A. $(6,1)$ B. $(-6,-1)$ C. $(6,-1)$ D. $(-6,1)$

   (3) 直线 $ax+by=ab$ ($a<0,b>0$) 的倾斜角是( ).

   A. $\arctan \dfrac{a}{b}$ B. $\arctan \dfrac{b}{a}$

   C. $\arctan\left(-\dfrac{a}{b}\right)$ D. $\pi-\arctan \dfrac{a}{b}$

   (4) 直线 $y=\dfrac{2}{3}x-\dfrac{1}{3}$ 与经过点 $(1,-2)$,$(2,3)$ 的直线的夹角是( ).

   A. $\dfrac{\pi}{3}$ B. $\dfrac{\pi}{4}$ C. $\dfrac{\pi}{6}$ D. $\dfrac{\pi}{2}$

(5) 若方程 $Ax+By+C=0$ 表示的直线是 y 轴,则 A,B 和 C 满足( ).

  A. $B \cdot C=0$ B. $A \neq 0$

  C. $A \neq 0$ 且 $B=C=0$ D. $B \cdot C=0$ 且 $A \neq 0$

(6) 平行于直线 $x-y-2=0$,且与它的距离为 $2\sqrt{2}$ 的直线方程为( ).

  A. $x-y-6=0$ 或 $x-y+6=0$ B. $x-y-6=0$ 或 $x-y+2=0$

  C. $x-y-2=0$ 或 $x-y+2=0$ D. $x-y-2=0$ 或 $x-y+6=0$

(7) 直线 $2x-y+p=0$ 和直线 $x+2y+q=0$ 的位置关系是( ).

  A. 平行   B. 相交   C. 重合   D. 垂直

(8) 直线 $2x-y+a=0$ ($a \neq 0$) 与直线 $x-\frac{1}{2}y+b=0$ ($b \neq 0$) 无公共点的条件是( ).

  A. $\frac{a}{b} \neq 2$ B. $a \neq 2, b \neq 1$

  C. $a=2, b=1$ D. $a=2b$

(9) 若直线 $Ax+By+C=0$ 的系数满足 $AB>0, BC<0$,则其示意图形为图 8-30 之( ).

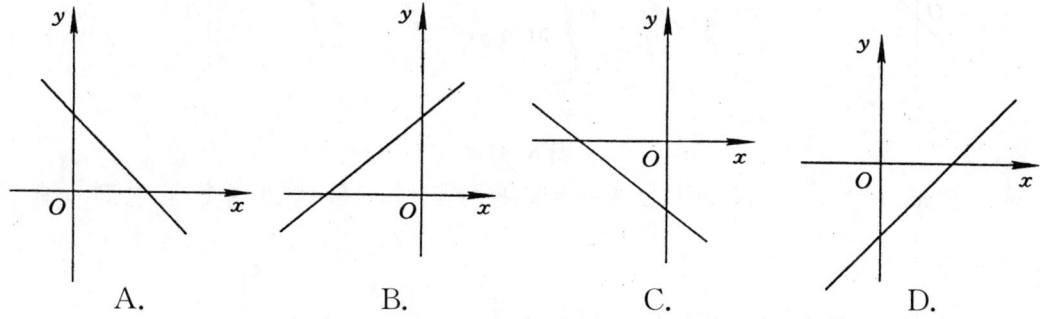

 A.   B.   C.   D.

图 8-30

(10) 已知直线 $Ax+By+C=0$ 通过一、三、四象限,则( ).

  A. $AB<0, BC>0$ B. $AB>0, BC<0$

  C. $A=0, BC>0$ D. $C=0, AB<0$

(11) 已知 $\triangle ABC$ 的三个顶点为 $A(1,4), B(4,1)$ 和 $C(7,4)$,则此三角形是( ).

  A. 等边三角形   B. 直角三角形

  C. 等腰三角形   D. 等腰直角三角形

(12) 已知圆方程为 $(x+a)^2+(y+b)^2=b^2$ ($a \geq b$),则这个圆应( ).

  A. 与 x 轴相切   B. 与 y 轴相切

  C. 经过原点   D. 与两坐标轴相切

(13) 直线 $4x-3y+5=0$ 与圆 $x^2+y^2-4x-2y+m=0$ 无公共点的充要条件是(　　).

A. $0<m<5$　　　B. $1<m<5$　　　C. $m>1$　　　D. $m<0$

3. 写出图 8-31 中各直线 l 的方程.

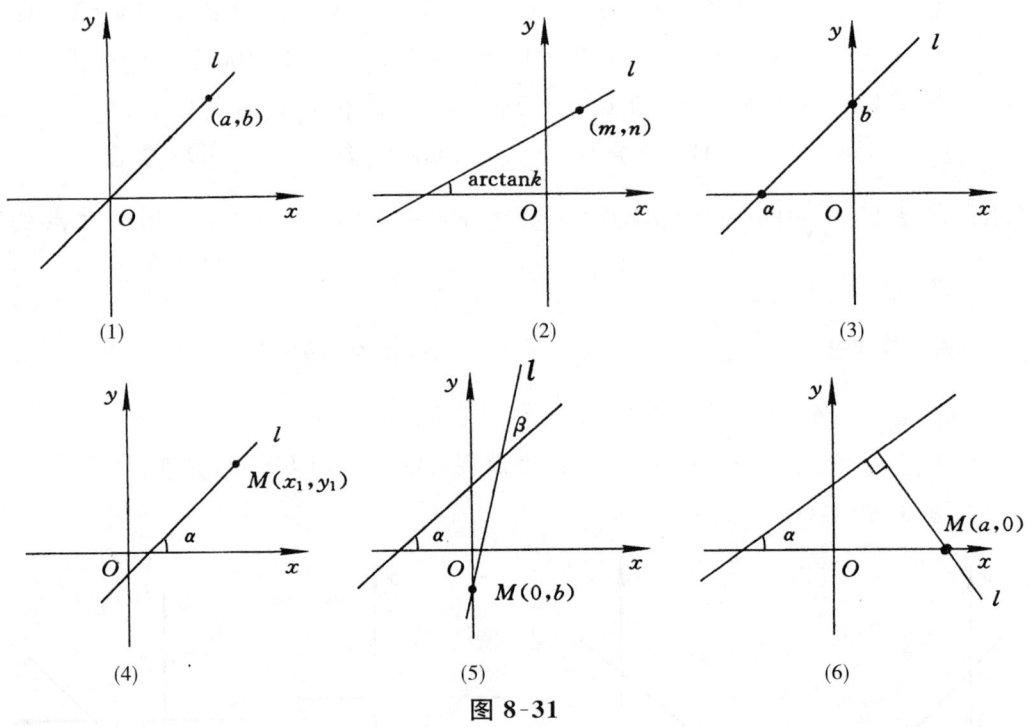

图 8-31

4. 试在直线 $5x-3y+15=0$ 上求一点,使该点到 x 轴的距离等于它到 y 轴的距离的 $\dfrac{2}{3}$.

5. 求经过点 $(0,3)$ 和 $(1,1)$ 的直线与直线 $x-2y-3=0$ 的夹角.

6. 已知等腰直角三角形的一条直角边所在直线方程为 $x-2y+9=0$,这条直角边所对的顶点为 $(3,-4)$,求该三角形斜边的方程和斜边上高的方程.

7. 求经过两直线 $3x+2y+1=0$ 和 $2x-3y+5=0$ 的交点且垂直于直线 $2x+y=0$ 的直线方程.

8. 设一直线经过点 $M(-2,2)$,且与两坐标轴所构成的三角形的面积为 1,求该直线的方程.

9. 三角形的三边所在直线的方程分别是 $x-6=0,x+2y=0$ 和 $x-2y-8=0$,求三角形外接圆的方程.

10. 求直线 $y=x+2$ 被圆 $x^2+y^2=4$ 截得的线段长.

扫一扫,获取参考答案

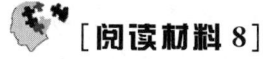

独具慧眼的笛卡尔

17世纪前半叶,一个崭新的数学分支——解析几何学的创立,标志了近代数学的开端,并为数学的应用开辟了广阔的领域.在创建解析几何学的过程中,法国数学家笛卡尔做出重要贡献.

笛卡尔于1596年3月出生在法国图赖讷.在学生时代,他喜欢博览群书以开阔眼界和思路.后来,他成为著名的哲学家、物理学家,同时也是近代生物学的奠基人之一和近代数学的开创者.从青年时代起,笛卡尔充分认识了数学对于科学的广泛作用及重要性,将数学方法看成在一切领域建立真理的方法,并主张将数学应用于各个领域.他还认为,量化方法应用于一般科学的研究.在数学中,他看到了代数与几何割裂的弊病,主张将代数与几何结合起来.1637年,他出版了重要著作《更好地指导和寻求真理的方法论》(简称《方法论》).在作为《方法论》附录之一的《几何学》中,他把代数方法应用于解决几何的作图问题中,指出了作图问题与求方程组的解之间的关系,通过具体问题提出了坐标方法,把几何曲线表示成代数方程,断言曲线的次数与坐标轴的选择无关,用方程的次数对曲线加以分类,认识到了曲线的交点与方程组的解之间的关系.《几何学》标志了解析几何的创立.考虑到望远镜、显微镜以及其他光学仪器对天文学和生物学的重要性,他非常关心这些仪器中透镜的设计.在《方法论》的另一个附录《折光》里,他用坐标方法研究了折射等光学现象.

下面讲两个关于笛卡尔的小故事.

1617年5月,笛卡尔正在法国公爵奥伦治的一支部队中当兵,当时这支部队驻扎在荷兰南部的布雷达.一天,笛卡尔在街头散步,看见很多人在围观一张榜文.受好奇心驱使,笛卡尔也上去看个究竟.因为它是用荷兰文写的,笛卡尔便请在场的一位学者译给他听.原来是一道几何题,悬赏征求答案.笛卡尔仅用了几个小时就解出了这道难题.那位当翻译的学者对笛卡尔的数学才能大为惊奇,邀请笛卡尔到家中作客叙谈,建议笛卡尔专心研习数学,从此两人结为好友.这位学者就是当时多特大学的校长、数学家贝克曼.这件事对笛卡尔的一生有很大影响,它使笛卡尔相信自己具有数学才能,从此开始认真地研究数学,在数学领域做出杰出的贡献.这个故事告诉我们,保持旺盛的求知欲是多么的重要.用数学家波利亚的话来说,就是要使自己始终保持一个解题的"好胃口",就像当年笛卡尔那样.

关于笛卡尔的另一个故事,是他写的书故意让人难以看懂.笛卡尔写的《几何学》很难读.他声称,欧洲当时几乎没有一位数学家能读懂它.那么,人们不禁要问:笛卡尔为什么故意要让他的书使人难懂呢?他自有他的理由.

其一,他在给朋友的一封信中解释说:"我没有做过任何不经心的删节,但我预见到,对于那些自命无所不知的人,我如果写得使他们充分理解,他们将不失机会地说我写的都是他们已经知道的东西."这就是说,他不愿意为那些不虚心的人提供机会.

其二,他在书中只粗略地指出作图法和证法,而把细节留给读者.为什么要这样做呢?他在一封信中作了解释:他把自己的工作比作建筑师所做的工作,即订立计划,指明什么是应该做的,而把动手的操作留给木工和瓦工.他还说,他不愿意夺去读者自己进行加工时会获得的乐趣.

其三,他的思想必须从他的书中许多解出的例题去推测.他说他之所以删去书中绝大多数定理的证明,是因为如果有人不嫌麻烦而去系统地考查这些例题,很容易证明一般定理,而且他认为这样学习更为有益.

对于我们来说,笛卡尔所说的这三条理由,无论是在端正学习态度方面,还是在采取正确的学习方法方面,都有很大的裨益,值得我们用心去体会.

笛卡尔创立解析几何,在数学史上具有划时代的意义.解析几何沟通了数学中数与形、代数与几何等最基本对象之间的联系:几何的概念得以用代数方式表示,几何的目标得以用代数方法达到;反过来,代数语言可得到几何解释而变得直观、易懂.从此,代数与几何这两门学科互相吸收营养而得到迅速发展,并结合产生出许多新的学科,近代数学便很快发展起来了.这种方法也被广泛应用于精确的自然科学领域之中.

第8章单元自测

1. 填空题.

    (1) 若点 $A(-3,2)$ 到点 $B(1,m)$ 的距离为 5,则 $m=$ _____.

    (2) 若点 $P(1,m)$ 在直线 $y=2x-1$ 上,则 $m=$ _____.

    (3) 已知一直线倾斜角的余弦值是 0.5,则此直线的斜率是 _____,倾斜角是 _____.

    (4) 已知直线的倾斜角为 $\frac{\pi}{2}$,直线与 y 轴的距离是 2,则该直线方程是 _____.

    (5) 已知两直线的斜率分别是方程 $3x^2-7x-20=0$ 的两个根,则它们的夹角是 _____.

    (6) 若直线 $3x+4y+C=0$ 到原点的距离等于 10,则 $C=$ _____.

(7) 如果点 $A(1, y_0)$ 在曲线 $x^2-3x+2y-6=0$ 上，那么 $y_0=$ _____．

(8) 已知直线 $y=x+m$ 与圆 $x^2+y^2=2$ 相切，则 $m=$ _____．

(9) 圆心在 x 轴上，半径是 5，且与直线 $x=8$ 相切的圆的方程是 _____．

2．选择题．

(1) 直线 $y=-x+3$ 的倾斜角是（　　）．

  A. $\arctan(-1)$　　B. $-\arctan 1$　　C. $\pi-\arctan(-1)$　　D. $\pi+\arctan(-1)$

(2) 直线 $ay+\dfrac{1}{a}=0\ (a\neq 0)$ 的图像是（　　）．

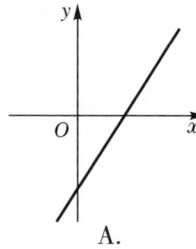 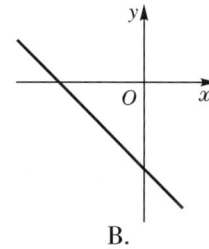 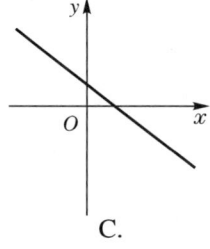 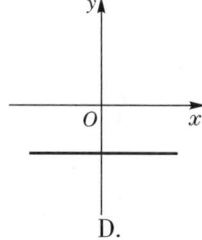

A.　　　　　　　　　B.　　　　　　　　　C.　　　　　　　　　D.

(3) 直线 $A_1x+B_1y+C_1=0$ 与直线 $A_2x+B_2y+C_2=0$ 相互垂直，必须满足（　　）．

  A. $\dfrac{A_1}{B_1}\cdot\dfrac{A_2}{B_2}=1$　　　　　　B. $\dfrac{A_1}{B_1}=-\dfrac{A_2}{B_2}$

  C. $A_1A_2-B_1B_2=0$　　　　　　D. $A_1A_2+B_1B_2=0$

(4) 若直线 $(a^2+a-12)x+(a^2+5a-3)y-6=0$ 与 x 轴平行，则 a 等于（　　）．

  A. -3 或 -4　　B. 3 或 -4　　C. -3　　D. -4

(5) 直线 $2x-ay-3=0$ 与直线 $ax+3y+5=0$ 的位置关系是（　　）．

  A. 相交　　　　B. 平行　　　　C. 垂直　　　　D. 重合

(6) 两圆 $x^2+y^2=4$ 与 $(x-4)^2+(y+3)^2=9$ 的位置关系是（　　）．

  A. 相交　　　　B. 相外切　　　C. 相内切　　　D. 相离

3． 求经过直线 $3x+2y+1=0$ 和 $2x-3y+5=0$ 的交点且垂直于直线 $2x+y+1=0$ 的直线方程．

4． 求过点 $(1,2)$ 且在两坐标轴上的截距之和为 6 的直线方程．

5． 已知 $\triangle ABC$ 三顶点坐标分别为 $A(2,-1)$，$B(4,3)$，$C(3,2)$，求 BC 边上的高所在直线的方程．

6． 求圆心在直线 $2x-y+3=0$ 上，且过两点 $A(6,3)$，$B(-4,7)$ 的圆的方程．

扫一扫，获取参考答案

附　录

附录1　常用数学符号[1]

1. 集合论符号

符号	应用	意义或读法	备注及示例
$\in$	$x \in A$	x 属于 A；x 是集合 A 的一个元（素）	集合 A 可简称为集 A
$\overline{\in}$	$y \overline{\in} A$	y 不属于 A；y 不是集合 A 的一个元（素）	也可用 $\notin$
$\{\cdots\}$	$\{x_1, x_2, \cdots, x_n\}$	元素 $x_1, x_2, \cdots, x_n$ 构成的集	也可用 $\{x_i, i \in I\}$，这里的 I 表示指标集
$\{\mid\}$	$\{x \in A \mid p(x)\}$	使命题 $p(x)$ 为真的 A 中诸元素的集合	若集 A 已明确，则可使用 $\{x \mid p(x)\}$
card	card(A)	A 中诸元素的数目	
$\varnothing$		空集	
$\mathbf{N}$		非负整数集；自然数集	$\mathbf{N} = \{0, 1, 2, 3, \cdots\}$，本集中排除 0 的集，应上标星号：$\mathbf{N}^*$，或下标正号：$\mathbf{N}_+$.
$\mathbf{Z}$		整数集	$\mathbf{Z} = \{\cdots, -2, -1, 0, 1, 2, \cdots\}$
$\mathbf{Q}$		有理数集	
$\mathbf{R}$		实数集	
$\mathbf{C}$		复数集	
$[\ ,\ ]$	$[a, b]$	$\mathbf{R}$ 中由 a 到 b 的闭区间	$[a, b] = \{x \in \mathbf{R} \mid a \leqslant x \leqslant b\}$
$(\ ,\ ]$	$(a, b]$	$\mathbf{R}$ 中由 a 到 b（含于内）的左半开区间	$(a, b] = \{x \in \mathbf{R} \mid a < x \leqslant b\}$
$[\ ,\ )$	$[a, b)$	$\mathbf{R}$ 中由 a（含于内）到 b 的右半开区间	$[a, b) = \{x \in \mathbf{R} \mid a \leqslant x < b\}$
$(\ ,\ )$	(a, b)	$\mathbf{R}$ 中由 a 到 b 的开区间	$(a, b) = \{x \in \mathbf{R} \mid a < x < b\}$

---

[1] 本教材使用的数学符号参照 GB 3102.11—1993《物理科学和技术中使用的数学符号》.

(续表)

符号	应用	意义或读法	备注及示例
$\subseteq$	$B \subseteq A$	B 包含于 A；B 是 A 的子集	B 的每一元均属于 A
$\subsetneqq$	$B \subsetneqq A$	B 真包含于 A；B 是 A 的真子集	B 的每一元均属于 A，但 B 不等于 A
$\nsubseteq$	$C \nsubseteq A$	C 不包含于 A；C 不是 A 的子集	
$\supseteq$	$A \supseteq B$	A 包含 B	$A \supseteq B$ 与 $B \subseteq A$ 的含义相同
$\supsetneqq$	$A \supsetneqq B$	A 真包含 B	$A \supsetneqq B$ 与 $B \subsetneqq A$ 的含义相同
$\nsupseteq$	$A \nsupseteq C$	A 不包含 C	$A \nsupseteq C$ 与 $C \nsubseteq A$ 的含义相同
$\cup$	$A \cup B$	A 与 B 的并集	属于 A 或属于 B 的所有元的集 $A \cup B = \{x \mid x \in A \text{ 或 } x \in B\}$
$\bigcup$	$\bigcup\limits_{i=1}^{n} A_i$	$A_1, \cdots, A_n$ 的并集	$\bigcup\limits_{i=1}^{n} A_i = A_1 \cup A_2 \cup \cdots \cup A_n$
$\cap$	$A \cap B$	A 与 B 的交集	所有既属于 A 又属于 B 的元的集 $A \cap B = \{x \mid x \in A \text{ 且 } x \in B\}$
$\bigcap$	$\bigcap\limits_{i=1}^{n} A_i$	$A_1, \cdots, A_n$ 的交集	$\bigcap\limits_{i=1}^{n} A_i = A_1 \cap A_2 \cap \cdots \cap A_n$
$\complement$	$\complement_I A$	I 中子集 A 的补集	I 中不属于子集 A 的所有元的集 $\complement_I A = \{x \mid x \in I \text{ 且 } x \notin A\}$ 如果行文中 I 已明确，可省去 I
$(\ ,\ )$	(a, b)	有序偶 a, b；有序数对 a, b	$(a, b) = (c, d) \Leftrightarrow a = c \text{ 且 } b = d$

2. 数理逻辑符号

符号	应用	符号名称	意义读法及备注
$\wedge$	$p \wedge q$	合取符号	p 和 q；p 且 q
$\vee$	$p \vee q$	析取符号	p 或 q
$\neg$	$\neg p$	否定符号	p 的否定；不是 p；非 p
$\Rightarrow$	$p \Rightarrow q$	推断符号	如果 p，那么 q；若 p 则 q；p 蕴含 q
$\Leftrightarrow$	$p \Leftrightarrow q$	等价符号	p 等价于 q
$\forall$	$\forall x \in A, p(x)$	全称量词	命题 $p(x)$ 对于每一个属于 A 的 x 为真. 当考虑的集 A 从上下文看明确时，可用符号 $\forall x, p(x)$
$\exists$	$\exists x \in A, p(x)$	存在量词	存在 A 中的元 x 使 $p(x)$ 为真. 当考虑的集 A 从上下文看明确时，可用符号 $\exists x, p(x)$

3. 其他符号

符号	应用	意义与读法	备注及示例
$=$	$a=b$	a 等于 b	$\equiv$ 用来强调这一等式是数学上的恒等式
$\neq$	$a \neq b$	a 不等于 b	
$\xlongequal{\text{def}}$	$a \xlongequal{\text{def}} b$	按定义 a 等于 b	
$\approx$	$a \approx b$	a 约等于 b	
$:$	$a:b$	a 比 b	
$<$	$a<b$	a 小于 b	
$>$	$b>a$	b 大于 a	
$\leqslant$	$a \leqslant b$	a 小于或等于 b	不用 $\leq$
$\geqslant$	$b \geqslant a$	b 大于或等于 a	不用 $\geq$
∞		无穷大或无限（大）	
.	13.59	小数点	

（续表）

符号	应用	意义或读法	备注及示例
$\cdot\cdot$	$3.12\dot{3}8\dot{2}$	循环小数	即 3.123 823 82…
( )		圆括号	
[ ]		方括号	
{ }		花括号	
±		正或负	
∓		负或正	
max		最大	
min		最小	

4. 运算符号

符号，应用	意义或读法	备注及示例
$a+b$	a 加 b	
$a-b$	a 减 b	
$a\pm b$	a 加或减 b	
$a\mp b$	a 减或加 b	
$ab, a\cdot b, a\times b$	a 乘以 b	如出现小数点符号时，数的相乘只能用 ×
$\dfrac{a}{b}, a/b, ab^{-1}$	a 除以 b 或 a 被 b 除	
$\sum\limits_{i=1}^{n} a_i$	连加 $a_1+a_2+\cdots+a_n$	$\sum\limits_{i=1}^{\infty} a_i = a_1+a_2+\cdots+a_n+\cdots$
$\prod\limits_{i=1}^{n} a_i$	连乘 $a_1\cdot a_2\cdot\cdots\cdot a_n$	$\prod\limits_{i=1}^{\infty} a_i = a_1\cdot a_2\cdot\cdots\cdot a_n\cdot\cdots$
a^p	a 的 p 次方或 a 的 p 次幂	
$a^{1/2}, a^{\frac{1}{2}}, \sqrt{a}$	a 的二分之一次方；a 的平方根	

(续表)

符号,应用	意义或读法	备注及示例
$a^{1/n}, a^{\frac{1}{n}}, \sqrt[n]{a}$	a 的 n 分之一次方;a 的 n 次方根	
$\|a\|$	a 的绝对值;a 的模	
$\bar{a}$	a 的平均值	a 为变量
$n!$	n 的阶乘	$n \geqslant 1$ 时,$n! = 1 \times 2 \times 3 \times \cdots \times n$. $n = 0$ 时,$n! = 1$.
$C_n^p, \binom{n}{p}$	组合数;二项式系数	$C_n^p = \dfrac{n!}{p!(n-p)!}$ $(p \leqslant n)$

5. 函数符号

符号,应用	意义或读法	备注及示例
f	函数 f	也可以表示为 $x \mapsto f(x)$
$f(x)$	函数 f 在 x 的值	也表示以 x 为自变量的函数 f
$f(x)\|_a^b, [f(x)]_a^b$	$f(b) - f(a)$	这种表示法主要用于定积分计算
$f(g(x)), f \circ g$	g 与 f 的复合函数	$(f \circ g)(x) = f(g(x))$
$x \to a$	x 趋于 a	用 $x_n \to a$ 表示数列 $\{x_n\}$ 的极限为 a
$\lim\limits_{x \to a} f(x)$	x 趋于 a 时 $f(x)$ 的极限	$\lim\limits_{x \to a} f(x) = b$ 可以写成 $f(x) \to b$,当 $x \to a$ 右极限及左极限可分别表示为 $\lim\limits_{x \to a^+} f(x)$ 和 $\lim\limits_{x \to a^-} f(x)$
Δx	x 的增量	
$\dfrac{\mathrm{d}f}{\mathrm{d}x}, \mathrm{d}f/\mathrm{d}x, f'$	单变量函数 f 的导数或微商	也可用 $\dfrac{\mathrm{d}f(x)}{\mathrm{d}x}, f'(x), \dfrac{\mathrm{d}y}{\mathrm{d}x}, y'$
$\left(\dfrac{\mathrm{d}f}{\mathrm{d}x}\right)_{x=a}, (\mathrm{d}f/\mathrm{d}x)_{x=a}, f'(a)$	函数 f 的导数在 a 的值	也可用 $\dfrac{\mathrm{d}f}{\mathrm{d}x}\bigg|_{x=a}, \dfrac{\mathrm{d}y}{\mathrm{d}x}\bigg|_{x=a}, y'\|_{x=a}$
$\dfrac{\mathrm{d}^n f}{\mathrm{d}x^n}, \mathrm{d}^n f/\mathrm{d}x^n, f^{(n)}$	单变量函数 f 的 n 阶导数	当 $n = 2, 3$ 时,也可以用 f'', f''' 代替 $f^{(n)}$
$\mathrm{d}f$	函数 f 的微分	也可用 $\mathrm{d}y$

(续表)

符号, 应用	意义或读法	备注及示例
$\int f(x)\,dx$	函数 f 的不定积分	
$\int_a^b f(x)\,dx$	函数 f 由 a 到 b 的定积分	
a^x	x 的指数函数（以 a 为底）	
e	自然对数的底	e＝2.718 281 8…
e^x, exp x	x 的指数函数（以 e 为底）	在同一场合中，只用其中一种符号
$\log_a x$	以 a 为底 x 的对数	
ln x	ln x＝$\log_e x$，x 的自然对数	
lg x	lg x＝$\log_{10} x$，x 的常用对数	
sin x	x 的正弦	
cos x	x 的余弦	
tan x	x 的正切	也可用 tg x
cot x	x 的余切	cot x＝1/tan x，也可用 ctg x
sec x	x 的正割	sec x＝1/cos x
csc x	x 的余割	csc x＝1/sin x
$\sin^m x$	sin x 的 m 次方	其他三角函数的表示法类似
arcsin x, $\sin^{-1} x$	x 的反正弦	$y＝\arcsin x \Leftrightarrow x＝\sin y$ 　　$-\pi/2 \leqslant y \leqslant \pi/2$ 反正弦函数是正弦函数在上述限制下的反函数
arccos x, $\cos^{-1} x$	x 的反余弦	$y＝\arccos x \Leftrightarrow x＝\cos y$ 　　$0 \leqslant y \leqslant \pi$ 反余弦函数是余弦函数在上述限制下的反函数
arctan x, $\tan^{-1} x$	x 的反正切	$y＝\arctan x \Leftrightarrow x＝\tan y$ 　　$-\pi/2 < y < \pi/2$ 反正切函数是正切函数在上述限制下的反函数
arccot x, $\cot^{-1} x$	x 的反余切	$y＝\text{arccot } x \Leftrightarrow x＝\cot y$ 　　$0 < y < \pi$ 反余切函数是余切函数在上述限制条件下的反函数

附录2 标准正态分布表

$$\Phi(x) = \int_{-\infty}^{x} \frac{1}{\sqrt{2\pi}} e^{-\frac{t^2}{2}} dt = P(X \leq x)$$

x	0.00	0.01	0.02	0.03	0.04	0.05	0.06	0.07	0.08	0.09
0.0	0.5000	0.5040	0.5080	0.5120	0.5160	0.5199	0.5239	0.5279	0.5319	0.5359
0.1	0.5398	0.5438	0.5478	0.5517	0.5557	0.5596	0.5636	0.5675	0.5714	0.5753
0.2	0.5793	0.5832	0.5871	0.5910	0.5948	0.5987	0.6026	0.6064	0.6103	0.6141
0.3	0.6179	0.6217	0.6255	0.6293	0.6331	0.6368	0.6404	0.6443	0.6480	0.6517
0.4	0.6554	0.6591	0.6628	0.6664	0.6700	0.6736	0.6772	0.6808	0.6844	0.6879
0.5	0.6915	0.6950	0.6985	0.7019	0.7054	0.7088	0.7123	0.7157	0.7190	0.7224
0.6	0.7257	0.7291	0.7324	0.7357	0.7389	0.7422	0.7454	0.7486	0.7517	0.7549
0.7	0.7580	0.7611	0.7642	0.7673	0.7703	0.7734	0.7764	0.7794	0.7823	0.7852
0.8	0.7881	0.7910	0.7939	0.7967	0.7995	0.8023	0.8051	0.8078	0.8106	0.8133
0.9	0.8159	0.8186	0.8212	0.8238	0.8264	0.8289	0.8315	0.8340	0.8365	0.8389
1.0	0.8413	0.8438	0.8461	0.8485	0.8508	0.8531	0.8554	0.8577	0.8599	0.8621
1.1	0.8643	0.8665	0.8686	0.8708	0.8729	0.8749	0.8770	0.8790	0.8810	0.8830
1.2	0.8849	0.8869	0.8888	0.8907	0.8925	0.8944	0.8962	0.8980	0.8997	0.9015
1.3	0.9032	0.9049	0.9066	0.9082	0.9099	0.9115	0.9131	0.9147	0.9162	0.9177
1.4	0.9192	0.9207	0.9222	0.9236	0.9251	0.9265	0.9278	0.9292	0.9306	0.9319
1.5	0.9332	0.9345	0.9357	0.9370	0.9382	0.9394	0.9406	0.9418	0.9430	0.9441
1.6	0.9452	0.9463	0.9474	0.9484	0.9495	0.9505	0.9515	0.9525	0.9535	0.9545
1.7	0.9554	0.9564	0.9574	0.9582	0.9591	0.9599	0.9608	0.9616	0.9625	0.9633
1.8	0.9641	0.9648	0.9656	0.9664	0.9671	0.9678	0.9686	0.9693	0.9700	0.9706
1.9	0.9713	0.9719	0.9726	0.9732	0.9738	0.9744	0.9750	0.9756	0.9762	0.9767
2.0	0.9772	0.9778	0.9783	0.9788	0.9793	0.9798	0.9803	0.9808	0.9812	0.9817
2.1	0.9821	0.9826	0.9830	0.9834	0.9838	0.9842	0.9846	0.9850	0.9854	0.9857
2.2	0.9861	0.9864	0.9868	0.9871	0.9874	0.9878	0.9881	0.9884	0.9887	0.9890
2.3	0.9893	0.9896	0.9898	0.9901	0.9904	0.9906	0.9909	0.9911	0.9913	0.9916
2.4	0.9918	0.9920	0.9922	0.9925	0.9927	0.9929	0.9931	0.9932	0.9934	0.9936
2.5	0.9938	0.9940	0.9941	0.9943	0.9945	0.9946	0.9948	0.9949	0.9951	0.9952
2.6	0.9953	0.9955	0.9956	0.9957	0.9959	0.9960	0.9961	0.9962	0.9963	0.9964
2.7	0.9965	0.9966	0.9967	0.9968	0.9969	0.9970	0.9971	0.9972	0.9973	0.9974
2.8	0.9974	0.9975	0.9976	0.9977	0.9977	0.9978	0.9979	0.9979	0.9980	0.9981
2.9	0.9981	0.9982	0.9982	0.9983	0.9984	0.9984	0.9985	0.9985	0.9986	0.9986
3.0	0.9987	0.9990	0.9993	0.9995	0.9997	0.9998	0.9998	0.9999	0.9999	1.0000

注:本表最后一行自左至右依次是 $\Phi(3.0), \cdots, \Phi(3.9)$ 的值.